HTML&CSS Web Design

HTML&CSS
Webデザイン

現場レベルのコーディング・スキルが
身につく実践入門

小豆沢 健 Ken Azukizawa

技術評論社

はじめに

「Webサイトが作れない」

これは、HTMLとCSSを学習した後、はじめて私がWebサイトを作ろうとした時の感想です。もともと新卒でシステム開発会社に入社した私は、ITやWebの現場で10年以上、システム開発の仕事に携わってきました。それまで多くのプログラミング経験を積んできた私にとって、HTMLやCSSの学習は特別難しいものではありませんでした。むしろ、比較的かんたんに理解できたように記憶しています。それなのに、いざWebサイトを作ろうとするとまったく手が動かないのです。

私は不思議でした。文章はpタグで記述し、コンテンツはdivタグでグルーピングすることは知っているし、記述したHTMLに対してCSSのプロパティを使うことで、装飾をつけたりレイアウトの配置ができることもしっかりと理解していました。それなのにWebサイトが作れない…。

当時は今ほどWebサイト制作を学ぶための情報が充実していなかったので、困った私は、実際に公開されているサイトと同じものをマネして作ってみるという、最近では「模写コーディング」と呼ばれる練習方法でWebサイトの作り方を学ぶことにしました。とはいえ、公開されているサイトはいろいろなJavaScriptやCSSファイルが大量に読み込まれていたり、コードの書き方がサイトによってバラバラだったりと、勉強するのに非常に苦労しました。それでもなんとか諦めずに練習の数をこなすことで、かなり遠回りをしましたが、Webサイトのコーディングスキルを身につけることができました。

その後、仕事を通してさまざまなWebサイト制作の経験を積んだ私は、HTMLとCSSを理解していたはずの私がなぜWebサイトを作れなかったのかが少しずつわかるようになってきました。そして、その気づきやノウハウをもとにコーディングを学習したい人が自由に学べる「Codejump」という学習サイトを立ち上げました。さらに、コーディングを仕事にしていきたい人が実際の案件をモデルにした練習サイトで学べる「Codejump Pro」というサービスも開始しました。Codejumpを立ち上げてから約5年がたち、今では累計10万人以上の人にこのサイトをご利用いただき、その効果を実感しています。

そんな私の10年以上にわたるWebサイト制作の経験と5年間のCodejumpの運営経験をもとに、仕事で必要な実践的なコーディングスキルを1冊の本で学べるようにまとめたのが、本書「HTML&CSS Webデザイン 現場レベルのコーディング・スキルが身につく実践入門」です。本書は、

いわゆるHTMLの基礎やかんたんなサンプルサイトの作り方を学ぶ本ではなく、HTMLの基礎学習を終えた方が、仕事で必要なスキルを習得することを目的にした学習本となっています。そして、私の過去の経験とノウハウをもとに、コーディングを学習する際に重要な以下の3つの要素を取り入れることで、挫折することなく最後まで着実にスキルを積み上げられるようにしました。

要素1 レイアウト構成を学ぶ

コーディングを学習するとすぐにコードを書きたくなりますが、レイアウト構成がイメージできていないのにコードを書こうとすると、手が止まる原因になってしまいます。当時、私がWebサイトを作れなかったのも、これが原因でした。本書では、最初にレイアウト構成を確認してからコードの解説を行うことで、デザインを形にするレイアウト構成力を養えるようになっています。

要素2 ステップアップ方式で学ぶ

サンプルサイトで学習を行う際は、自分のスキルにあったものから始めることが重要です。難しいものから始めてしまうと挫折の原因になりかねないので、なるべくかんたんなものから始め、少しずつ難易度を上げていくのがおすすめです。本書では、入門編から実践編と段階を踏みながら合計6個のサンプルサイトを制作することで、途中で挫折することなく着実にスキルを上げていくことができます。

要素3 実務で使うスキルを学ぶ

HTML、CSS、JavaScriptの技術は範囲が広く、奥も深いのですが、実は仕事で使う技術はある程度パターンが限られています。本書では、私がこれまでWebサイト制作の仕事の中で実際によく使ってきた定番の技術をピックアップし、1章から6章のサンプルサイトにもれなく盛り込みました。この6個のサンプルサイトを学習するだけで、実務で必要なスキルが一通り学べるようになっています。

本書は、タイトルの通り「現場レベルのコーディング・スキルが身につく」Webサイト制作の実践本です。本書を使って学習することで、実際の仕事でよく使う技術を一通り学べるように、私がこれまで培ってきた知識や経験をすべて詰め込みました。これからコーディングを仕事にしていこうと考えている方は、ぜひ本書を活用して実務レベルのスキルを身につけてください。

いつの日か、みなさまと仕事の現場でお会いできる日を楽しみにしています。

それでは、学習の扉の1ページ目を開いてみてください！

2025年1月　小豆沢 健

この本の使い方

本書は、サンプルサイトの制作を通してHTML、CSSのコーディングを学ぶ、Webサイト制作のコーディング学習本です。ご自身のスキルや学習状況にあわせて、以下の3通りの方法で学習することができます。

方法❶ 解説を読んで学ぶ
方法❷ 解説と一緒に作りながら学ぶ
方法❸ デザインデータと仕様書から作って学ぶ

Webサイトを作るのがはじめてという方は、❶→❷→❸の順に3回学習していただくことで、より理解を深めることができます。将来、コーディングを仕事にしていくことを目指している方は、❸ができるようになるまで繰り返し学習してみてください。

本書の構成

本書は全6章で構成されており、6種類のサンプルサイトを作ることで実務に必要なスキルが身につくようになっています。また、各章の解説は実際のコーディングと同じ流れで構成されているため、解説の順序に沿って読み進めていくことで、コーディングの手順を学べるようになっています。各章の構成は、下記の通りです。

❶ 完成イメージを確認する
各章のはじめに完成イメージを掲載しています。まずは完成イメージを確認して、どんなサイトを作るのかを把握しましょう。

❷ コーディングポイントを理解する
この章で学べる、主なコーディングテクニックをまとめています。ここで紹介するポイントを意識しながら、学習に取り組んでみてください。

❸ 仕様を確認する（第5章と第6章のみ）

第5章と第6章はWebサイトに動きが入るため、仕様をまとめたページがあります。デザインとあわせて、動きについても確認しておきましょう。

❹ コーディングの準備を行う

必要なファイルをダウンロードし、コーディングに必要な準備を行います。書籍を読みながら一緒にコーディングしていく**方法❷**の場合は、こちらの準備を行いましょう。

❺ レイアウト構成の確認＆コーディング

サンプルサイトの解説は、「レイアウト構成の確認」と「ソースコードの解説」がセットになっています。まずはレイアウト構成の確認を行った後、コードの解説を行っていきます。また、コードの中で特に重要な箇所は「OnePoint」として詳しい解説を行っています。

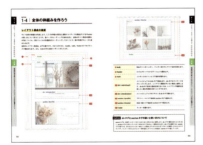 

デザインデータと仕様書からコーディングを行う場合

方法❸の「デザインデータと仕様書から作って学ぶ」場合は、各章のダウンロードデータ内にある「design」フォルダのデザインデータと、第5章、第6章については書籍内の「コーディング仕様の確認」ページをもとにコーディングを行っていきます。デザインデータはAdobe XDとFigmaの2種類のデータが入っているので、お好きな方をご利用ください。完成後は、ダウンロードデータ内の「src」フォルダに入っているサンプルソースを参考に、表示や動作、コードの書き方などを確認してみてください。なお、ソースコードの書き方にはいろいろな方法があります。サンプルソースは、書き方の1つとして参考にしてください。

この本で学べること

本書を使って学習することで、実務に必要なコーディング・スキルを入門から実践へと段階を踏みながら身につけることができます。各章で学べる内容は、下記の通りです。

☑ 第1章 入門編 (フレックスボックス)

プロフィールサイト：1ページ

第1章で学ぶメインのテーマは「フレックスボックス」です。フレックスボックスはコンテンツを横並びにする技術で、Webサイト制作のレイアウト配置でもっともよく使う技術の1つです。本章では、かんたんなプロフィールサイトを作りながら、フレックスボックスの使い方について学びます。

☑ 第2章 初級編 (ポジション)

ブランドサイト：1ページ

第2章で学ぶメインのテーマは「ポジション」です。ポジションはコンテンツを任意の場所に配置する技術で、1章のフレックスボックスとあわせて実務で頻繁に使用する技術です。本章では、シンプルな1ページのブランドサイトの制作を通して、ポジションの使い方について学びます。

☑ 第3章 中級編 (複数ページ)

サービスサイト：4ページ

第3章で学ぶメインのテーマは「複数ページのサイト制作」です。複数ページのWebサイトを作る際のファイル構成やページ間でのリンクの貼り方などについて、サービスサイトの制作を通して学びます。

☑ 第4章 上級編（複数レイアウト）

カフェサイト：4ページ

第4章で学ぶメインのテーマは「様々な種類のレイアウト」です。Webサイトでよく見かける、シングルカラム、2カラム、タイル型、ブロークングリッドレイアウトの作り方について、カフェサイトの制作を通して学びます。

☑ 第5章 応用編（動きのあるWebサイト）

ランディングページ（LP）：1ページ

第5章で学ぶメインのテーマは「動きのあるWebサイト」です。ランディングページの制作を通して、CSSアニメーションやJavaScript（jQuery）を使った、動きのあるWebサイトの作り方について学びます。

☑ 第6章 実践編（実務を想定したサイト制作）

コーポレートサイト：6ページ

第6章では、第1章から第5章までの内容をすべて含んだコーポレートサイトの制作を通して、実務を想定したWebサイト制作について学びます。また、アコーディオンやモーダルウィンドウといった、実務で定番のテクニックについても学びます。

ダウンロードファイルの使い方

☑ ダウンロード

本書で使用するデータは、下記のURLからダウンロードできます。パスワードの入力が必要となりますので、本書P.450のボタンの名称を英字8文字で入力してください。なお、本書提供のダウンロードファイルは、本書の学習用途でのみ利用が可能です。商用・非商用を問わず、本書の学習用途以外での利用、および複製・再配布は禁止されていますので、ご注意ください。

https://gihyo.jp/book/2025/978-4-297-14643-6/support

☑ ダウンロードデータの構成

ダウンロードデータは、第1章から第6章までのデータがそれぞれ「chapter1」～「chapter6」のフォルダに格納されています。それぞれのフォルダには、「デザインデータ」「素材データ」「ソースコード」の3つのデータが入っています。ダウンロードデータのフォルダ構成は下記の通りです。

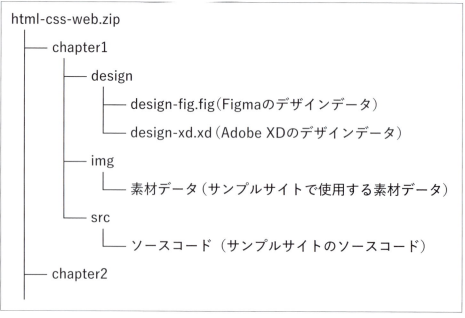

※ chapter2～6は、chapter1と同様

☑ ダウンロードファイルの使い方

解説を読みながらサンプルサイトを作る場合

「img」フォルダのデータ：各章で作成した作業用フォルダの中に配置してご利用ください。
「src」フォルダのデータ：サンプルサイトのソースコードを確認する際にご利用ください。サンプルサイトの動作を確認する場合は、index.htmlをブラウザで開いて表示してご確認ください。

デザインデータからサンプルサイトを作る場合

「design」フォルダのデータ：フォルダ内のFigmaまたはAdobe XDのデザインデータをご利用ください。なお、デザインデータを開くには、各ツールのアカウント登録あるいは契約が必要となります。詳しくは公式サイトをご確認ください。

Figma	https://www.figma.com/ja-jp/
Adobe XD	https://www.adobe.com/jp/

第5章と第6章については、書籍内にサンプルサイトの仕様を記載した「コーディング仕様の確認」ページがあります。デザインデータとあわせてご参照ください。

 画像ファイルのご利用について

ダウンロードファイル内の画像ファイルは、すべて123RFより提供された画像となります。本書の学習用途に限り、個人的かつ非商用な目的のためにのみダウンロード・利用可能です。商用目的での利用、営業用ポートフォリオでの利用など、本書の学習以外の目的では利用できませんので、ご注意ください。123RFについて、詳しくはP.16を参照してください。

CONTENTS

はじめに 2
この本の使い方 4
この本で学べること 6
ダウンロードファイルの使い方 8
123RF について 16

第 1 章　入門編 プロフィールサイトを作ろう

SECTION 1-1	完成イメージの確認	18
SECTION 1-2	コーディングポイントの確認	20
SECTION 1-3	コーディングの準備をしよう	21
SECTION 1-4	全体の枠組みを作ろう	22
SECTION 1-5	ヘッダーを作ろう	29
SECTION 1-6	メインビジュアルとイントロダクションを作ろう	38
SECTION 1-7	「Profile」を作ろう	42
SECTION 1-8	「Works」を作ろう	47
SECTION 1-9	フッターを作ろう	52

第2章 初級編 ブランドサイトを作ろう

SECTION 2-1	完成イメージの確認	56
SECTION 2-2	コーディングポイントの確認	59
SECTION 2-3	コーディングの準備をしよう	60
SECTION 2-4	全体の枠組みを作ろう	61
SECTION 2-5	ヘッダーを作ろう	66
SECTION 2-6	メインビジュアルを作ろう	71
SECTION 2-7	「Concept」を作ろう	75
SECTION 2-8	「New Products」を作ろう	82
SECTION 2-9	「New Type」を作ろう	90
SECTION 2-10	「Online Store」を作ろう	95
SECTION 2-11	フッターを作ろう	103

第3章 中級編 サービスサイトを作ろう

SECTION 3-1	完成イメージの確認	106
SECTION 3-2	コーディングポイントの確認	114
SECTION 3-3	コーディングの準備をしよう	115
SECTION 3-4	トップページの枠組みを作ろう	117
SECTION 3-5	ヘッダーを作ろう	123
SECTION 3-6	メインビジュアルを作ろう	133
SECTION 3-7	「選ばれる理由」を作ろう	139
SECTION 3-8	「サービス」と「料金」を作ろう	145
SECTION 3-9	「ご利用者の声」を作ろう	152
SECTION 3-10	「お問い合わせ」を作ろう	158

SECTION **3-11**	フッターを作ろう	161
SECTION **3-12**	サービスページの枠組みを作ろう	165
SECTION **3-13**	共通パーツ（ヘッダー、フッター、お問い合わせ）を作ろう	168
SECTION **3-14**	ページヘッダーを作ろう	170
SECTION **3-15**	ページヘッダー下テキストを作ろう	173
SECTION **3-16**	「サービスの内容」を作ろう	176
SECTION **3-17**	「ご利用の流れ」を作ろう	180
SECTION **3-18**	料金ページの枠組みを作ろう	185
SECTION **3-19**	共通パーツ（ヘッダー、フッター、お問い合わせ）を作ろう	187
SECTION **3-20**	ページヘッダーとページヘッダー下テキストを作ろう	188
SECTION **3-21**	「料金表」を作ろう	189
SECTION **3-22**	お問い合わせページの枠組みを作ろう	197
SECTION **3-23**	共通パーツ（ヘッダー、フッター）を作ろう	199
SECTION **3-24**	ページヘッダーとページヘッダー下テキストを作ろう	200
SECTION **3-25**	フォームを作ろう	201

第 **4** 章 ｜ 上級編 カフェサイトを作ろう

SECTION **4-1**	完成イメージの確認	208
SECTION **4-2**	コーディングポイントの確認	218
SECTION **4-3**	コーディングの準備をしよう	219
SECTION **4-4**	トップページの枠組みを作ろう	221
SECTION **4-5**	ヘッダーエリアを作ろう	226
SECTION **4-6**	「コンセプト」を作ろう	236
SECTION **4-7**	「メニュー」を作ろう	243
SECTION **4-8**	「ブログ」を作ろう	251
SECTION **4-9**	「アクセス」を作ろう	257
SECTION **4-10**	フッターを作ろう	262

SECTION **4-11** コンセプトページの枠組みを作ろう	265
SECTION **4-12** ヘッダーエリア、フッター、アクセスを作ろう	268
SECTION **4-13** 「コンセプト」を作ろう	272
SECTION **4-14** ブログ一覧ページの枠組みを作ろう	281
SECTION **4-15** ヘッダーエリア、フッター、アクセスを作ろう	284
SECTION **4-16** ブログリストを作ろう	286
SECTION **4-17** ブログ詳細ページの枠組みを作ろう	291
SECTION **4-18** ヘッダーエリア、フッター、アクセスを作ろう	294
SECTION **4-19** ブログ記事とサイドバーを作ろう	296

第 **5** 章 ┃ 応用編 ランディングページを作ろう

SECTION **5-1** 完成イメージの確認	310
SECTION **5-2** コーディング仕様の確認	314
SECTION **5-3** コーディングポイントの確認	316
SECTION **5-4** コーディングの準備をしよう	317
SECTION **5-5** 全体の枠組みを作ろう	319
SECTION **5-6** ヘッダーを作ろう	326
SECTION **5-7** メインビジュアルを作ろう	336
SECTION **5-8** 「About」を作ろう	340
SECTION **5-9** パララックスを作ろう	348
SECTION **5-10** 「ツアー紹介」を作ろう	352
SECTION **5-11** 「reservation」を作ろう	364
SECTION **5-12** 「アクティビティ」を作ろう	370
SECTION **5-13** 「アクティビティMAP」を作ろう	376
SECTION **5-14** フッター上の背景を作ろう	387
SECTION **5-15** 追従ボタンを作ろう	389
SECTION **5-16** フッターを作ろう	392

第 6 章 | 実践編 コーポレートサイトを作ろう

SECTION		
SECTION 6-1	完成イメージの確認	400
SECTION 6-2	コーディング仕様の確認	414
SECTION 6-3	コーディングポイントの確認	416
SECTION 6-4	コーディングの準備をしよう	417
SECTION 6-5	トップページを作ろう	420
SECTION 6-6	ヘッダーを作ろう	426
SECTION 6-7	メインビジュアルを作ろう	443
SECTION 6-8	「COMPANY」を作ろう	448
SECTION 6-9	「PRODUCTS」を作ろう	455
SECTION 6-10	「WORKS」を作ろう	462
SECTION 6-11	「FAQ&CONTACT」を作ろう	466
SECTION 6-12	フッターを作ろう	470
SECTION 6-13	フェードインを作ろう	475
SECTION 6-14	会社情報ページを作ろう	479
SECTION 6-15	共通パーツ（ヘッダー、フッター）を作ろう	483
SECTION 6-16	ページヘッダーを作ろう	485
SECTION 6-17	ページ内リンクを作ろう	489
SECTION 6-18	「企業理念」を作ろう	494
SECTION 6-19	「事業紹介」を作ろう	500
SECTION 6-20	「会社概要」を作ろう	505
SECTION 6-21	「アクセス」を作ろう	509
SECTION 6-22	商品一覧ページを作ろう	512
SECTION 6-23	共通パーツ（ヘッダー、フッター）を作ろう	515
SECTION 6-24	ページヘッダーを作ろう	516
SECTION 6-25	タブと画像一覧を作ろう	517
SECTION 6-26	実績紹介ページを作ろう	527

SECTION 6-27	共通パーツ（ヘッダー、フッター）を作ろう	530
SECTION 6-28	ページヘッダーを作ろう	531
SECTION 6-29	実績紹介一覧を作ろう	532
SECTION 6-30	よくある質問ページを作ろう	543
SECTION 6-31	共通パーツ（ヘッダー、フッター）を作ろう	546
SECTION 6-32	ページヘッダーを作ろう	547
SECTION 6-33	Q&A 一覧を作ろう	548
SECTION 6-34	お問い合わせページを作ろう	555
SECTION 6-35	共通パーツ（ヘッダー、フッター）を作ろう	558
SECTION 6-36	ページヘッダーを作ろう	559
SECTION 6-37	フォームを作ろう	560

| 索引 | 570 |
| おわりに | 574 |

免責

本書に記載された内容は、情報の提供のみを目的としています。したがって、本書を用いた運用は、必ずお客様自身の責任と判断によって行ってください。これらの情報の運用の結果、いかなる障害が発生しても、技術評論社および著者はいかなる責任も負いません。

また、本書掲載のWebページの内容は、企業、店舗、個人等、すべて架空のものとなります。実在の企業、店舗、個人等とは関係がございません。

本書記載の情報は、2024年12月現在のものを掲載しています。ご利用時には、変更されている可能性があります。OSやソフトウェアは更新や変更が行われる場合があり、本書での説明とは機能や画面などが異なってしまうこともあり得ます。OSやソフトウェア等の内容が異なることを理由とする、本書の返本、交換および返金には応じられませんので、あらかじめご了承ください。

以上の注意事項をご承諾いただいた上で、本書をご利用願います。これらの注意事項に関わる理由に基づく、返金、返本を含む、あらゆる対処を、技術評論社および著者は行いません。あらかじめ、ご承知おきください。

■本書に掲載した会社名、プログラム名、システム名などは、米国およびその他の国における登録商標または商標です。なお、本文に™マーク、®マークは明記しておりません。

123RFについて

本書で解説しているサンプルサイトに掲載されている画像は、すべて123RFより提供されています。123RFは、世界中のクリエイターや企業からの支持を集めるストックフォトサービスです。

123RF (jp.123rf.com/)

123RFは、以下のような点で魅力的なサービスとなっています。

❶ **コストパフォーマンス**：123RFは利用しやすい料金で提供されています。チケットプランや定額料金プランも柔軟で、予算や利用頻度に応じて選択できます。

❷ **多様なコンテンツ**：123RFには、写真だけでなく、ベクターイラスト、動画、音楽、フォントと幅広いデジタル素材が揃っています。コンテンツのジャンルも多岐にわたっており、特に広告やプレゼンテーション、SNSの投稿など、多様な用途に適した素材が充実しています。

❸ **シンプルなライセンス**：123RFのライセンスはシンプルで、商用利用に対する許可が明確です。多くのユーザーが安心してコンテンツを使用できるよう配慮されています。

❹ **ユーザーフレンドリーなインターフェース**：123RFでは、使いやすい検索機能と直感的なナビゲーションが提供されています。初心者でも、必要な素材をスムーズに探すことができます。

❺ **生成AI**：123RFでは、生成AIを利用した画像生成や補正、アップスケールなどが可能です。また、AIによるビジュアル検索も可能です。

これらの特徴により、123RFはコスト効率の高い総合的なストックコンテンツサービスとして、多くのクリエイターや企業から選ばれています。

プロフィールサイトを作ろう

——— 難易度 ———
★☆☆☆☆☆

基礎学習を終えたあとの
ウォーミングアップ用の練習サイト

基本的なHTMLとCSSだけで作れるかんたんなWebサイトを作ってみましょう。この章では主に、画像やコンテンツを横並びにするFlexboxの使い方について学びます。

SECTION
1-1 | 完成イメージの確認

完成サイトのイメージ

この章で作成するサンプルサイトの完成イメージは、以下の通りです。ロゴとグローバルナビゲーションの下に、メインビジュアル、プロフィール、作品一覧が入るシンプルなサイトです。

■ トップページ（PC）

■ トップページ（モバイル）

ドライフラワーのある生活で暮らしを豊かに

アンティークな雰囲気を持ったドライフラワーは、インテリアとして生活を彩るだけでなく香りを楽しむこともできます。
あなたの暮らしにもドライフラワーを取り入れてみませんか？

Profile
自己紹介

趣味でドライフラワー作りを始め、現在はドライフラワー作家として活動しています。
インテリアとしてだけでなく、お誕生日や記念日等、お祝い用のフラワーアレンジメントも行っています。

Works
作品一覧

© Dry Flower Life

実際の完成サイトは、以下のURL内の各章のリンクからご確認いただけます。

完成サイトURL https://code-jump.com/book-html-css/

第1章 プロフィールサイトを作ろう ⭐☆☆☆☆

入門編

基礎学習を終えたあとのウォーミングアップ用の練習サイト

SECTION
1-2 | コーディングポイントの確認

コーディングポイント

作成するサンプルサイトのコーディングポイントは下記の通りです。

☑ HTMLの基本タグ（header、footer、main、nav、section、div、img、p）の使い方

サイト制作で使用する基本的なタグを一通り使用します。

☑ 見出しタグ（h1、h2）の使い方

サイトやページの一番重要なタイトルにh1タグ、各コンテンツのタイトルにh2タグを設定します。

☑ Flexboxを使用した横並びの方法

コンテンツを横並びにする際に使用します。サイト制作でよく使用するテクニックですので、本章の「1-5 ヘッダーを作ろう」（P.29）で詳しく解説します。

☑ リストタグ（ul、li）の使い方

リスト形式の文章やコンテンツを記述する際に使用します。本章の「1-5 ヘッダーを作ろう」（P.29）で詳しく解説します。

☑ レスポンシブ対応

PCだけでなく、タブレットやスマートフォンの画面サイズでも最適に表示されるようにします。レスポンシブ対応を行うためのブレイクポイントの設定について、本章の「1-4 全体の枠組みを作ろう」（P.22）で詳しく解説します。

SECTION
1-3 ｜ コーディングの準備をしよう

コーディング準備

コーディングを始めるための準備を行っていきましょう。

☑ ダウンロード
本章のデザインデータ、素材、完成サイトのソースコードは、P.8を参考にダウンロードしてください。

☑ デザインデータを確認する
「design」フォルダの中のデザインデータを確認しましょう。

☑ 素材を確認する
「img」フォルダの中にある素材を確認しましょう。

☑ 完成サイト
完成サイトのソースコードは「src」フォルダの中にあるデータから確認できます。

☑ フォルダとファイルを作成する
サンプルサイトを作るための、フォルダとファイルを準備します。フォルダ構成は、下記の通りです。

❶ 作業用フォルダ	作業用フォルダとして「dry_flower_life」という名前のフォルダを作成します。	
❷ HTMLファイル	「dry_flower_life」フォルダの中に「index.html」という名前で作成します。	
❸ CSSファイル	「dry_flower_life」フォルダの中に「css」という名前のフォルダを作成し、その中に任意の名前（今回は「style.css」）で作成します。	
❹ 画像フォルダ	「dry_flower_life」フォルダの中に「img」という名前のフォルダを作成し、ダウンロードした「img」フォルダの中の画像をまとめて入れます。	

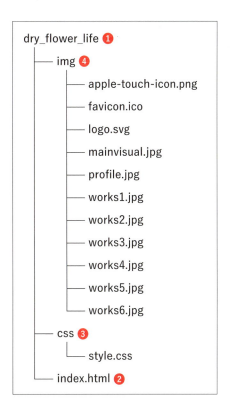

第1章 プロフィールサイトを作ろう ☆☆☆☆☆

入門編

基礎学習を終えたあとのウォーミングアップ用の練習サイト

021

SECTION

1-4 | 全体の枠組みを作ろう

レイアウト構成の確認

サイト全体の枠組みを作成します。ここでの学習の目的は、画像やコンテンツを横並びにするFlexboxの使い方について学ぶことです。各パーツのコーディングを始める前に、全体のサイト構成の確認とHTMLファイル、CSSファイルの共通部分をコーティングしておくことで、後の作業がスムーズに進められます。

全体のレイアウト構成は、以下の通りです。大きく分けると、header、main、footerの3つのブロックで構成されます。また、mainの中には各コンテンツが入ります。

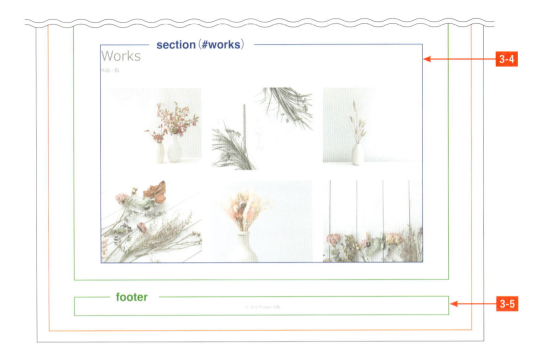

❶	body	Webサイトのヘッダー、フッター含むコンテンツ全体を囲みます。
❷	header	ロゴとグローバルナビゲーションを囲みます。
❸	main	コンテンツのメインエリア全体を囲みます。
3-1	div（.mainvisual）	メインビジュアルをdivタグで囲みます。divタグはコンテンツをグルーピングしたり、レイアウト調整を行いたい場合に使用します。divはタグ自体に意味を持たないため、レイアウトや装飾を変更したい際に汎用的に使うことができます。
3-2	div（.introduction）	メインビジュアル下のテキストをdivタグで囲みます。
3-3	section（#profile）	プロフィールエリア全体をsectionタグで囲みます。
3-4	section（#works）	作品一覧エリア全体をsectionタグで囲みます。
3-5	footer	フッターを囲みます。

OnePoint　divタグとsectionタグの違いと使い分けについて

sectionタグは、文章やコンテンツの1つのまとまりを作るために使用します。divタグが意味を持たないのに対し、sectionタグはそのコンテンツが1つのまとまりであるという意味をもちます。divタグを使用するか、sectionタグを使うかは、そのまとまりにh1～h6といった見出しがつけられるかどうかを1つの基準にするとわかりやすいです。コンテンツのまとまりにh1～h6の見出しがつけられる場合は、sectionタグが適しています。

HTMLのコーディング

全体の枠組みとhead部分のコーディングを行っていきましょう。head部分には、metaタグやCSSファイル等、外部ファイルの読み込みを記述します。文字化けを防ぐためのcharsetとWebサイトのタイトルと説明を記載するためのtitle、descriptionタグは基本的には必須で設定します。また、レスポンシブのWebサイトを作る場合は、viewportの記述も必須となります。

```html
index.html

<!DOCTYPE html>
<html lang="ja">
  <head>
    <meta charset="utf-8"> ❶
    <title>Dry Flower Life</title> ❷
    <meta name="description" content="趣味のドライフラワーを紹介するプロフィールサイトです。これまでに作った作品を掲載していますので、よろしければご覧になってみてください。"> ❷
    <meta name="viewport" content="width=device-width, initial-scale=1"> ❸
    <link rel="icon" href="img/favicon.ico"> ❹
    <link rel="apple-touch-icon" href="img/apple-touch-icon.png"> ❺
    <link rel="stylesheet" href="https://unpkg.com/ress/dist/ress.min.css"> ❻
    <link rel="stylesheet" href="css/style.css"> ❼
  </head>

  <body>
  </body>
</html>
```

❶ charset
文字化けを防ぐために、使用する文字コードを指定します。通常はUTF-8を指定します。

❷ title と description
titleはサイトのタイトル、descriptionはサイトのかんたんな説明を記載します。基本は必須で設定します。

❸ viewport
ブラウザの表示領域を指定します。レスポンシブ対応を行う際は、必須で設定します。

❹ ファビコン
ブラウザのタブなどに表示するためのアイコンを設定します。

❺ アップルタッチアイコン

スマートフォンやタブレットのホーム画面に追加した時に表示されるアイコンを設定します。

❻ リセットCSS

CSSを初期化するための、リセット用のCSSを読み込みます。本書では、「ress.min.css」を使用します。

❼ CSS読み込み

CSSファイル「style.css」を読み込みます。参照先は、cssフォルダ内の「css/style.css」です。

CSSのコーディング

CSSのコーディングを行っていきましょう。html、body、img、li、aタグ等、共通のタグに対して基本の設定を行います。一般的には、htmlタグに対して「font-size: 100%;」を設定したり、bodyタグでサイト内のメインフォントとフォントカラーを設定したりします。ここで設定するのはサイト全体の基本設定ですので、個別のレイアウトや装飾については、以降のCSSでこの設定内容を上書きしたり追加していきます。

```
style.css

@charset "UTF-8";

html { ❶
  font-size: 100%;
}
body { ❷
  color: #707070;
  font-family: sans-serif;
}
img { ❸
  max-width: 100%;
  vertical-align: bottom;
}
li { ❹
  list-style: none;
}
a { ❺
  color: #707070;
  text-decoration: none;
```

```
}

a:hover {  ❻

  opacity: 0.7;

}


/*------------------------------------------

スマートフォン

------------------------------------------*/

@media screen and (max-width: 767px) {  ❼


}
```

❶ html

htmlのフォントサイズを100%で指定しておくことで、ユーザーがブラウザで設定したフォントサイズが正しく反映されるようになります。

❷ body

サイト全体の基本となるフォントカラーやフォントファミリー等を指定します。

❸ img

レスポンシブで作る場合、すべての画像に最大幅を100%で指定しておくことで、親のコンテンツから画像がはみ出すのを防ぐことができます。また、「vertical-align: bottom;」を指定しておくことで、画像の下にできる隙間を消すことができます。

❹ li

サイト全体で共通するliタグの設定などがあれば指定します。本章のサイトでは、リストのスタイルプロパティ（初期設定でリスト項目の先頭につく丸や四角などのマーク）は使用しないため、「list-style: none;」でスタイルを消しておきます。

❺ a

リンクのテキストカラーや装飾等を設定します。本章のサイトではリンクに下線を引かないため、「text-decoration: none;」を設定します。

❻ a:hover

カーソルをリンクの上に乗せた際の装飾を指定します。本章では、よく使用される「opacity: 0.7;」を設定して、カーソルを乗せた際に少しだけ透過するようにします。

■ カーソルを乗せる前   ■ カーソルを乗せた後

Dry Flower Life   Dry Flower Life

❼ ブレイクポイント

767px以下の場合はスマートフォン用のCSSを適用させるため、メディアクエリに「@media screen and（max-width: 767px）」を指定します。メディアクエリとは、異なるデバイスやビューポートに対してページが最適な表示になるようにスタイルを調整するための機能です。

☑ ブレイクポイントについて

レスポンシブに対応させるため、レイアウトの切り替えを行うためのブレイクポイントを設定します。ブレイクポイントの数値や個数に決まりはありませんので、コーディング仕様等で指定がない場合はデザインにあわせて調整していきます。以下で、よく使われる指定方法をご紹介します。

PC、タブレットをメインにしたデザインの場合

PC、タブレット用のCSSを記述してから、メディアクエリの「max-width」でスマートフォン用のCSSを追加、上書きします。スマートフォン用のブレークポイントとしてよく使用される767px以下で切り替えを行う場合、以下のようになります。

> **例** 767px以下の場合にスマートフォン用のデザインを適用
>
> ```
> @charset "UTF-8";
>
> /* PC用のCSSを記述する */
>
> @media screen and (max-width: 767px) {
>   /* スマートフォン用のCSSを追加、上書きする */
> }
> ```

スマートフォン、タブレットをメインにしたデザインの場合（モバイルファースト）

スマートフォン、タブレット用のCSSを記述してから、メディアクエリの「min-width」でPC用のCSSを追加、上書きします。PC用のブレークポイントとしてよく使用される1025pxで切り替えを行う場合、以下のようになります。

> **例** 1025px以上の場合にPC用のデザインを適用
>
> ```
> @charset "UTF-8";
>
> /* スマートフォン用のCSSを記述する */
> ```

```
@media screen and (min-width: 1025px) {
    /* PC用のCSSを追加、上書きする */
}
```

■「max-width: 767px」の場合　　　　■「min-width: 1025px」の場合

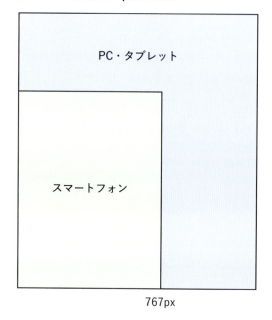
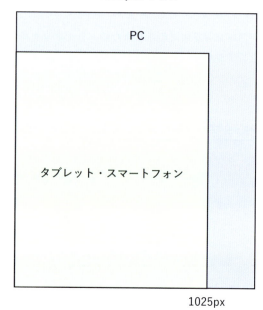

今回はPCとタブレットは同じ表示にして、スマートフォンだけ表示を切り替えたいので、PCを基準にコーディングしていきます。ブレイクポイントは768px（768px以上がPC表示、767px以下がスマートフォン表示）に設定します。

ブレイクポイントの数値の決め方については、特に仕様等で指定がなければPC＋タブレットとスマートフォンで分ける768pxがよく使用されておすすめです。デザインによって複数のポイントで表示を切り替えたい場合は、ブレイクポイントを複数個設定してもOKです。

以上で、全体のHTML、CSSのコーディングは完了です。

SECTION 1-5 | ヘッダーを作ろう

レイアウト構成の確認

ページのヘッダー部分を作成します。ここでの学習の目的は、headerタグの使い方とグローバルナビゲーションの記述方法について学ぶことです。ヘッダーはロゴとグローバルナビゲーションで構成されます。

ヘッダーのレイアウト構成は、以下の通りです。全体をheaderタグで囲み、ロゴとグローバルナビゲーションを横並びにします。

❶ ロゴ	h1タグで囲みます。h1タグは、サイトやページでもっとも重要な見出しに対して設定します。トップページの場合、サイト名やサイト名を含む説明テキストに対して設定することが一般的ですが、テキストがない場合はロゴ画像に設定したりします。その際、ロゴ画像のalt属性にはサイト名等、そのサイトを表すテキストを必ず設定しておきましょう。
❷ グローバルナビゲーション	グローバルナビゲーションは、navタグを使用します。メニュー部分はul、liタグを使って記述します。ul、liタグは、リスト形式のテキストやコンテンツに対して使用します。リスト形式のタグには、ulタグの他に、olタグとdlタグがあります。

OnePoint　リストタグについて

リストタグの種類と使用方法は、以下の通りです。

ul、li：順不同のリスト

箇条書きのように、順序の決まっていないリストに使用します。

```
<ul>
    <li>リストの項目A</li>
    <li>リストの項目B</li>
    <li>リストの項目C</li>
</ul>
```

- リストの項目A
- リストの項目B
- リストの項目C

ol、li：順序性のあるリスト

1番目、2番目のように、順序が決まっているリストに使用します。

```
<ol>
  <li>リストの1番目</li>
  <li>リストの2番目</li>
  <li>リストの3番目</li>
</ol>
```

1. リストの1番目
2. リストの2番目
3. リストの3番目

dl、dt、dd：用語の定義リスト

「説明する言葉」と「説明文」のように、言葉と説明がセットになっているリストに使用します。

```
<dl>
  <dt>言葉1</dt>
  <dd>言葉1の説明文</dd>
  <dt>言葉2</dt>
  <dd>言葉2の説明文</dd>
  <dt>言葉3</dt>
  <dd>言葉3の説明文</dd>
</dl>
```

言葉1
　　　言葉1の説明文
言葉2
　　　言葉2の説明文
言葉3
　　　言葉3の説明文

HTMLのコーディング

HTMLのコーディングを行っていきましょう。ヘッダーは、全ページ共通で表示されるページ上段の部分を指します。一般的には、ロゴやグローバルナビゲーション等がヘッダーにあたります。ヘッダーをコーディングする際は、全体をheaderタグで囲みます。今回はロゴとグローバルナビゲーションがヘッダーに該当するため、ロゴをh1タグ、グローバルナビゲーションをnavタグで囲み、headerタグの中に入れます。

index.html

```
<header id="header" class="wrapper"> ❶
  <h1 class="logo">
    <a href="index.html">
      <img src="img/logo.svg" alt="Dry Flower Life"> ❷
    </a>
  </h1>
  <nav>
    <ul class="navi">
      <li><a href="#profile">Profile</a></li>   ❸
```

```
      <li><a href="#works">Works</a></li>
    </ul>
  </nav>
</header>
```

❶ 全体

headerタグにidを設定します。また、全体の横幅を設定するための「wrapper」というクラスを設定します。クラス名は任意ですが、全体を囲むクラスの名前として「wrapper」や「container」という名前がよく使用されます。HTMLタグに名前をつける方法には、「id」と「class」という2種類の指定方法があります。両者の使い分けについては、以下の「idとclassの使い分けについて」で詳しく解説しています。

❷ ロゴ画像

全体をh1タグで囲み、さらにaタグでトップページへのリンクを設定します。ページがたくさんある場合、ロゴにトップページへのリンクが張ってあるとサイトを巡回しやすくなるので、ユーザビリティの向上につながります。

❸ グローバルナビゲーション

グローバルナビゲーションは、navタグで囲みます。中身のメニューは、リストタグ（ul、liタグ）で記述します。各メニューをaタグで囲み、それぞれのセクションへジャンプできるようページ内リンクを設定しておきます。

OnePoint **idとclassの使い分けについて**

CSSを記述するためにHTMLタグに名前をつける方法として、「id」と「class」2種類の指定方法があります。両者の違いは、idが同じページ内で1度しか使用できないのに対し、classは何度でも使用することができます。一般的にはclassを使用することが多いですが、主に下記のような場合にidを使用します。

- 内部リンクの遷移先として指定する場合（遷移先が重複しないよう一意にする必要があるため）
- JavaScriptなどの処理で要素を特定する必要がある場合
- コード内で明示的に一度しか使用していないことを示したい場合

本書では、ヘッダー、フッターおよび内部リンクの遷移先、JavaScriptの処理で使用する要素に対してidを使用し、その他の要素に対してはclassを使用することとします。

CSSのコーディング

CSSのコーディングを行っていきましょう。ポイントは、「全体の横幅を設定するためのwrapperクラス」「ロゴとグローバルナビゲーションの横並び」「ナビゲーションメニューの横並び」の3点です。

wrapperクラスは、レイアウトの横幅を定義するための共通クラスとして設定します。横並びについてはFlexboxがよく使われますので、両方ともFlexboxを使ってコーディングしていきます。

```css
style.css

.wrapper { ❶
  max-width: 1000px;
  padding: 0 20px;
  margin: 0 auto;
}


#header { ❷
  display: flex;
  align-items: center;
  justify-content: space-between;
  padding-top: 35px;
  padding-bottom: 35px;
}
#header .logo { ❸
  max-width: 190px;
  line-height: 0;
}
#header .logo a { ❹
  display: block;
}
#header .navi { ❺
  display: flex;
  align-items: center;
}
#header .navi li { ❻
  font-size: 14px;
  margin-left: 40px;
}
```

❶ .wrapper

レイアウトの最大幅「max-width」と画面幅を狭めた際の両サイドの余白「padding: 0 20px;」、中央寄せ「margin: 0 auto;」を設定します。「margin: 0 auto;」で、横幅を設定したボックスを中央に配置します。

❷ #header

「display: flex;」で、ロゴとグローバルナビゲーションを横並びに設定します。その際に、「align-items:

center;」で縦方向に中央揃え、「justify-content: space-between;」で横方向に均等割り付け（コンテンツが2つの場合は両端に配置される）を設定します。

❸ #header .logo

「max-width: 190px;」で、ロゴ画像の最大幅を設定します。h1タグの行間をそのまま使用すると画像の上下に余白が入ってしまうため、「line-height: 0;」で行間を0にすることで、上下にできる余白を消してロゴ画像の高さにあわせます。

❹ #header .logo a

aタグのdisplayプロパティは初期値に「inline」が設定されており、そのままではリンクの範囲が親要素からずれてしまいます。そのため、「display: block;」を設定してリンクの範囲を親要素の範囲まで広げます。

OnePoint displayプロパティについて

サイト制作において、displayプロパティは非常によく使われる重要なプロパティです。以下に、使用頻度の高い値をご紹介します。

● inline

要素は横に並び、横幅や高さは指定できません。主に、文章の一部として使用されます。

タグ例
a、img、span等

特徴
- 要素は横に並ぶ
- widthとheightは指定できない
- paddingとmarginは左右のみ指定できる（paddingは上下の指定ができるが、正しく適用されないため非推奨）

● inline-block

要素は横に並び、横幅、高さ、余白の調整が可能です。inlineの要素に対してレイアウト調整を行いたい場合などに使用します。

タグ例
初期値がinline-blockのタグはなし

特徴
- 要素は横に並ぶ
- widthとheightが指定できる
- paddingとmarginが指定できる

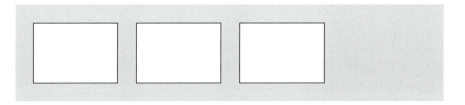

● block

要素は縦に並び、横幅、高さ、余白の調整が可能です。inlineの要素を縦に並べたい場合などに使用します。

タグ例
div、p、h1〜（見出しタグ）等

特徴
- 要素は縦に並ぶ
- widthとheightが指定できる
- paddingとmarginが指定できる

● flex

Flexbox（フレックスボックス）と呼ばれ、主に要素を横に並べる際に使用します。「inline」「inline-block」と比べて並び方や折り返し方の設定方法が幅広く用意されているため、要素を横並びにする際によく使用されます。Flexboxについては、「Flexboxについて」で詳しく解説しています（P.35参照）。

● grid

グリッドレイアウトとは、格子状のマス目を使ってレイアウトを組み立てていく手法のことを言います。要素を行と列のグリッド状に配置することができ、複雑なレイアウトの作成も可能です。gridについては、4章の「グリッドレイアウトについて」で詳しく解説しています（P.247参照）。

● none

要素が非表示になります。主に、PCの場合は表示してスマートフォンの場合は表示しない、最初は表示されていない要素をボタンを押したタイミングで表示する等、要素の表示と非表示を切り替える際に使用します。

❺ #header .navi

「display: flex;」で、メニューを横並びに設定します。headerタグと同じく「align-items: center;」で縦方向の中央に揃えます。

❻ #header .navi li

メニューの各項目の間に余白を入れるため、「margin-left: 40px;」を設定します。ここでは右端を揃えたいので、margin-rightではなくmargin-leftを指定しています。

OnePoint Flexboxについて

Flexboxは、コンテンツを横並びにする際によく使用するテクニックです。実務でも頻繁に使用しますので、今回はその中でも「display: flex;」とともに使用する使用頻度の高いプロパティをご紹介します。

justify-content（横方向の配置場所を指定します）

flex-start	左揃え（初期値）
flex-end	右揃え
center	中央揃え
space-between	均等割り付け（両端に揃うよう均等に配置されます）

● flex-start

● flex-end

● center

● space-between

align-items（縦方向の配置場所を指定します）

stretch	上揃え（アイテムの高さは揃う　初期値）
flex-start	上揃え（アイテムの高さは揃わない）
flex-end	下揃え
center	中央揃え

● stretch

● flex-start

● flex-end

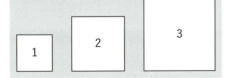

● center

flex-direction（アイテムの配置方向を指定します）

row	左から右に向けての配置になります（初期値）。
column	上から下に向けての配置順になります（よく使用するパターンとして、PCが横並びスマートフォンは縦並びのデザインの場合、PCで「display: flex;」を設定して横並びにし、スマートフォンで「flex-direction: column;」を追加して縦並びにします。
row-reverse	「row」の逆順に配置します。
column-reverse	「column」の逆順に配置します。

● row

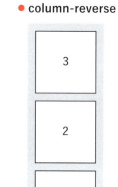

● row-reverse

flex-wrap（アイテムの折り返しを指定します）

nowrap	折り返しなし（初期値）
wrap	アイテムは左から順に配置され、親要素の幅からはみ出してしまう場合に折り返して複数行で表示されます。2行目以降のアイテムも左から順に配置されます。

● nowrap

● wrap

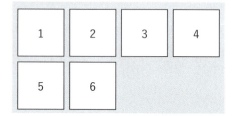

レスポンシブ対応

レスポンシブ用のCSSを設定します。ヘッダーのレスポンシブ対応を行っていきましょう。メディアクエリに、スマートフォン用のCSSをコーディングしていきます。すべてのコーディングが終わってからまとめてレスポンシブの調整を行ってもよいのですが、レイアウトが崩れた場合に修正箇所が特定しづらくなるので、はじめのうちはパーツごとにレスポンシブ対応を行っていくのがおすすめです。

■ PC表示

Dry Flower Life   Profile   Works

■ モバイル表示

Dry Flower Life   Profile   Works

style.css

```css
@media screen and (max-width: 767px) {
  #header {
    padding-top: 25px;
    padding-bottom: 25px;
  }
  #header .logo {
    max-width: 120px;
  }
}
```

ヘッダーはPC、スマートフォンともにデザインに違いはありませんので、ロゴのサイズを小さくして上下の余白を調整するだけで完了です。

以上で、ヘッダーのHTML、CSSのコーディングは完了です。

SECTION 1-6 | メインビジュアルとイントロダクションを作ろう

レイアウト構成の確認

メインビジュアルとイントロダクションを作成します。ここでの学習の目的は、画像を囲むいろいろなタグについて学ぶことです。サイト制作の基本となる、画像とテキストのコーディングを行います。メインビジュアルとイントロダクションのレイアウト構成は、以下の通りです。画像とテキストのエリアを、それぞれdivタグで囲みます。

HTMLのコーディング

HTMLのコーディングを行っていきましょう。ページのメインコンテンツ全体をmainタグで囲みます。mainタグの中にdivタグでメインビジュアル（mainvisual）と説明テキスト（introduction）のブロックを作り、それぞれの中にimgタグで画像の設定、pタグでテキストの設定を行っていきます。

```
<div class="mainvisual">
  <img src="img/mainvisual.jpg" alt=""> ❷
</div>

                                                                    ❸
<div class="introduction">
  <p class="catchphrase">ドライフラワーのある生活で暮らしを豊かに</p>
  <p class="text">アンティークな雰囲気を持ったドライフラワーは、インテリアとして生活
  を彩るだけでなく香りを楽しむこともできます。<br>
  あなたの暮らしにもドライフラワーを取り入れてみませんか？</p>
</div>
</main>
```

❶ mainタグ

メインコンテンツ全体をmainタグで囲みます。横幅を指定するため、ヘッダーで作成したwrapper
クラスを設定します。

❷ メインビジュアル

imgタグで記述し、全体をdivタグで囲みます。

OnePoint **画像を囲むタグについて**

画像は、意味を明確にしたりレイアウト調整をしやすくするためにタグで囲んで使用されることが多いです。
一般的に、下記のタグで囲んで使用されます。今回のメインビジュアルは、divタグで囲みます。

pタグ	文章中で使用する画像で、文脈上必要になってくる画像に使用します。この場合、imgタグのalt属性には画像の内容を説明するような文章を設定します。
figureタグ	文章から参照されるようなイラスト、図、写真等に使用します。figureタグを使用した場合も、imgタグのalt属性に画像の内容を設定します。また、figcaptionで注釈をつけることもできます。
divタグ	上記以外の場合で、画像に対してデザインやレイアウトを変更したい場合に使用します。

---

❸ イントロダクション

エリア全体をdivタグで囲み、各テキストはpタグで記述します。

CSSのコーディング

CSSのコーディングを行っていきましょう。メインビジュアル、イントロダクションともに、marginの設定を行い余白を調整します。テキストは「text-align: center;」で中央揃えにし、pタグにフォントの設定を行います。

```css
style.css

.mainvisual { ①
  margin-bottom: 80px;
}
.introduction { ②
  margin-bottom: 80px;
  text-align: center;
}
.introduction .catchphrase { ③
  font-size: 18px;
  font-weight: bold;
  margin-bottom: 40px;
}
.introduction .text { ④
  font-size: 14px;
}
```

❶ .mainvisual

「margin-bottom: 80px;」で、メインビジュアルの下に80pxの余白を設定します。

❷ .introduction

「margin-bottom: 80px;」で、イントロダクションの下に80pxの余白を設定します。また、「text-align: center;」でイントロダクション内のテキストを中央寄せにします。

❸ .introduction .catchphrase

「font-size: 18px;」「font-weight: bold;」で、キャッチフレーズのフォントを18pxの太字に設定します。「margin-bottom: 40px;」で、キャッチフレーズの下に40pxの余白を設定します。

❹ .introduction .text

「font-size: 14px;」で、キャッチフレーズ下のテキストのフォントサイズを14pxに設定します。

レスポンシブ対応

レスポンシブ用のCSSを設定します。メインビジュアルとイントロダクション下の余白を調整します。また、イントロダクションのフォントサイズを小さくして左寄せにします。ヘッダーと同じく、メディアクエリに追記していきます。

```
style.css

@media screen and (max-width: 767px) {
  .mainvisual {
    margin-bottom: 50px;
  }
  .introduction {
    margin-bottom: 50px;
  }
  .introduction .catchphrase {
    font-size: 16px;
  }
  .introduction .text {
    text-align: left;
  }
}
```

以上で、メインビジュアルとイントロダクションのHTML、CSSのコーディングは完了です。

SECTION
1-7 | 「Profile」を作ろう

レイアウト構成の確認

「Profile」を作成します。この章の目的は、sectionタグ、h2タグ、spanタグなど各種タグの使い方について学ぶことです。プロフィール画像の横に、見出しとプロフィールの説明文が入ります。
「Profile」のレイアウト構成は、以下の通りです。全体をsectionタグで囲み、画像と説明文を横並びにします。タイトルはh2タグで記述します。

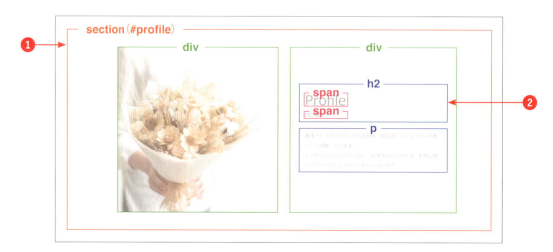

❶ 全体

全体をsectionタグで囲みます。見出しを含む1つのまとまった情報のため、divタグではなくsectionタグを使用します。divタグとsectionタグの違いについては、次ページの「divタグとsectionタグの違いについて」で詳しく解説しています。

❷ タイトル

英語と日本語を、まとめてh2タグで囲みます。それぞれフォントサイズが異なるため、個別にCSSが設定できるようspanタグで囲んでおきます。

| OnePoint | divタグとspanタグの違いについて |

divタグとspanタグは、どちらのタグもデザインの一部を変更したりレイアウトを調整したりする時に使用するタグで、タグ自体に意味を持たないのが特徴です。両者の違いと使い分けは、以下の通りです。

divタグ	幅と高さの指定ができ、前後に改行が入るのが特徴です。主に、コンテンツをグルーピングしたりデザインやレイアウト調整を行う際に使用します。 例 divタグでグルーピングして画像とテキストを横並びにする。 
spanタグ	幅と高さの指定ができず、前後に改行が入らないのが特徴です。主に、文章の中の一部のデザインを変更したい場合に使用します。 例 spanタグでテキストの一部を黄色背景にする。 インテリアとしてだけでなく、お誕生日や記念日等、お祝い用のフラワーアレンジメントも行っています。

今回はタイトル中のテキストデザインを部分的に変更したいので、spanタグを使用します。また、英語と日本語のタイトルを縦に配置したいので、displayプロパティに「block」を設定してそれぞれの要素が縦に並ぶようにします。displayプロパティの詳細については、「displayプロパティについて」で詳しく解説しています（P.33参照）。

HTMLのコーディング

HTMLのコーディングを行っていきましょう。「Profile」エリアは見出しを含む1つのまとまった情報のため、全体をsectionタグで囲みます。さらに画像とテキストを横並びに配置するため、それぞれのエリアをdivタグでグルーピングします。タイトルはh2タグで囲み、その中の英語と日本語にそれぞれのCSSを設定できるよう、spanタグで囲んでおきます。

```html
index.html

<section id="profile"> ❶
  <div class="img">
    <img src="img/profile.jpg" alt="">
  </div>
  <div class="detail">
    <h2 class="section-title">
      <span class="en">Profile</span>
      <span class="ja">自己紹介</span>        ❷
    </h2>
    <p>趣味でドライフラワー作りを始め、現在はドライフラワー作家として活動しています。
    <br>
    インテリアとしてだけでなく、お誕生日や記念日等、お祝い用のフラワーアレンジメントも
    行っています。</p>
  </div>
</section>
```

❶ section

グローバルナビゲーションのリンクをクリックした時に「Profile」セクションまでジャンプできるよう、「profile」という名前でidを設定します。

❷ タイトル

h2タグで囲み、日本語と英語それぞれをspanタグで囲みます。

CSSのコーディング

CSSのコーディングを行っていきましょう。ポイントは、見出しのCSSを「Works」セクションでも使用できるように共通化しておくという点です。見出し全体を「section-title」、英語と日本語のspanタグをそれぞれ「en」「ja」というクラス名で定義し、フォントやマージン等の設定を行います。画像とテキストの横並びは、Flexboxを使用して縦中央で揃うようにします。

```css
style.css

.section-title { ❶
  font-weight: normal;
  margin-bottom: 40px;
}
```

```css
.section-title .en { 2
  display: block;
  font-size: 40px;
}
.section-title .ja { 2
  display: block;
  font-size: 14px;
}

#profile { 3
  display: flex;
  align-items: center;
  margin-bottom: 120px;
}
#profile .img {
  width: 50%;
}
#profile .detail {
  width: 50%;
  padding-left: 80px;
}
#profile .detail p {
  font-size: 14px;
  line-height: 2;
}
```

❶ **タイトル**（**.section-title**）

「Works」セクションのタイトルも同じデザインのため、「section-title」というクラス名で共通のCSSとして設定します。このようにデザインが同じものはCSSを共通化しておくことで、効率的なコードを書くことができます。

❷ **タイトル**（**.section-title .en**、**.section-title .ja**）

タイトルの英語と日本語にそれぞれ「display: block;」を設定して、縦に配置されるようにします。

❸ **#profile**

「display: flex;」で、画像とテキストエリアのボックスを横並びに設定します。「align-items: center;」で、縦中央で揃うようにします。

レスポンシブ対応

レスポンシブ用のCSSを設定します。スマートフォンでは、プロフィールの画像とテキストエリアを縦に並べます。その際に、「テキストエリア→画像」の並び順にするのがポイントです。

style.css

```css
@media screen and (max-width: 767px) {
  .section-title { ❶
    margin-bottom: 25px;
  }
  .section-title .en { ❶
    font-size: 32px;
  }

  #profile { ❷
    flex-direction: column-reverse;
    margin-bottom: 60px;
  }
  #profile .img { ❸
    width: 100%;
  }
  #profile .detail { ❸
    width: 100%;
    padding-left: 0;
    margin-bottom: 20px;
  }
}
```

Profile
自己紹介

趣味でドライフラワー作りを始め、現在はドライフラワー作家として活動しています。

インテリアとしてだけでなく、お誕生日や記念日等、お祝い用のフラワーアレンジメントも行っています。

❶ **.section-title、.section-title .en**
英語のフォントサイズを小さくし、タイトル下の余白を調整します。

❷ **#profile**
「flex-direction: column-reverse;」で並び順を逆にして、テキストエリア→画像の順に表示します。

❸ **画像とテキストエリア（#profile .img、#profile .detail）**
ともに横幅に「width: 100%」を設定して、横幅いっぱいまで広がるようにします。テキストエリアは、「padding-left: 0;」を設定して、左側の余白を削除しておきます。

以上で、「Profile」のHTML、CSSのコーディングは完了です。

SECTION
1-8 | 「Works」を作ろう

レイアウト構成の確認

「Works」を作成します。Webサイトでよく見かける、画像一覧のコーディングを行っていきます。ここでの学習の目的は、リストタグを使った画像一覧の作り方と擬似クラスの使い方について学ぶことです。「Works」のレイアウト構成は、以下の通りです。画像の一覧は、リストタグを使用してコーディングしていきます。

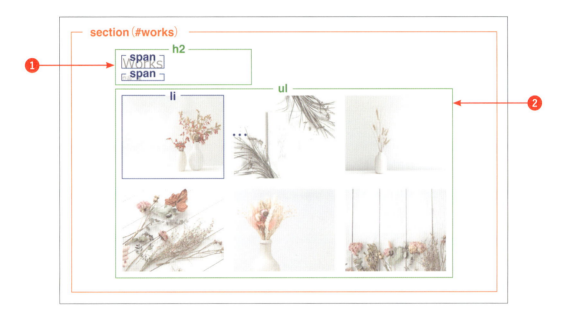

❶ タイトル
「Profile」と同じく、h2タグとspanタグで囲みます。

❷ 画像一覧
画像一覧は、リストタグを使ってコーディングしていきます。今回は画像の並び順に順序性がないため、ul、liタグを使用します。

HTMLのコーディング

HTMLのコーディングを行っていきましょう。「Profile」セクションと同じく、全体をsectionタグで囲み「works」という名前でidを設定します。タイトルはProfileセクションで定義したCSSを使用するため、同じクラス名「section-title」を設定します。画像一覧はul、liタグで記述します。

index.html

```html
<section id="works">
  <h2 class="section-title">
    <span class="en">Works</span>
    <span class="ja">作品一覧</span>
  </h2>

  <ul class="works-list">
    <li><img src="img/works1.jpg" alt=""></li>
    <li><img src="img/works2.jpg" alt=""></li>
    <li><img src="img/works3.jpg" alt=""></li>
    <li><img src="img/works4.jpg" alt=""></li>
    <li><img src="img/works5.jpg" alt=""></li>
    <li><img src="img/works6.jpg" alt=""></li>
  </ul>
</section>
```

ここでは、解説の必要な新しい書き方はありません。

CSSのコーディング

CSSのコーディングを行っていきましょう。画像一覧はFlexboxを使用して横並びにし、「flex-wrap: wrap;」で折り返されるようにします。また、liタグのwidthに32%を設定することで、画像が3枚ずつ並ぶようにします。

style.css

```css
#works {
  margin-bottom: 120px;
}
#works .works-list { ❶
  display: flex;
  flex-wrap: wrap;
}
#works .works-list li ❷
  width: 32%;
  margin: 0 2% 2% 0;
```

```
}
#works .works-list li:nth-child(3n) {
  margin-right: 0;
}
```

❶ #works .works-list
「display: flex;」で横並びにして、「flex-wrap: wrap;」で折り返しの設定を行います。

❷ #works .works-list li
横3列に並べるので、「width: 32%;」を設定して画像の間に2%ずつ余白ができるようにします。3列目は右端に揃えるため右に余白は必要ないので、「#works .works-list li:nth-child(3n)」に「margin-right: 0;」を設定することで、3の倍数のアイテムだけ右側に余白が入らないようにします（「32% + 2% + 32% + 2% + 32%」で横幅の合計が100%になるようにします）。「nth-child」は擬似クラスと呼ばれ、特定の要素に対してCSSを設定することができます。詳細は、「擬似クラスについて」で詳しく解説します。

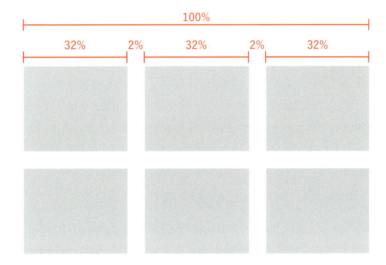

OnePoint 擬似クラスについて

擬似クラスは、特定の要素がある状態の場合にスタイルを適用させることができるセレクタです。今回のように、「何番目のliタグだけデザインを変えたい」といった場合も擬似クラスが有効です。ここでは、実務でよく使用する擬似クラスをご紹介します。

:hover	カーソルを要素の上に乗せた際に適用
:visited	訪問済みのリンクに適用
:checked	ラジオボタン、チェックボックスなどで選択されている場合に適用
:first-child	最初の要素に適用
:last-child	最後の要素に適用
:nth-child(odd)	奇数の要素に適用
:nth-child(even)	偶数の要素に適用
:nth-child(2)	2番目の要素に適用（※3番目以降は中の数字が変わります）
:nth-child(2n)	2の倍数の要素に適用（※3番目以降は中の数字が変わります）

レスポンシブ対応

レスポンシブ用のCSSを設定します。スマートフォンでは、画像一覧を横並びから縦並びに変更します。「flex-direction: column;」で、Flexboxの並び方向を縦に変更します。また、各アイテムの横幅を「width: 100%;」、余白を「margin: 0 0 20px;」で下側にだけ設定して、画像が横幅いっぱいまで広がるようにします。

style.css

```css
@media screen and (max-width: 767px) {
  #works {
    margin-bottom: 60px;
  }
  #works .works-list {
    flex-direction: column;
  }
  #works .works-list li {
    width: 100%;
    margin: 0 0 20px;
  }
}
```

OnePoint　marginとpaddingについて

marginとpaddingはどちらも余白の設定を表しますが、marginが「要素の外側の余白」を表すのに対し、paddingは「要素の内側の余白」を表します。

● margin：要素の外側の余白　　● padding：要素の内側の余白

OnePoint　marginは上か下か？

縦に並んだボックスの間に余白を設定する際、上のボックスに「margin-bottom」を設定するか下のボックスに「margin-top」を設定するかで悩まれる方も多いかと思います。結果はどちらも同じですが、その時々で上につけたり下につけたりしていると、どのmarginが効いているのかわからなくなるので、どちらかに基準を決めておくとよいでしょう。例えば、基本は余白を下に取りつつ、必要に応じて上に余白を取るという方法がわかりやすくておすすめです。

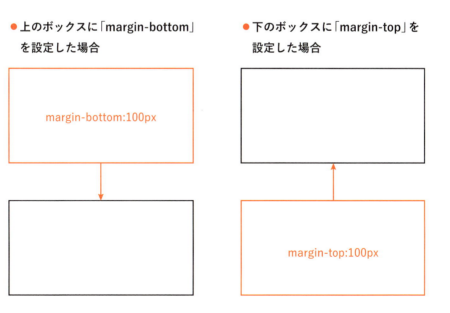

以上で、「Works」のHTML、CSSのコーディングは完了です。

SECTION
1-9 | フッターを作ろう

レイアウト構成の確認

フッターを作成します。フッターはサイトの最下部にあたる部分で、通常、メニューやロゴ、コピーライト等が含まれる部分を指します。
フッターのレイアウト構成は、以下の通りです。コピーライトのエリア全体をfooterタグで囲み、コピーライトはpタグで記述します。

HTMLのコーディング

HTMLのコーディングを行っていきましょう。全体をfooterタグで囲み、コピーライトをpタグで記述します。

```html
index.html

<footer id="footer" class="wrapper"> ❶
  <p class="copyright">© Dry Flower Life.</p>
</footer>
```

❶ footer
フッター全体をfooterタグで囲み、idを設定します。また、横幅を設定するため共通のwrapperクラスを設定します。

CSSのコーディング

CSSのコーディングを行っていきましょう。フォントサイズと余白を設定し、「text-align: center;」で中央寄せに設定します。

```css
style.css

#footer {
  font-size: 12px;
  padding-bottom: 20px;
  text-align: center;
}
```

ここでは、解説の必要な新しい書き方はありません。フッターはスマートフォンも同じデザインのため、レスポンシブ用の調整は必要ないのでこれで完了です。

以上で、プロフィールサイトのコーディングはすべて完了です。

☑ Column

クラス名のつけ方

基本ルール

- 半角英数字を使用する（日本語は使用しない）
- アルファベットから開始する（数字から開始しない）
- 単語の組み合わせはハイフンかアンダースコアを使用する
- 極端に長い名前は避ける（例：container_content_main_box_info_item_text_1）
- 処理の内容をある程度推測できる名前にする

表記方法

クラス名をつける際に複数の英単語をつなげる方法として、主に下記の4種類の方法があります。本書は、ケバブケースで統一しています。

パスカルケース	単語の先頭を大文字にする	SectionTitle
キャメルケース	2つ目以降の単語の先頭を大文字にする	sectionTitle
スネークケース	単語の間をアンダースコアでつなぐ	section_title
ケバブケース	単語の間をハイフンでつなぐ	section-title

命名規則の参考

クラス名でよく使う単語の一部をまとめましたので、命名の際の参考にしてみてください。

● ブロック

container	全体を囲む
wrapper	外側を囲む
content	内容
outer	外側

inner	内側
area	範囲
box	ボックス

● パーツ

title	タイトル
text	テキスト
img	画像
list	リスト
item	項目
detail	詳細
summary	要約
description	説明

info	情報
news	お知らせ
work	実績
service	サービス内容
contact	お問い合わせ
link	リンク
btn	ボタン

なお、HTML、CSSをコーディングする際のスタイルガイドとして、Google社が提供している「Google HTML/CSS Style Guide」があります。英語版しかありませんが、HTML、CSSをコーディングする際のガイドとしてとても参考になりますので、ぜひ参照してみてください。

【Google HTML/CSS Style Guide】https://google.github.io/styleguide/htmlcssguide.html

第 2 章
初級編

ブランド
サイトを作ろう

——— 難易度 ———

かんたんなHTML&CSSを使用した
1ページの練習サイト

> かんたんなHTMLとCSSだけで作れる、1ページのシンプルなWebサイトを作ってみましょう。この章では主に、画像やテキストなどのコンテンツを重ねて配置するpositionの使い方について学びます。

SECTION
2-1 | 完成イメージの確認

完成サイトのイメージ

この章で作成するサンプルサイトの完成イメージは、以下の通りです。大きなメインビジュアルの下に、画像やテキストが重なりあったコンテンツが入る、1ページのシンプルなサイトです。今回は、ページをスクロールした際に左上のロゴを元の位置のまま固定させておくという動きを入れてみましょう。

■ トップページ（PC）

NEW
PRODUCTS

コンパクトなボトルタイプは
持ち運びも簡単

外出先でもすぐに使用できる手のひらサイズのボトルタイプが
新登場。コンパクトなボトルの中に必要な成分がたっぷりと濃
縮されているので、"キレイ"をいつでも持ち運べます。

HOW TO CHOOSE

HOW TO CHOOSE

Beauty   ©2024 Beauty.

第2章 ブランドサイトを作ろう ⭐⭐☆☆☆

初級編

かんたんなHTML&CSSを使用した1ページの練習サイト

■ トップページ（モバイル）

もっと楽しく、もっと美しく 毎日がキレイであるために

Beautyの化粧水は、敏感肌や乾燥肌の人が毎日使い続けられる無添にこだわった肌に優しい化粧水です。保湿性の高い独自の美容保湿成分を使用することで、お肌へ負担をかけることなく毎日の'キレイ'を保ちます。

コンパクトなボトルタイプは 持ち運びも簡単

外出先でもすぐに使用できる手のひらサイズのボトルタイプが新登場。コンパクトなボトルの中に必要な成分がたっぷりと濃縮されているので、'キレイ'をいつでも持ち運べます。

実際の完成サイトは、以下のURL内の各章のリンクからご確認いただけます。

完成サイトURL https://code-jump.com/book-html-css/

058

SECTION
2-2 | コーディングポイントの確認

コーディングポイント

作成するサンプルサイトのコーディングポイントは下記の通りです。

☑ positionを使用したコンテンツの固定

コンテンツを元の位置で固定する方法について解説します。

☑ positionを使用したコンテンツどうしの重ね方

複数のコンテンツを重ねて配置する方法を解説します。

☑ positionを使用した擬似要素の重ね方

擬似要素の使い方と擬似要素をコンテンツに重ねて配置する方法を解説します。ボタンなどでよく使用します。

☑ フォント指定

サイト全体と個別のテキストに対するフォントの指定方法について解説します。

☑ 画像の高さ固定

画面幅を変更させた際に画像の高さを固定させておく方法について解説します。

☑ 背景の設定

背景色と背景画像の設定方法や透過の仕方について解説します。

SECTION 2-3 | コーディングの準備をしよう

コーディング準備

コーディングを始めるための準備を行っていきましょう。

☑ ダウンロード
本章のデザインデータ、素材、完成サイトのソースコードは、P.8を参考にダウンロードしてください。

☑ デザインデータを確認する
「design」フォルダの中のデザインデータを確認しましょう。

☑ 素材を確認する
「img」フォルダの中にある素材を確認しましょう。

☑ 完成サイト
完成サイトのソースコードは「src」フォルダの中にあるデータから確認できます。

☑ フォルダとファイルを作成する
サンプルサイトを作るための、フォルダとファイルを準備します。フォルダ構成は、下記の通りです。

❶ 作業用フォルダ	作業用フォルダとして、「beauty」という名前のフォルダを作成します。	
❷ HTMLファイル	「beauty」フォルダの中に「index.html」という名前で作成します。	
❸ CSSファイル	「beauty」フォルダの中に「css」という名前のフォルダを作成し、その中に任意の名前(今回は「style.css」)で作成します。	
❹ 画像フォルダ	「beauty」フォルダの中に「img」という名前のフォルダを作成し、ダウンロードした「ing」フォルダーの中の画像をまとめて入れます。	

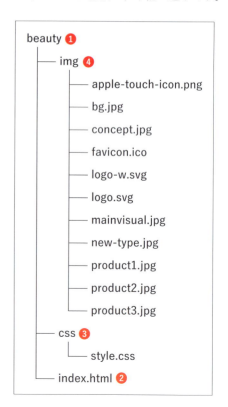

```
beauty ❶
├── img ❹
│   ├── apple-touch-icon.png
│   ├── bg.jpg
│   ├── concept.jpg
│   ├── favicon.ico
│   ├── logo-w.svg
│   ├── logo.svg
│   ├── mainvisual.jpg
│   ├── new-type.jpg
│   ├── product1.jpg
│   ├── product2.jpg
│   └── product3.jpg
├── css ❸
│   └── style.css
└── index.html ❷
```

SECTION
2-4 | 全体の枠組みを作ろう

レイアウト構成の確認

サイト全体の枠組みを作成します。ここでの学習の目的は、positionを使った画像やテキストの配置の仕方について学ぶことです。各パーツのコーディングを始める前に、全体のサイト構成の確認とHTMLファイル、CSSファイルの共通部分をコーティングしておきます。

全体のレイアウト構成は、以下の通りです。大きく分けると、header、main、footerの3つのブロックで構成されます。レイアウト構成図を見るとmainの中にheaderが入っているように見えますが、実際はmainの中のメインビジュアルの上に重なって配置されているイメージになります。

❶ body	Webサイトのヘッダー、フッター含むコンテンツ全体を囲みます。
❷ header	ロゴを囲みます。
❸ main	コンテンツのメインエリア全体を囲みます。
3-1 div（.mainvisual）	メインビジュアルをdivタグで囲みます。
3-2 section（.concept）	コンセプトエリア全体をsectionタグで囲みます。

3-3 section （**.new-products**）	プロダクトエリア全体をsectionタグで囲みます。	
3-4 section（**.new-type**）	タイプエリア全体をsectionタグで囲みます。	
3-5 div（**.online-store**）	オンラインストアエリア全体をdivタグで囲みます。	
❹ footer	フッタ　を囲みます。	

HTMLのコーディング

全体の枠組みとhead部分のコーディングを行っていきましょう。charset、title、description、viewportなど、必要な設定を一通り行い、ファビコンとアップルタッチアイコン、CSSファイルを読み込みます。

---

index.html

```html
<!DOCTYPE html>
<html lang="ja">
  <head>
    <meta charset="utf-8"> ❶
    <title>Beauty</title> ❷
    <meta name="description" content="Beautyは、敏感肌や乾燥肌の人が毎日使い続けられ
    る無添加にこだわった美容用品を提供するコスメブランドです。"> ❷
    <meta name="viewport" content="width=device-width, initial-scale=1"> ❸
    <link rel="icon" href="img/favicon.ico"> ❹
    <link rel="apple-touch-icon" href="img/apple-touch-icon.png"> ❺
    <link rel="stylesheet" href="https://unpkg.com/ress/dist/ress.min.css"> ❻
    <link rel="stylesheet" href="css/style.css"> ❼
  </head>

  <body>
  </body>
</html>
```

---

❶ charset

文字化けを防ぐためUTF-8を指定します。

❷ title と description

サイトのタイトルとかんたんな説明を記載します。

063

❸ viewport

レスポンシブに対応するため、ブラウザの表示領域を指定します。

❹ ファビコン

ブラウザのタブに表示するアイコンを設定します。

❺ アップルタッチアイコン

スマートフォンやタブレットのホーム画面に表示するアイコンを設定します。

❻ リセット CSS

CSSを初期化するため「ress.min.css」を読み込みます。

❼ CSS 読み込み

CSSファイル「style.css」を読み込みます。

CSS のコーディング

CSSのコーディングを行っていきましょう。まずは、html、body、a、imgタグ等、共通のタグに対して基本の設定を行っていきます。

```
style.css

@charset "UTF-8";

html {
  font-size: 100%;
}
body { ❶
  background-color: #fdf8f8;
  color: #333;
  font-family: 'YuGothic', 'Yu Gothic', sans-serif;
}
img {
  max-width: 100%;
  vertical-align: bottom;
}
li {
  list-style: none;
}
```

```
a {
  color: #333;
  text-decoration: none;
}
a:hover {
  opacity: 0.7;
}


/*------------------------------------------
スマートフォン
------------------------------------------*/
@media screen and (max-width: 767px) { ②


}
```

❶ body

今回はWebサイトの背景が薄いピンクになっているので、bodyタグに対して「background-color」で背景色を設定します。サイト全体にメインとなる背景色が設定されている場合は、bodyタグで背景色の設定を行います。ページごとに背景色が異なる場合は、それぞれ個別のCSSで設定します。

また、サイト全体のフォントを設定します。「font-family」には、OSごとのフォントと総称フォントを設定します。今回は、Mac用のフォントに「YuGothic」、Windows用に「Yu Gothic」、総称フォントに「sans-serif」を設定します。総称フォントは、指定したフォントがすべて表示されなかった場合に自動で設定される、OSやブラウザごとのデフォルトのフォントです。最後に必ず指定するようにしましょう。「font-family」を指定する際の基本ルールについては、「フォントファミリーを指定する際の基本ルール」で詳しく解説しています。

OnePoint **フォントファミリーを指定する際の基本ルール**

フォントファミリーを指定する際は、以下のルールに気を付けて指定しましょう。

- フォントファミリー名はダブルクォーテーション、またはシングルクォーテーションの引用符で囲う
- 総称フォント名は引用符で囲わない
- 複数のフォントを指定する場合はカンマで区切る
- 前に書いたフォントが優先して適用される
- 欧文フォントは日本語フォントより前に書く
- フォント名はOSごとに指定する
- 最後に総称フォントを必ず指定する

---

❷ ブレイクポイント

ブレイクポイントは、第1章と同じく一般的によく使われる767pxを設定します。

以上で、全体のHTML、CSSのコーディングは完了です。

SECTION
2-5 | ヘッダーを作ろう

レイアウト構成の確認

ページのヘッダー部分を作成します。ここでの学習の目的は、スクロール時に要素を元の位置で固定させておく方法について学ぶことです。今回はグローバルナビゲーションがありませんので、ヘッダーはロゴだけになります。

ヘッダーのレイアウト構成は、以下の通りです。全体をheaderタグで囲み、ロゴを左に配置します。

❶ ロゴ	h1タグで囲みます。ロゴ画像のalt属性にはサイト名を設定します。

HTMLのコーディング

HTMLのコーディングを行っていきましょう。ヘッダー全体をheaderタグで囲みます。今回はヘッダーのコンテンツがロゴだけになりますので、ロゴをh1タグで囲みheaderタグの中に入れます。

```html
index.html

<header id="header"> ❶
  <h1 class="logo">
    <a href="index.html">
      <img src="img/logo.svg" alt="Beauty"> ❷
    </a>
  </h1>
</header>
```

❶ 全体
headerタグを使ってヘッダー全体を囲みます。

❷ ロゴ画像
全体をh1タグで囲み、さらにaタグでトップページへのリンクを設定します。

CSSのコーディング

CSSのコーディングを行っていきましょう。ポイントは、スクロールした際にロゴをもとの位置で固定させておくという動作です。

```css
style.css

#header .logo { ❶
  width: 100%;
  max-width: 120px;
  line-height: 0;
  position: fixed;
  top: 30px;
  left: 30px;
  z-index: 50;
}
#header .logo a {
  display: block;
}
```

❶ **#header .logo**
「position: fixed;」で、ロゴを固定表示させます。固定させる位置は「top: 30px;」で上から30px、「left: 30px;」で左から30pxの位置を指定します。また、スクロールした際にロゴが一番上に表示されるよう、z-indexの値にページの中で一番大きな数値を指定します。以降の解説で「40」まで使用

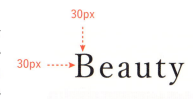

しますので、ここでは「50」の値を指定します。position、top、left、z-indexについては、「positionプロパティについて」で詳しく解説しています。

OnePoint　positionプロパティについて

positionプロパティは、要素を固定させたり重ね合わせたりする際に非常によく使われる重要なプロパティです。また、positionプロパティは「位置を指定するためのtop、right、bottom、leftプロパティ」と「重なり順序を指定するためのz-indexプロパティ」とセットで使用されることが多いです。それぞれのプロパティについて、解説します。

positionプロパティ

● fixed
要素は指定された位置で固定されます。ページをスクロールした際も、元の位置の状態を保ちます。

● relative
元の位置を基準に指定された数値の分だけ移動します。

● absolute
ウィンドウを基準に、指定された数値の分だけ移動します。親要素にrelativeが設定されている場合は、ウィンドウではなく親要素の位置が基準となります。子要素にabsoluteが設定されると親要素から独立するため、親要素の高さがなくなるのが特徴です。

● static
positionプロパティの初期値で、元の位置に配置されます。指定したpositionをリセットしたい場合などに使用します。

● sticky
親要素の中で固定されて表示されます。サイドバーの追従バナー等でよく使用されますが、上記の値に比べると使用頻度は少なめです。

top、bottom、left、rightプロパティ

要素の位置を指定するためのプロパティです。基準となる位置から上、下、左、右の移動位置を指定します。指定した値をリセットする場合は初期値である「auto」を指定します。

top	上からの移動位置
bottom	下からの移動位置
left	左からの移動位置
right	右からの移動位置

z-indexプロパティ

要素の重なり順序を指定するためのプロパティです。0を基準として-2147483647から2147483647までの値を指定でき、数値が大きいほうが前に表示されます。一般的には、後で要素が追加になった場合に間に入れられるよう、10単位（10、20、30…）で使用することが多いです。positionを指定していない場合やpositionにstaticが指定されている場合は、z-indexが効かないので注意が必要です。

実際によく使われる各値の使用例をご紹介します。

● fixedの使用例

```
position: fixed;
top: 100px;
left: 200px;
```

要素は画面左上を基準に上から100px、左から200pxの位置に移動して固定されます。

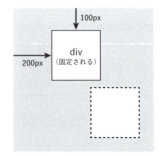

● relativeの使用例

```
position: relative;
top: 100px;
left: 200px;
```

要素は元の位置を基準に上から100px、左から200pxの位置に移動します。

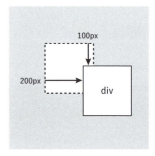

● absoluteの使用例（親要素にrelativeが指定されていない場合）

```
position: absolute;
top: 100px;
left: 200px;
```

要素はウィンドウを基準に上から100px、左から200pxの位置に移動します。

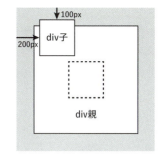

● absoluteの使用例（親要素にrelativeが指定されている場合）

```
position: absolute;
top: 100px;
left: 200px;
```

要素は親要素を基準に上から100px、左から200pxの位置に移動します。

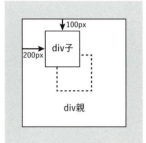

● absolute（複数）の使用例（親要素にrelativeが指定されている場合）

div子1

```
position: absolute;
top: 100px;
left: 200px;
z-index: 20;
```

div子2

```
position: absolute;
top: 220px;
left: 470px;
z-index: 10;
```

子1の要素は親要素を基準に上から100px、左から200pxの位置に移動します。子2の要素は親要素を基準に上から220px、左から470pxの位置に移動します。子1の要素はz-indexに20、子2の要素は10が設定されており、子1の方が値が大きいので子1が前に表示されます。

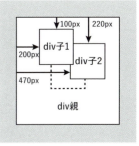

069

レスポンシブ対応

ヘッダーのレスポンシブ対応を行っていきましょう。メディアクエリにスマートフォン用のCSSをコーディングしていきます。ロゴのサイズを小さくして、配置場所を「top: 20px;」「left: 20px;」でスマートフォンを考慮した位置に調整します。

```
style.css

@media screen and (max-width: 767px) {
  #header .logo { ①
    max-width: 85px;
    top: 20px;
    left: 20px;
  }
}
```

① **#header .logo**

「max-width: 85px;」でロゴのサイズを小さくし、「top: 20px;」「left: 20px;」でロゴの位置を上から20px、左から20pxの位置に調整します。

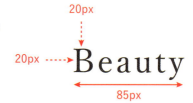

以上で、ヘッダーのHTML、CSSのコーディングは完了です。

SECTION 2-6 | メインビジュアルを作ろう

レイアウト構成の確認

メインビジュアルを作成します。ここでの学習の目的は、CSSを使って画像をトリミングする方法について学ぶことです。画面幅いっぱいに広がるように配置し、画面幅を変更した際も高さは固定されたままにします。
メインビジュアルのレイアウト構成は、以下の通りです。画像をdivタグで囲みます。

HTMLのコーディング

HTMLのコーディングを行っていきましょう。ページのメインコンテンツ全体をmainタグで囲みます。メインビジュアル（mainvisual）のブロックをdivタグで作り、その中にimgタグで画像の設定を行っていきます。

```html
index.html

<main>
  <div class="mainvisual">
    <img src="img/mainvisual.jpg" alt="">  ❶
  </div>
</main>
```

❶ メインビジュアル
imgタグで記述し、全体をdivタグで囲みます。

CSSのコーディング

CSSのコーディングを行っていきましょう。メインビジュアルは、画面幅を変更した際も高さが固定されたままで表示されるようにします。

style.css

```css
.mainvisual img { ❶
  width: 100%;
  height: 600px;
  object-fit: cover;
}
```

❶ .mainvisual img

「width: 100%;」で、画像を画面幅いっぱいに広げます。「height: 600px;」と「object-fit: cover;」をセットで使用することで、高さ600pxの中で画像がトリミングされて表示されます。object-fitについては、「object-fitプロパティについて」で詳しく解説しています（P.73参照）。

● 元の画像（W1920px × H820px）

● 画面幅が1700px（赤枠）の場合

高さ600pxからはみ出た上下がトリミングされる

● 画面幅が800px（赤枠）の場合

横幅800pxからはみ出た左右がトリミングされる

OnePoint　object-fitプロパティについて

object-fitプロパティは、画像をトリミングしたりする際によく使われるプロパティです。ここでは実務でよく使用する「contain」と「cover」について紹介します。右の画像に対して、「contain」と「cover」を指定した場合の表示を確認していきます。

● contain

縦横比を維持したまま、ボックスに収まるように拡大縮小されます。

● cover

縦横比を維持したまま、ボックスからはみ出した部分はトリミングされて表示されます。

● cover（表示位置を指定）

「object-fit」は、「object-position」プロパティとセットで使用することで表示位置を指定することもできます。「object-position」は、主に％、数値（px）、キーワード（top、bottom、left、right、center）で表示位置を指定できます。例えば「object-fit:cover;」と「object-position:left;」を指定した場合は、以下のように左寄せでトリミングされます。

レスポンシブ対応

レスポンシブ用のCSSを設定します。スマートフォンの表示に合わせて、メインビジュアルの高さをPCの時よりも少し低く設定します。

■ **PC表示**

■ **モバイル表示**

```
style.css

@media screen and (max-width: 767px) {
  .mainvisual img {
    height: 480px;
  }
}
```

以上で、メインビジュアルのHTML、CSSのコーディングは完了です。

SECTION
2-7 | 「Concept」を作ろう

レイアウト構成の確認

「Concept」を作成します。ここでの学習の目的は、positionを使って要素どうしを重ねる方法と、要素に透明度を設定する方法について学ぶことです。画像の上に、テキストを重ねて配置します。また、テキストのボックスは背景を少し透過させて下の画像が透けて見えるようにします。

「Concept」のレイアウト構成は、以下の通りです。全体をsectionタグで囲み、画像と説明文を重ねて配置します。キャッチコピーの部分は、h2タグで記述します。

❶ 全体

全体をsectionタグで囲みます。

❷ テキストボックス

テキスト全体をグルーピングして画像の上に重ねます。またボックス全体に対して透過の設定を行います。

❸ キャッチコピー

「Concept」セクションの主要なテーマを表しているため、hタグを使って記述します。

HTMLのコーディング

HTMLのコーディングを行っていきましょう。「Concept」エリアはブランドのコンセプトを表すキャッチコピーと説明テキストによって構成されるため、1つのまとまったコンテンツとしてsectionタグで囲みます。また画像とテキストボックスを重ねて配置するため、それぞれをdivタグでグルーピングします。Coceptを表すキャッチコピーは、セクションの主要なテーマを表すためhタグで囲みます。

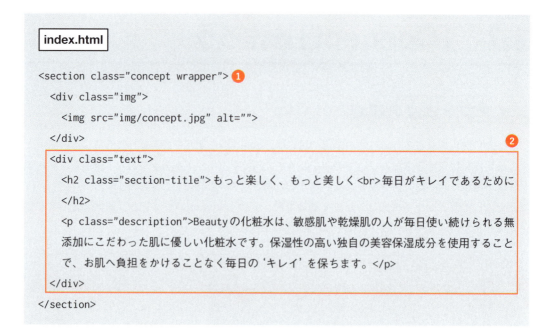

❶ section
中のコンテンツの横幅を設定するためのクラスとして、「wrapperクラス」を設定します。他のセクションでも同様のコンテンツ幅が使われているため、共通で使用するクラスとして定義します。

❷ テキストボックス
全体をdivタグで囲みます。キャッチコピーはh2タグ、説明テキストはpタグで記述します。

CSSのコーディング

CSSのコーディングを行っていきましょう。ポイントは、positionを使って画像とテキストボックスを重ねるところです。positionで重ねる際の考え方の手順は、下記の通りです。

1) **画像は元の位置から動かさず、テキストボックスを移動させて画像の上に重ねます。**

2) **テキストボックスは、親要素である「.concept」セクションを基準位置にして移動位置を指定します。基準位置となる「.concept」に対して「position: relative;」を設定します。**

3) **移動させるテキストボックスに「position: absolute;」を設定して、「top」と「right」で移動させる数値を指定します。**

それでは、さっそく確認していきましょう。

style.css

```css
.wrapper { ❶
  max-width: 1040px;
  padding: 0 20px;
  margin: 0 auto;
}

.concept { ❷
  padding-top: 130px;
  padding-bottom: 130px;
  position: relative;
}
.concept .img { ❸
  max-width: 720px;
}
.concept .text { ❹
  max-width: 600px;
  background-color: rgba(253, 248, 248, 0.8);
  padding: 40px;
  position: absolute;
  top: 325px;
  right: 0;
}
.concept .text .section-title { ❺
  font-family: 'YuMincho', 'Yu Mincho', serif;
  font-size: 30px;
  font-weight: normal;
  line-height: 1.5;
  margin-bottom: 20px;
}
.concept .text .description { ❻
  font-size: 15px;
  line-height: 1.8;
  text-align: justify;
}
```

❶ **.wrapper**

「max-width: 1040px;」で全体の横幅を1040pxに設定し、「padding: 0 20px;」で内側の両サイドに20pxずつ余白を設定します。「margin: 0 auto;」で、中のコンテンツを中央に配置します。

❷ **.concept**
テキストボックスを移動させる際の基準位置にするため「position: relative;」を設定します。また、paddingで上下に余白を設定します。

❸ **.concept .img**
「max-width: 720px;」で、画像の最大幅を設定します。画像は位置を動かさないので、positionの設定は不要です。

❹ **.concept .text**
「max-width: 600px;」で、テキストボックスの最大幅を設定します。テキストボックスを移動させて画像の上に重ねるために「position: absolute;」を設定し、「top: 325px;」と「right: 0;」でセクションの上部から325pxの位置に右寄せで配置しています。

テキストボックスの背景を透過させるために、「background-color: rgba(253, 248, 248, 0.8);」でページの背景色に対して0.8の透明度を設定します。透明度の設定については、「透明度について」で詳しく解説しています（P.79参照）。また、CSSのカラー設定の種類については、「色の指定方法について」で詳しく解説しています（P.80参照）。

❺ **.concept .text .section-title**
「font-family: 'YuMincho', 'Yu Mincho', serif;」で、游明朝を指定します。「YuMincho」がMac用、「Yu Mincho」がWindows用、「serif」が総称フォントになります。

❻ **.concept .text .description**
「text-align: justify;」で、テキストの両端を揃えます。日本語の複数行の文章の場合、text-alignに「justify」を指定することでテキストの両端が揃って見た目がきれいになります。

OnePoint ## 透明度について

CSSで透明度を表すには、主に「opacity」と「rgba」の2つの方法があります。ただし、両者は透明になる対象の要素が異なりますので、それぞれの特徴と違いについて解説します。

● rgba

指定した色を透過させることができます。「カラー（rgb)」と「透明度」の2つを設定して表現します。透明度は0〜1の数値が指定でき、数字が小さいほど透明度が高くなります。

● opacity

指定した要素全体を透過させることができます。指定した要素のボーダーや背景だけでなく、子要素も含むすべての要素が透過されます。透明度は0〜1の数値が指定でき、数字が小さいほど透明度が高くなります。

それぞれの透明度の違いの例

● 透過なし

```
background-color: rgb(0, 153, 255);
```

BOX

● rgbaで透過

```
background-color: rgba(0, 153, 255, 0.5);
```

背景だけが透過されて中のテキストは透過されません。

BOX

● opacityで透過

```
background-color: rgb(0, 153, 255);
opacity: 0.5;
```

背景と中のテキストの両方が透過されます。

BOX

OnePoint 色の指定方法について

CSSで色を指定するのによく使われる方法は、大きく分けて3つあります。

● カラーコード

シャープ(#)+6ケタの16進数(0～F)で指定する方法で、もっともよく使用される方法です。

> 例　黒：#000000（#000と省略して記述されることもあります）
> 　　赤：#ff0000
> 　　青：#0000ff

● カラーネーム

あらかじめ定義されているカラーのキーワードで指定する方法です。使い方はかんたんですが、定義されているカラーの数が限られていて細かい色の指定ができないため、実務で使用することはあまりありません。

> 例　黒：black
> 　　赤：red
> 　　青：blue

● rgb

光の3原色である赤、緑、青のカラーコードで指定する方法です。それぞれの値は0～255の数字で表します。rgbに透明度を追加したrgbaでは、カラーコードの後に透明度を設定して指定したカラーを透過させることができます。

> 例　黒：rgb(0, 0, 0);
> 　　赤：rgb(255, 0, 0);
> 　　青(透明度60%)：rgba(0, 0, 255, 0.6);

レスポンシブ対応

レスポンシブ用のCSSを設定します。スマートフォンでは、画像とテキストボックスの重なりを解除して画像の下にテキストボックスが配置されるように設定します。また、テキストボックスの背景と透明度の設定もリセットします。

```
style.css

@media screen and (max-width: 767px) {
  .concept { ❶
    padding-top: 40px;
    padding-bottom: 40px;
    position: static;
  }
  .concept .img {
    margin-bottom: 30px;
  }
  .concept .text { ❷
    background-color: transparent;
    padding: 0;
    position: static;
  }
  .concept .text .section-title {
    font-size: 24px;
  }
}
```

❶ .concept

「position: static;」で、親要素に設定されていた「position: relative;」をリセットします。

❷ .concept .text

「position: static;」で、テキストボックスに設定されていた「position: absolute;」をリセットします。また「background-color: transparent;」で、背景色の設定をリセットします（「background-color」の初期値「transparent」は、透明な状態を表します）。

以上で、「Concept」のHTML、CSSのコーディングは完了です。

SECTION 2-8 | 「New Products」を作ろう

レイアウト構成の確認

「New Products」を作成します。ここでの学習の目的は、positionを使って複数のコンテンツを重ねて配置する方法について学ぶことです。画像3枚と、丸いテキストを重ねて配置します。表示順は、丸いテキストが最前面で、その後に1枚目の画像、2枚目の画像、3枚目の画像の順になります。「New Products」のレイアウト構成は、以下の通りです。全体をsectionタグで囲み、その中にコンテンツの横幅を設定するためのdivタグを入れます。タイトルはh2タグ、画像と丸テキストはまとめてdivタグで囲みます。

❶ div	コンテンツの横幅を設定するために、中のコンテンツ全体をdivタグで囲みます。「Concept」セクションでは、sectionタグでコンテンツ幅を設定しましたが、「New Products」セクションは全幅の背景色を設定するため、内側のdivタグでコンテンツ幅を設定します。
❷ 画像と丸テキスト	全体をdivタグで囲み、さらに画像と丸テキストもそれぞれdivタグで囲みます。

HTMLのコーディング

HTMLのコーディングを行っていきましょう。全体をsectionタグで囲みます。内側にコンテンツ幅を設定するためのdivタグを作り、「Concept」セクションで作成した共通クラス（wrapper）を設定します。また、タイトルはh2タグ、各画像と丸テキストはそれぞれdivタグで囲みます。

```
index.html

<section class="new-products">
  <div class="wrapper"> ❶

    <h2 class="section-title">NEW<br>PRODUCTS</h2>
    <div class="img-group">
      <div class="img1">
        <img src="img/product1.jpg" alt="">
        <div class="circle">1/1<br>発売</div>
      </div>
      <div class="img2">
        <img src="img/product2.jpg" alt="">    ❷
      </div>
      <div class="img3">
        <img src="img/product3.jpg" alt="">
      </div>
    </div>
  </div>
</section>
```

❶ **wrapper**

コンテンツ幅を設定するために、「Concept」セクションで作成した共通のwrapperクラスを指定します。

❷ **img-group**

画像と丸テキスト全体をdivタグで囲み、画像と丸テキストを移動させる際の基準位置とします。

CSSのコーディング

CSSのコーディングを行っていきましょう。親要素を基準に画像を移動させるため、親要素であるimg-groupクラスのpositionプロパティにrelativeを設定します。各画像と丸テキストには、absoluteと移動させる数値を設定し、それぞれの要素を重ねていきます。また、最前面に表示させたい丸テキストのz-indexには40、最背面の画像のz-indexには10を設定します。

style.css

```css
.new-products {
  background-color: #f4eaea;
  padding: 130px 0;
}
.new-products .section-title { ①
  font-family: 'YuMincho', 'Yu Mincho', serif;
  font-size: 80px;
  font-weight: normal;
  letter-spacing: 0.1em;
  line-height: 1.2;
  margin-bottom: 40px;
}
.new-products .img-group { ②
  height: 890px;
  position: relative;
}
.new-products .img-group .img1 { ③
  max-width: 350px;
  position: absolute;
  top: 0;
  left: 42%;
  z-index: 30;
}
.new-products .img-group .img2 { ④
  max-width: 400px;
  position: absolute;
  top: 250px;
  left: 8%;
  z-index: 20;
}
.new-products .img-group .img3 { ⑤
  max-width: 480px;
  position: absolute;
  top: 570px;
  left: 40%;
  z-index: 10;
}
```

```css
.new-products .img-group .circle { ❻
  width: 90px;
  height: 90px;
  background-color: #333;
  border-radius: 50%;
  color: #fff;
  display: flex;
  align-items: center;
  justify-content: center;
  font-size: 20px;
  line-height: 1.2;
  text-align: center;
  position: absolute;
  top: -45px;
  right: -13%;
  z-index: 40;
}
```

❶ .new-products .section-title

タイトルのフォントは、「Concept」セクションと同様に「font-family: 'YuMincho', 'Yu Mincho', serif;」
で游明朝にします。また、「letter-spacing: 0.1em;」で文字間を少し広げ、「line-height: 1.2;」で行間
を少し詰めます。

❷ .new-products .img-group

「position: relative;」を設定して、画像を移動させる際の基準位置にします。子要素の画像と丸テキス
トのpositionプロパティにabsoluteを設定すると高さがなくなってしまうため、「height: 890px;」で
高さを設定します。

❸ .new-products .img-group .img1（1枚目の画像）

画像を移動させるために「position: absolute;」を設定し、img-groupクラスを基準に「top: 0;」で一番
上、「left: 42%;」で左から42%の位置に配置します。leftをpxではなく%で指定することで画面幅に
あわせて左の位置が移動して調整されるので、レスポンシブ対応では左右の位置を指定する際に%を
よく使用します。1枚目の画像は丸テキストの次に表示するのでz-indexに30を設定します。

❹ .new-products .img-group .img2（2枚目の画像）

1枚目の画像と同じく「position: absolute;」を設定し、「top: 250px;」「left: 8%;」で画像を移動して1枚
目の画像に重ねます。表示順は1枚目の画像の下になるようz-indexに20を設定します。

❺ .new-products .img-group .img3（3枚目の画像）

3枚目の画像も同様に「position: absolute;」「top: 570px;」「left: 40%;」「z-index: 10;」で画像を移動し

て2枚目の画像の下に表示します。

❻ .new-products .img-group .circle（丸テキスト）
「width: 90px;」「height: 90px;」「border-radius: 50%;」で縦横90pxの円を作り、「display: flex;」「align-items: center;」「justify-content: center;」を設定して中のテキストが縦横の中心に配置されるようにします。

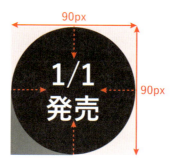

「position: absolute;」を設定して位置を移動させますが、丸テキストは1枚目の画像のdivタグの中に入っているため、1枚目の画像のdivタグが移動の基準位置となります。「top: -45px;」「right: -13%;」で、1枚目の画像の右上の位置に表示します。また、z-indexに3枚の画像よりも大きな数字「40」を設定して最前面に表示します。

レスポンシブ対応

レスポンシブ用のCSSを設定します。スマートフォンでは画像を重ねずに1列で表示するので、positionを解除します。丸テキストだけは、PC表示と同じように1枚目の画像の右上に重ねて表示します。

style.css

```css
@media screen and (max-width: 767px) {
  .new-products {
    padding: 40px 0;
  }
  .new-products .section-title {
    font-size: 40px;
    margin-bottom: 30px;
  }
  .new-products .img-group { ①
    height: auto;
    position: static;
  }
  .new-products .img-group .img1 { ②
    margin: 0 auto 20px;
    position: relative;
    top: auto;
    left: auto;
  }
  .new-products .img-group .img2 { ③
    margin: 0 auto 20px;
    position: static;
  }
  .new-products .img-group .img3 { ③
    margin: 0 auto;
    position: static;
  }
  .new-products .img-group .circle { ④
    width: 70px;
    height: 70px;
    font-size: 16px;
    top: -13px;
    right: -13px;
  }
}
```

❶ **.new-products .img-group**
「position: static;」で、基準位置とするために設定していた relative を解除します。

❷ **.new-products .img-group .img1**
丸テキストの基準位置とするため、「position: relative;」を設定します。PC表示の際に画像を移動させるために設定していた「top」と「left」は、auto を設定してリセットします。

❸ **.new-products .img-group .img2、.new-products .img-group .img3**
「position: static;」で、移動させるために設定していた absolute を解除します。

❹ **.new-products .img-group .circle**
「top: -13px;」「right: -13px;」で、1枚目の画像の右上に配置します。

以上で、「New Products」のHTML、CSSのコーディングは完了です。

SECTION
2-9 │ 「New Type」を作ろう

レイアウト構成の確認

「New Type」のセクションを作成します。ポイントは、画面幅を狭めた際に画像の右端が見切れて表示されるところです。テキストと画像は横並びで表示します。
「New Type」のレイアウト構成は、以下の通りです。全体をsectionタグで囲み、中のテキストと画像をそれぞれdivタグで囲みます。タイトルはh2タグで囲みます。

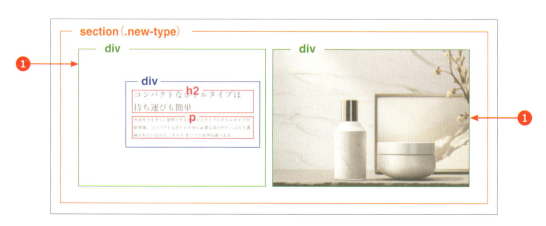

❶ div	テキストと画像のエリアをそれぞれdivタグで囲み、半分ずつにして横並びで表示します。

HTMLのコーディング

HTMLのコーディングを行っていきましょう。全体をsectionタグで囲みます。内側に、テキストと画像を囲むためのdivタグをそれぞれ作ります。さらにテキストのdivタグの内側に横幅を設定するためのdivタグを作り、タイトルをh2タグ、説明テキストをpタグで記述して中に入れます。

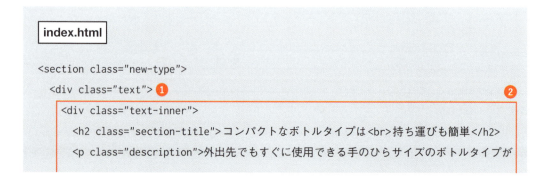

```
          新登場。コンパクトなボトルの中に必要な成分がたっぷりと濃縮されているので、'キレ
        イ'をいつでも持ち運べます。</p>
      </div>
    </div>
    <div class="img">                              ③
      <img src="img/new-type.jpg" alt="">
    </div>
  </section>
```

❶ text

テキストエリア全体を囲みます。

❷ text-inner

テキストの横幅を設定するためのdivタグです。テキストがエリア全体に広がらないように、内側に
テキストの最大幅を設定するためのdivタグを作っています。

❸ img

画像を囲みます。

CSSのコーディング

CSSのコーディングを行っていきましょう。テキストと画像を囲むdivタグの横幅に50%を設定し、そ
れぞれ半分ずつ横並びに表示します。画像は、「height」と「object-fit」で高さを固定して表示します。

style.css

```
.new-type { ❶
  display: flex;
  align-items: center;
  padding: 130px 0;
}
.new-type .text { ❷
  width: 50%;
}
.new-type .text .text-inner { ❸
  max-width: 520px;
  padding: 0 60px 0 20px;
  margin-left: auto;
```

```
  }
  .new-type .text .section-title { ④
    font-family: 'YuMincho', 'Yu Mincho', serif;
    font-size: 30px;
    font-weight: normal;
    line-height: 1.5;
    margin-bottom: 20px;
  }
  .new-type .text .description {
    font-size: 15px;
    line-height: 1.8;
    text-align: justify;
  }
  .new-type .img { ⑤
    width: 50%;
  }
  .new-type .img img { ⑥
    height: 480px;
    object-fit: cover;
    object-position: left;
  }
```

❶ .new-type

「display: flex;」「align-items: center;」で、テキストと画像を縦中央揃えで横並びに配置します。

❷ .new-type .text

テキストエリア全体の横幅に「width: 50%;」を設定して、左半分のエリアに表示されるようにします。

❸ .new-type .text .text-inner

テキストの最大幅を「max-width: 520px;」で設定し、「margin-left: auto;」で右寄せに配置します。また、「padding: 0 60px 0 20px;」で左右の余白を設定します。

❹ .new-type .text .section-title

タイトルのフォントは、これまでのセクションと同様に「font-family: 'YuMincho', 'Yu Mincho', serif;」で游明朝を設定します。

❺ .new-type .img

画像の横幅に「width: 50%;」を設定して、右半分のエリアに表示されるようにします。

❻ **.new-type .img img**

「height: 480px;」で画像の高さを固定して、「object-fit: cover;」ではみ出た部分をトリミングします。また、「object-position: left;」で画像が左寄せで表示されるようにします。親要素の横幅に50%が設定されているため、50%からはみ出た部分がトリミングされ、画面幅を狭めた際に右端が見切れた状態で表示されるようになります。

レスポンシブ対応

レスポンシブ用のCSSを設定します。スマートフォンでは、テキストと画像を縦に並べて表示します。画像は右端が見切れないようにして、画面内に収まるように表示します。

style.css

```
@media screen and (max-width: 767px) {
  .new-type { ❶
    flex-direction: column;
```

```css
    padding: 40px 20px;
  }
  .new-type .text { ②
    width: 100%;
    margin-bottom: 30px;
  }
  .new-type .text .text-inner { ②
    max-width: 100%;
    padding: 0;
  }
  .new-type .text .section-title {
    font-size: 24px;
  }
  .new-type .img { ②
    width: 100%;
  }
  .new-type .img img { ③
    height: auto;
    object-fit: contain;
  }
}
```

❶ .new-type

「flex-direction: column;」で、テキストと画像を縦に並べます。「padding: 40px 20px;」で、セクション全体の上下左右に余白を設定します。

❷ .new-type .text 、 .new-type .text .text-inner、.new-type .img

テキスト、画像ともに「width: 100%;」で画面幅いっぱいに広げます。

❸ .new-type .img img

画像は「height: auto;」で高さの固定を解除し、「object-fit: contain;」でトリミングされずに画像全体が画面内に収まるようにします。

以上で、「New Type」のHTML、CSSのコーディングは完了です。

SECTION
2-10 │「Online Store」を作ろう

レイアウト構成の確認

「Online Store」のエリアを作成します。ここでの学習の目的は、背景画像を設定するbackgroundプロパティの使い方と擬似要素の使い方について学ぶことです。背景に画像を設定して透過させます。中のボックスも背景を透過させ、ボタンとテキストを中央に配置します。ボタンの右端には、擬似要素を使ってラインの装飾をつけます。

「Online Store」のレイアウト構成は、以下の通りです。全体をdivタグで囲み、さらに中央にdivタグで作ったボックスを配置します。ボックスの中にはpタグで囲んだテキストとaタグで作ったボタンを中央寄せで配置します。

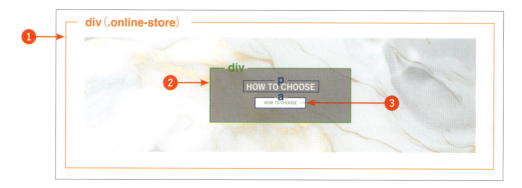

❶ div（.online-store）	全体をdivタグで囲み、背景を設定して透過させます。
❷ div	テキストとボタンを入れるためのボックスを作り、背景を透過させます。
❸ a	ボタンはaタグで作成し、右端には擬似要素で作成したラインを配置します。

HTMLのコーディング

HTMLのコーディングを行っていきましょう。全体をdivタグで囲みます。内側にdivタグでボックスを作り、中にpタグで囲んだテキストとaタグで作ったボタンを入れます。

```
index.html
```

```html
<div class="online-store"> ❶
  <div class="box"> ❷
    <p class="title">HOW TO CHOOSE</p>
    <a class="btn" href="">ONLINE STORE</a>
  </div>
</div>
```

❶ online-store

全体に背景を設定するため、divタグで囲みます。

❷ box

テキストとボタンを入れるためのdivタグです。背景を透過させます。

CSSのコーディング

CSSのコーディングを行っていきましょう。全体を囲むdivタグに背景画像を設定して、透過させます。テキストとボタンが入ったdivタグは、黒背景を少し透過させます。中のボタンの右端には、擬似要素で作ったラインをpositionを使って配置します。

```
style.css
```

```css
.online-store { ❶
  width: 100%;
  height: 400px;
  display: flex;
  align-items: center;
  justify-content: center;
  background-image: url(../img/bg.jpg);
  background-color: rgba(255, 255, 255, 0.5);
  background-blend-mode: lighten;
  background-position: center top;
  background-size: cover;
}
.online-store .box { ❷
  width: 100%;
  max-width: 500px;
```

```
    background-color: rgba(0, 0, 0, 0.5);

    padding: 50px 0;

    text-align: center;

  }

  .online-store .box .title {

    color: #fff;

    font-size: 28px;

    font-weight: bold;

    margin-bottom: 25px;

  }

  .online-store .box .btn {  ❸

    background-color: #fff;

    display: inline-block;

    font-size: 14px;

    padding: 10px 30px;

    position: relative;

  }

  .online-store .box .btn::after {  ❹

    content: "";

    width: 40px;

    height: 1px;

    background-color: #333;

    position: absolute;

    top: 20px;

    right: -20px;

  }
```

❶ .online-store

● ボックスの設定

エリア全体を「width: 100%;」「height: 400px;」で全幅の高さ400pxに設定します。中のボックスを中央に配置するため、Flexboxを使って「align-items: center;」と「justify-content: center;」で縦横の中央になるように設定します。

● 背景画像と透明度の設定

「background-image: url(../img/bg.jpg);」で背景画像を設定します。そのままでは画像を透過させることができないため、「background-color: rgba(255,255,255,0.5);」と「background-blend-mode: lighten;」をセットで使用することで、透明度を50%に設定します。

● 画像位置の設定

背景画像は、「background-size: cover;」で高さ400pxでトリミングされるように設定し、

「background-position: center top;」で画像の表示位置を中央の上端にしています。backgroundプロパティの詳細については、「backgroundプロパティについて」で詳しく解説しています（P.99）。

❷ .online-store .box

「background-color: rgba(0, 0, 0, 0.5);」で、背景を黒の透明度50%に設定します。

❸ .online-store .box .btn

ボタンに横幅と高さを持たせるために「display: inline-block;」を設定します。「padding: 10px 30px;」で上下に余白を設定して、ボタンのサイズを調整します。ボタンの右端にpositionを使って装飾用のラインを配置するため、移動の基準位置になるように「position: relative;」を設定します。

❹ .online-store .box .btn::after

ボタンの右端のラインを擬似要素で作成します。contentプロパティは特に設定する値がないため、空で設定します。「width: 40px;」「height: 1px;」「background-color: #333;」で線の長さを40px、太さを1px、カラーを#333に設定します。btnクラスを基準に線の位置を右端に移動させるため、「position: absolute;」「top: 20px;」「right: -20px;」で上から20px、右端から外側へ向けて20pxの位置へ移動します。擬似要素については、「擬似要素について」で詳しく解説しています（P.101参照）。

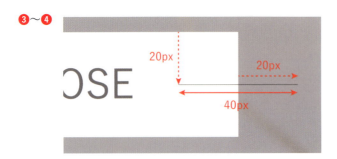

OnePoint backgroundプロパティについて

backgroundプロパティは、背景色や背景画像、背景画像のサイズ、位置などを一括して指定するプロパティです。ここでは、background関連のプロパティの中でも特に実務でよく使用するプロパティをご紹介します。

background-color（色）

背景に色を設定します。rgbaを使うことで透明度の設定ができます。

［使用例1］
背景を黒で表示

```
background-color: rgb(0, 0, 0);
```

［使用例2］
背景を黒の透明度50％で表示

```
background-color: rgba(0, 0, 0, 0.5);
```

background-image（画像）

背景に画像を設定します。そのままでは透明度の設定ができないため、「background-color」と「background-blend-mode」をセットで使用して透明度を設定します。

［使用例1］
背景に画像を表示

```
background-image: url(../img/bg.jpg);
```

［使用例2］
背景の画像を透明度50％で表示

```
background-image: url(../img/bg.jpg);
background-color: rgba(255, 255, 255, 0.5);
background-blend-mode: lighten;
```

background-repeat（繰り返し）

背景画像の繰り返しを設定します。初期値は「repeat」で繰り返しが設定されており、繰り返しをしたくない場合は「no-repeat」を設定します。

［使用例］
背景画像を繰り返しなしで表示

```
background-image: url(../img/bg.jpg);
background-repeat: no-repeat;
```

繰り返しあり(repeat)の場合、横方向と縦方向の両方に対して繰り返しを行います。

横方向、または縦方向のみに繰り返しを行う場合、「repeat-x」と「repeat-y」を使用します。

repeat-x	横方向のみ繰り返しを行う
repeat-y	縦方向のみ繰り返しを行う

background-position(位置)

背景画像を表示する位置を設定します。

[使用例]

背景画像を中央の上端に表示

```
background-image: url(../img/bg.jpg);
background-position: center top;
```

background-size(サイズ)

背景画像を表示するサイズを設定します。よく使用するのは下記の2つです。

contain	縦横比を維持したまま領域に収まるように拡大縮小されます。
cover	縦横比を維持したまま領域からはみ出した部分はトリミングされて表示されます。

[使用例]

背景画像を領域からはみ出した部分はトリミングして表示

```
background-image: url(../img/bg.jpg);
background-size: cover;
```

OnePoint　擬似要素について

擬似要素を使うことで、要素に対してスタイルをつけることができます。擬似要素はセレクタに対して「::擬似要素名」を指定することで使用できます。今回は擬似要素の中でも特によく使用する「::before」と「::after」についてご紹介します。

::before

要素の直前にコンテンツを追加します。before を使用する場合は、必ず content プロパティが必要になります。テキストを追加する場合は content プロパティに追加するテキストを設定し、画像を追加する場合は画像のパスを、その他スタイルを追加する場合は空で設定します。

[使用例1（テキストを追加する場合）]

「<p class="sample">Web デザイン</p>」という HTML テキストの直前に「・」を追加します。

```
.sample::before {
  content: "・";
}
```

・ Web デザイン

[使用例2（画像を追加する場合）]

「<p class="sample">お問い合わせはこちら</p>」という HTML テキストの直前にアイコン画像を追加します。

```
.sample::before {
  content: "../img/icon.png";
}
```

✉ お問い合わせはこちら

[使用例3（スタイルを追加する場合）]

「<a class="sample" href="">詳細を見る</a>」というボタンの右端に黒いラインを引きます。

```
.sample::before {
  content: "";
  width: 40px;
  height: 1px;
  background-color: #333;
  position: absolute;
  top: 20px;
  right: -20px;
}
```

詳細を見る　——

::after

要素の直後にコンテンツを追加します。after を使用する場合は、必ず content プロパティが必要になります。テキストを追加する場合は content プロパティに追加するテキストを設定し、画像を追加する場合は画像のパスを、その他のスタイルを追加する場合は空で設定します。使用方法は、before と同じです。before と after は同時に使うこともできます。

レスポンシブ対応

レスポンシブ用のCSSを設定します。背景画像の高さを解除して、ボックス内のタイトルのフォントサイズをスマートフォンの表示に合わせて調整します。

■ PC 表示

■ モバイル表示

style.css

```css
@media screen and (max-width: 767px) {
  .online-store { ❶
    height: auto;
    padding: 20px;
  }
  .online-store .box .title {
    font-size: 24px;
  }
}
```

❶ .online-store

「height: auto;」で、高さの固定を解除します。「padding: 20px;」で、内側に余白を設定します。

以上で、「Online Store」のHTML、CSSのコーディングは完了です。

SECTION 2-11 | フッターを作ろう

レイアウト構成の確認

フッターを作成します。フッターは、背景色を設定してロゴとコピーライトを横並びに配置します。フッターのレイアウト構成は、以下の通りです。全体をfooterタグで囲み、さらにその中にdivタグを作ってロゴとコピーライトを入れます。

HTMLのコーディング

HTMLのコーディングを行っていきましょう。全体をfooterタグで囲みます。footerタグの中にdivタグを作り、コンテンツ幅を設定するためのwrapperクラスを指定します。wrapperクラスの中には、divタグで囲んだロゴとpタグで囲んだコピーライトを入れます。

index.html

```html
<footer id="footer">
  <div class="inner wrapper">
    <div class="logo">
      <img src="img/logo-w.svg" alt="Beauty">
    </div>
    <p class="copyright">©2024 Beauty.</p>
  </div>
</footer>
```

ここでは、解説の必要な新しい書き方はありません。

CSSのコーディング

CSSのコーディングを行っていきましょう。フッター全体に背景カラーを設定します。フッターの内側のinnerクラスにFlexboxを設定して、ロゴとコピーライトを横並びに配置します。

```
style.css

#footer {
  background-color: #666;
  padding: 30px 0;
}
#footer .inner { ❶
  display: flex;
  align-items: center;
  justify-content: space-between;
}
#footer .logo {
  max-width: 130px;
}
#footer .copyright {
  color: #fff;
  font-size: 12px;
}
```

❶ **#footer .inner**

「display: flex;」「align-items: center;」「 justify-content: space-between;」を設定して、中のロゴと
コピーライトを中央揃えの横並びで両端に配置します。

レスポンシブ対応

レスポンシブ用のCSSを設定します。フッターの上下の余白を少し狭めて、ロゴのサイズをスマート
フォン用に小さくします。これで、ブランドサイトのコーディングはすべて完了です。

```
style.css

@media screen and (max-width: 767px) {
  #footer {
    padding: 15px 0;
  }
  #footer .logo {
    max-width: 80px;
  }
}
```

サービスサイトを作ろう

―― 難易度 ――

かんたんなHTML & CSS & JavaScript（jQuery）を
使用した複数ページの練習サイト

> かんたんなHTML、CSS、JavaScript（jQuery）を使用した複数ページのWebサイトを作ってみましょう。この章では主に、ディレクトリ構成やページ遷移、CSSの記述方法など複数ページのWebサイト制作とjQueryを使ったハンバーガーメニューの作り方について学びます。

SECTION
3-1 | 完成イメージの確認

完成サイトのイメージ

この章で作成するサンプルサイトの完成イメージは、以下の通りです。「トップ」「サービス」「料金」「お問い合わせ」の4ページで構成されるサイトです。今回、スマートフォン表示の際のメニューはjQueryを使ったハンバーガーメニューを作成していきます。

■ トップページ（PC）

SERVICE
サービス

将来プログラミングを仕事にしたい方向けの実践的なプログラミング講座です。

詳細を見る ›

PRICE
料金

自分の目標や学習スタイルに合わせて3つのプランからお選びいただけます。

詳細を見る ›

ご利用者の声

最初は難しかったですがすぐに慣れました。**楽しみながら勉強できた**ので、最後まで続けることができたと思います。

（20代女性）

テキストや動画の教材がたくさんそろっていてスキルアップに役立ちました。**好きな時間に勉強できる**ので学習の計画を立てやすかったです。

（30代男性）

しっかりとサポートしてもらえたので、不明な点はすぐに解決することができました。**教え方も丁寧**でとても分かりやすかったです。

（40代女性）

お問い合わせ

サービスに関するご不明点は下記からお気軽にご連絡ください。

お問い合わせはこちら

 STUDY

トップ　/　サービス　/　料金　/　お問い合わせ

Copyright © study. All rights reserved.

■ トップページ（モバイル）

■ サービスページ（PC）

■ サービスページ（モバイル）

STUDY

サービス
SERVICE

実践的なプログラミングスキルを
身につけよう！

将来プログラミングを仕事にしたい方向けの
実践的なプログラミング講座です。

サービスの内容

Webサイトを実際に制作

実際にWebサイトを制作しながら、制作の流れや進め方について学びます。
制作する中で実務に必要なスキルが全て学べるようなWebサイトになっています。
不明点はいつでも質問できるので、最後まで挫折することなく作りきることができます。

ご利用の流れ

STEP 1 お申し込み
まずは「お問い合わせ」ページからご連絡ください。
専用のお申し込みフォームをご案内いたしますので、そちらからお申し込みをお願いします。

STEP 2 受講開始
お申し込みが完了したら、早速受講スタートです。
まずは作るWebサイトを決定し、手順にそってWebサイト制作を進めていきます。

STEP 3 レビュー
制作が完了したらレビューを行います。
改善点があれば次回の制作に活かしていきましょう。

お問い合わせ

サービスに関するご不明点は
下記からお気軽にご連絡ください。

お問い合わせはこちら

STUDY

トップ ／ サービス ／ 料金 ／ お問い合わせ

Copyright © study. All rights reserved.

■ 料金ページ（PC）

■ 料金ページ（モバイル）

■ お問い合わせページ（PC）

■ お問い合わせページ（モバイル）

■ ハンバーガーメニュー

実際の完成サイトは、以下のURL内の各章のリンクからご確認いただけます。

完成サイトURL ▶ https://code-jump.com/book-html-css/

SECTION

3-2 | コーディングポイントの確認

コーディングポイント

作成するサンプルサイトのコーディングポイントは下記の通りです。

☑ 複数ページのサイト制作

複数ページのサイトを制作する際のディレクトリ構成やページ遷移、CSSの記述方法などについて解説します。

☑ ラインが斜めのボックス

CSSで背景のラインを斜めにする方法について解説します。

☑ 吹き出し

CSSで吹き出しを作る方法について解説します。

☑ 擬似要素で図形

擬似要素を使った三角形の作り方について解説します。

☑ 表

tableタグを使った表の作り方について解説します。

☑ フォーム

formタグを使ったコンタクトフォームの作り方について解説します。

☑ Googleフォント

Googleフォントの使い方について解説します。

☑ ハンバーガーメニュー

JavaScript（jQuery）を使った、横からスライドするハンバーガーメニューの作り方について解説します。

SECTION
3-3 | コーディングの準備をしよう

コーディング準備

コーディングを始めるための準備を行っていきましょう。

☑ ダウンロード
本章のデザインデータ、素材、完成サイトのソースコードは、P8を参考にダウンロードしてください。

☑ デザインデータを確認する
「design」フォルダの中のデザインデータを確認しましょう。

☑ 素材を確認する
「img」フォルダの中にある素材を確認しましょう。

☑ 完成サイト
完成サイトのソースコードは「src」フォルダの中にあるデータから確認できます。

☑ フォルダとファイルを作成する
サンプルサイトを作るための、フォルダとファイルを準備します。

❶ 作業用フォルダ	作業用フォルダとして、「study」という名前のフォルダを作成します。
❷ HTMLファイル	「study」フォルダの中に、それぞれのページのファイルを下記の名前で作成します。 index.html（トップページ） service.html（サービスページ） price.html（料金ページ） contact.html（お問い合わせページ）
❸ CSSファイル	「study」フォルダの中に「css」という名前のフォルダを作成し、それぞれページごとに下記の名前でCSSファイルを作成します。 style.css（ヘッダー、フッター、その他共通の定義を記述するための共通ファイル。全ページで使用） top.css（トップページで使用） service.css（サービスページで使用） price.css（料金ページで使用） contact.css（お問い合わせページで使用）
❹ JavaScriptファイル	「study」フォルダの中に「js」という名前のフォルダを作成し、その中に任意の名前（今回は「main.js」）で作成します（ハンバーガーメニューの動作で使用）

第3章 サービスサイトを作ろう ☆☆☆☆☆☆

中級編

かんたんなHTML&CSS&JavaScript（jQuery）を使用した複数ページの練習サイト

115

❺ 画像フォルダ | 「study」フォルダの中に「img」という名前のフォルダを作成し、ダウンロードした「img」フォルダの中の画像をまとめて入れます。

フォルダ構成は、下記の通りです。

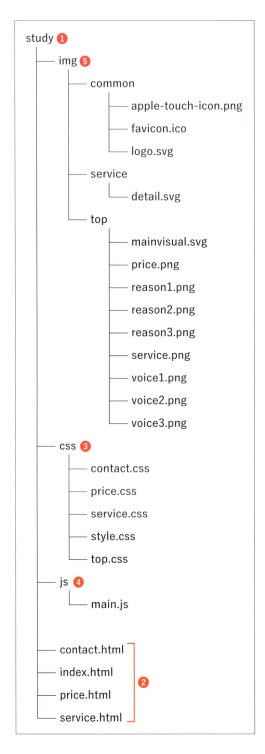

SECTION
3-4 | トップページの枠組みを作ろう

レイアウト構成の確認

トップページ全体の枠組みを作成します。ここでの学習の目的は、ハンバーガーメニューの作り方と斜めラインのボックスや吹き出しの作り方、Googleフォントの使用方法について学ぶことです。各ページ共通で使用するヘッダーとフッターは、トップページを作成するタイミングで一緒に作っていきます。

トップページ全体のレイアウト構成は、以下の通りです。大きく分けると、header、main、footerの3つのブロックで構成されます。さらにmainの中にメインビジュアルや各コンテンツのセクションが含まれます。

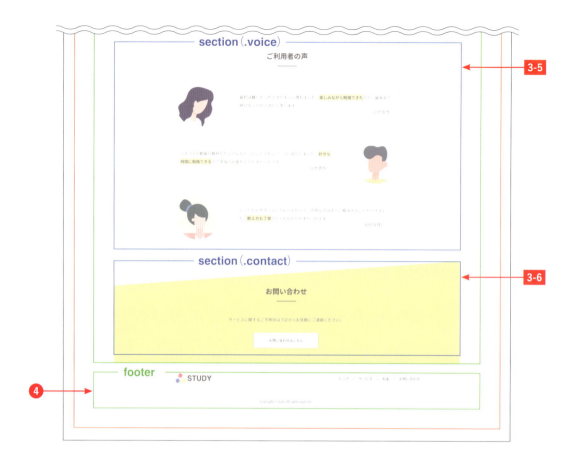

❶ body	Webサイトのヘッダー、フッター含むコンテンツ全体を囲みます。
❷ header	ロゴとグローバルナビゲーションを囲みます。
❸ main	コンテンツのメインエリア全体を囲みます。
3-1 div（.mainvisual）	メインビジュアルをdivタグで囲みます。
3-2 section（.reason）	「選ばれる理由」エリア全体をsectionタグで囲みます。
3-3 section（.service）	「サービス」エリア全体をsectionタグで囲みます。
3-4 section（.price）	「料金」エリア全体をsectionタグで囲みます。
3-5 section（.voice）	「ご利用者の声」エリア全体をsectionタグで囲みます。
3-6 section（.contact）	「お問い合わせ」エリア全体をsectionタグで囲みます。
❹ footer	フッターを囲みます。

HTMLのコーディング

全体の枠組みとhead部分のコーディングを行っていきましょう。基本的な記述については第2章までと同じですが、今回は新たに「Googleフォントの読み込み」「トップページ用CSSファイルの読み込み」「JavaScript、jQuery関連ファイルの読み込み」を追加します。

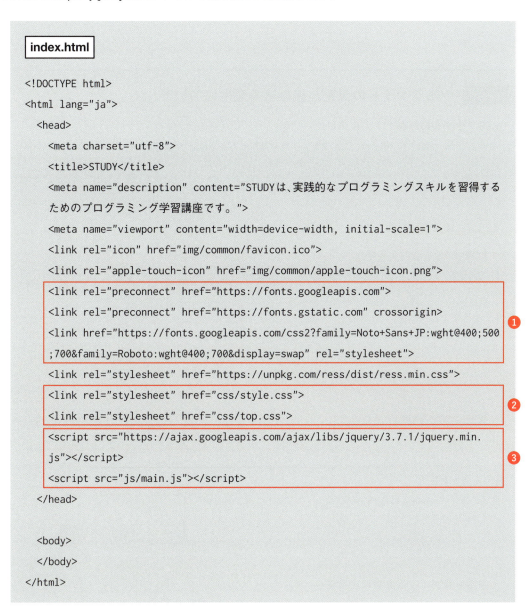

❶ Googleフォント

今回制作するサイトはフォントにGoogleフォントの「Noto Sans Japanese」と「Roboto」を使用するため、フォントの使用に必要なファイルを読み込みます。フォントの太さは「Noto Sans Japanese」が「Regular：400、Medium：500、Bold：700」の3つ、「Roboto」が「Regular：400、Bold：700」の2つです。コードについては、Googleフォントの公式サイト（https://fonts.google.com/）よりフォントを選択することで取得できます。

❷ **CSSファイルの読み込み**

第2章まではCSSの記述はすべて「style.css」に行ってきましたが、今回は複数ページの制作となるため保守性を考慮してCSSファイルを分割します。「style.css」には全ページ共通となる部分だけを記述し、各ページ個別のレイアウトについては専用のCSSファイルを用意してそこに記述していきます。トップページでは、「style.css」と「top.css」の2ファイルを読み込みます。

CSSファイルの分割に対する考え方と読み込み順序については、「CSSファイルの分割と読み込み順序について」で詳しく解説しています。

OnePoint　CSSファイルの分割と読み込み順序について

CSSファイルの分割

サイトのページ数が多い場合は、CSSファイルを分割することでCSSが整理されてメンテナンスがしやすくなります。しかし、不用意に分割しすぎると読み込むファイルの数が増え、パフォーマンスの低下につながる恐れも出てきます。そのため、CSSファイルを分割する際は作るサイトの全体を把握した上で適切な設計を行う必要があります。

CSSファイルの分割例

● **1つのCSSで管理する場合**

【メリット】
1ファイルなのでファイル管理がしやすい。

【デメリット】
ページごとに個別のスタイルがたくさんある場合、スタイルの管理が煩雑になる。

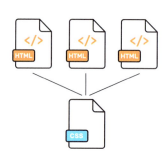

● **個別にCSSを管理する場合**

【メリット】
ページごとにスタイルが管理できるため、メンテナンスがしやすい。

【デメリット】
共通のスタイルがある場合、すべてのファイルに同じスタイルを記述する必要がある。

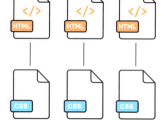

● **共通＋個別にCSSを管理する場合**

【メリット】
共通のスタイルは共通ファイルへ一度だけ記述すればよいため効率がよい。個別のスタイルはページごとに管理できるため、メンテナンスがしやすい。

【デメリット】
共通ファイルを複数に分割しすぎると読み込むファイル数が増え、パフォーマンスに影響が出る可能性がある。

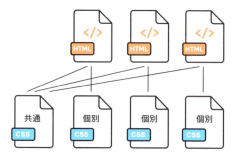

> **CSSファイルの読み込み順序**
>
> CSSファイルは、後に読み込まれたファイルの内容が優先して反映されます。そのため、共通ファイルと個別ファイルのように分割を行った場合、一般的には共通ファイルを先に、個別ファイルを後で読み込みます。こうすることで、特定ページでだけ共通の内容を変更したい場合に個別ファイルで上書きすることができます。

❸ JavaScript、jQueryファイルの読み込み

今回はハンバーガーメニューを作成する際にjQueryを使用するため、jQueryの使用時に必要となる下記の2ファイルを読み込みます。

● jquery.min.js

jQueryを使用するのに必要なファイルです。こちらを先に読み込みます。今回は、執筆時点での最新バージョン「3.7.1」を使用します。

● main.js

実際の処理を記述するためのファイルです。こちらにjQueryの処理を記述していきます。

CSSのコーディング

CSSのコーディングを行っていきましょう。まずは、html、body、a、imgタグ等、共通のタグに対して基本の設定を行っていきます。共通定義のため、共通ファイルである「style.css」に記述していきます。今回はGoogleフォントを使用するため、bodyにてGoogleフォントの指定を行います。

```
style.css

@charset "UTF-8";


html {
  font-size: 100%;
}
body { ❶
  color: #000;
  font-family: 'Roboto', 'Noto Sans JP', sans-serif;
  font-weight: 400;
}
img {
  max-width: 100%;
  vertical-align: bottom;
}
```

```
li {
  list-style: none;
}
a {
  color: #000;
  text-decoration: none;
}
a:hover {
  opacity: 0.7;
}


/*------------------------------------------
スマートフォン
------------------------------------------*/
@media screen and (max-width: 767px) { ❷


}
```

❶ **body**

font-familyに、今回使用するGoogleフォントの「Roboto」と「Noto Sans JP」を設定します。また、フォントの太さは「Regular：400」「Medium：500」「Bold：700」の3種類を使うので、bodyタグには標準の太さである「Regular：400」を設定します。

❷ **ブレイクポイント**

メディアクエリに、「@media screen and (max-width: 767px)」を指定します。

以上で、全体のHTML、CSSのコーディングは完了です。

SECTION 3-5 | ヘッダーを作ろう

レイアウト構成の確認

トップページのヘッダー部分を作成します。ここでの学習の目的は、スマートフォン表示の際のハンバーガーメニューの作り方について学ぶことです。ヘッダーは、ロゴとグローバルナビゲーションで構成されます。
ヘッダーのレイアウト構成は、以下の通りです。全体をheaderタグで囲み、ロゴとグローバルナビゲーションを横並びに設定します。

❶ ロゴ	h1タグで囲みます。
❷ グローバルナビゲーション	全体をnavタグで囲み、メニュー部分はul、liタグを使って記述します。

HTMLのコーディング

HTMLのコーディングを行っていきましょう。ヘッダー全体をheaderタグで囲みます。ロゴをh1タグ、グローバルナビゲーションをnavタグで囲み、ヘッダーの中に入れます。また、スマートフォン用のハンバーガーメニューのボタンもヘッダーの中に入れます。

index.html

```
<header id="header">
  <h1 class="logo">
    <a href="index.html">
      <img src="img/common/logo.svg" alt="STUDY">
    </a>
  </h1>
  <div class="hamburger">               ❶
    <span></span>
```

```
      <span></span>
      <span></span>
    </div>
    <nav class="navi">
      <ul class="menu">
        <li><a href="index.html">トップ</a></li>
        <li><a href="service.html">サービス</a></li>
        <li><a href="price.html">料金</a></li>
        <li><a href="contact.html">お問い合わせ</a></li>
      </ul>
    </nav>
  </header>
```

❶ hamburger

スマートフォン用のハンバーガーメニューのボタンです。全体をdivタグで囲み、中に3本の横ライン
を作るためのspanタグを記述します。

CSSのコーディング

CSSのコーディングを行っていきましょう。ヘッダーは全ページ共通で使用するパーツになるため、
共通ファイルである「style.css」に追記していきます。ロゴとグローバルナビゲーションを、Flexbox
で横並びに配置します。

```
style.css

#header { ❶
  width: 100%;
  height: 80px;
  display: flex;
  align-items: center;
  justify-content: space-between;
  background-color: #fff;
  padding: 0 20px;
}
#header .logo {
  width: 100%;
  max-width: 150px;
}
```

```css
#header .logo a {
  display: block;
}
#header .navi .menu { ❷
  display: flex;
  align-items: center;
}
#header .navi .menu li {
  font-size: 14px;
  margin-left: 40px;
}
```

❶ **#header**
ロゴとグローバルナビゲーションを、縦中央揃えの横並びで両端に配置します。「padding:0 20px;」で両端に余白を設定します。

❷ **#header .navi .menu**
メニューについても、Flexboxで横並びにします。

レスポンシブ対応

ヘッダーのレスポンシブ対応を行っていきましょう。今回、スマートフォン表示の場合はヘッダーを固定して、スクロール時も元の位置で表示されたままになるようにします。

style.css

```css
@media screen and (max-width: 767px) {
  main { ❶
    padding-top: 60px;
  }
  #header { ❷
    height: 60px;
    position: fixed;
    top: 0;
    left: 0;
    z-index: 10;
  }
```

```
#header .logo {
  max-width: 120px;
}
}
```

❶ **main**

ヘッダーの高さを60pxで固定したため、メインコンテンツがヘッダーに重ならないように「padding-top: 60px;」で60px下に下げます。

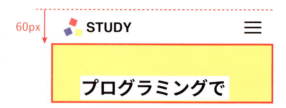

❷ **#header**

ヘッダーの高さを60pxに設定し、「position: fixed;」で固定します。固定する位置は、「top: 0;」「left: 0;」で左上を基準として、「z-index: 10;」で他のコンテンツよりも上に表示されるようにします。

ハンバーガーメニューのコーディング

スマートフォン用のハンバーガーメニューをコーディングします。まずはハンバーガーメニューの完成イメージを確認しましょう。

●メニューが閉じている状態

メニューが閉じている時は、ヘッダーの右上に3本線のボタンを表示します。

●メニューが開いている状態

ボタンをクリックすると3本線が×に変わり、メニューが右からスライドして表示されます。メニューは縦に並べて表示します。

ハンバーガーメニューは、下記の手順でコーディングしていきます。

1）ハンバーガーメニューのボタンを作成
2）ボタンを押した際に表示されるメニューを作成
3）ボタンを押した際の動作を作成（ボタンを×に変える。メニューを右からスライドして表示させる）

それでは、順にコーディングしていきましょう。

1）ハンバーガーメニューのボタンを作成

htmlでコーディングしたdivタグと3本線のspanタグに対して、CSSを設定していきます。

```css
style.css

@media screen and (max-width: 767px) {
  #header .hamburger { ①
    width: 50px;
    height: 50px;
    cursor: pointer;
    position: fixed;
    top: 5px;
    right: 10px;
    z-index: 30;
  }
  #header .hamburger span { ②
    width: 30px;
    height: 3px;
    background-color: #000;
    display: inline-block;
    position: absolute;
    left: 10px;
    transition: all 0.4s;
  }
  #header .hamburger span:nth-of-type(1) { ③
    top: 16px;
  }
  #header .hamburger span:nth-of-type(2) { ③
    top: 25px;
  }
  #header .hamburger span:nth-of-type(3) { ③
    top: 34px;
  }
}
```

❶ **#header .hamburger**

「width: 50px;」「height: 50px;」で、ボタン全体のサイズを設定します。「position: fixed;」「top: 5px;」「right: 10px;」で、右上に固定表示します。また「z-index: 30;」で、メニューを開いた際に最前面に表示されるようにします。「cursor: pointer;」を設定して、マウスオーバー時にカーソルが指マークに変わるようにします。

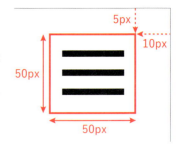

❷ **#header .hamburger span**

「width: 30px;」「height: 3px;」で、ボタン横線の長さと高さを設定します。また「position: absolute;」「left: 10px;」で、ボタン全体に対する横の位置を設定します。縦の位置は各線ごとに異なるため、個別で設定します。「transition: all 0.4s;」で、ボタンが押されて×に切り替わる時の動作速度を設定します。

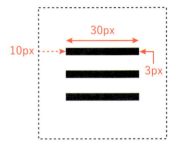

❸ **#header .hamburger span:nth-of-type(1)**
  #header .hamburger span:nth-of-type(2)
  #header .hamburger span:nth-of-type(3)

3本の線の縦の位置を設定します。1つ目の位置は上から16px、2つ目は25px、3つ目は34pxの位置になります。

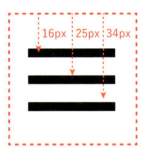

2）ボタンを押した際に表示されるメニューを作成

PC表示用に設定したグローバルナビゲーションのCSSを、ハンバーガーメニュー用に変更します。

```
style.css

@media screen and (max-width: 767px) {
  #header .navi { ❶
    width: 80%;
    height: 100vh;
    background-color: #fff;
    position: fixed;
    top: 0;
    right: -80%;
    z-index: 20;
    transition: all 0.6s;
  }
  #header .navi .menu { ❷
```

```
    width: 100%;
    height: 100vh;
    flex-direction: column;
    padding: 60px 0;
    overflow: auto;
  }
  #header .navi .menu li {
    padding: 10px 0;
    margin-left: 0;
  }
}
```

❶ **#header .navi**

メニューが開いた時に左側を少し開けるため、横幅は「width: 80%;」に設定します。高さは画面下まで表示するため「height: 100vh;」に設定します。メニューはボタンが押されるまで画面上には表示させないため、「position: fixed;」と「right: -80%;」で画面右の外側の見えない位置に隠しておきます。ボタンが押された時に、右からスライドして表示させます。「transition: all 0.6s;」で、スライド表示する際の速度を設定します。

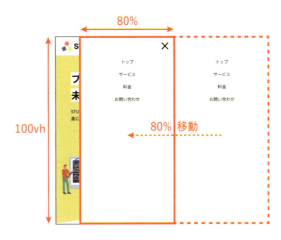

❷ **#header .navi .menu**

「flex-direction: column;」でメニューを縦並びにし、「padding: 60px 0;」で上下の高さを調整します。また、「height: 100vh; (100%)」「overflow: auto;」を設定することで、メニューの数がたくさんあって画面内に収まりきらなかった場合にメニュー内でスクロールができるようになります。

3）ボタンを押した際の動作を作成

まずはボタンが押された状態を表すCSSを作成しておき、jQueryを使ってCSSの状態を切り替えることでハンバーガーメニューの動きを表現します。具体的には、ボタンが押された状態のCSSに「active」というクラス名をつけておき、ボタンが押されたタイミングでjQueryを使ってactiveクラスを追加したり削除したりします。

それでは、ボタンが押された状態のCSSをコーディングしていきます。

まずは、メニューを表示するCSSです。

```css
style.css

@media screen and (max-width: 767px) {
  #header .navi.active {  ①
    right: 0;
  }
}
```

❶ header .navi.active
「right: 0;」を設定することで、「right: -80%;」で画面の外側に隠してあったメニューを右寄せで表示します。

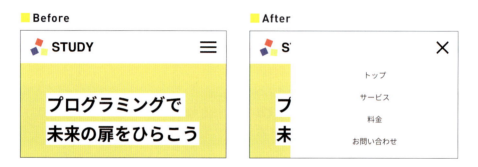
■ Before　　■ After

続いて、ボタンを×にするCSSです。

```css
style.css

@media screen and (max-width: 767px) {
  #header .hamburger.active span:nth-of-type(1) {  ①
    top: 24px;
    transform: rotate(-45deg);
  }
  #header .hamburger.active span:nth-of-type(2) {  ②
    opacity: 0;
  }
  #header .hamburger.active span:nth-of-type(3) {  ③
    top: 24px;
    transform: rotate(45deg);
  }
}
```

-45度

❶ **#header .hamburger.active span:nth-of-type(1)**
1番目の横線を「transform: rotate(-45deg);」で-45度傾け、「top: 24px;」で縦位置を調整して斜めに表示します。

■ Before

❷ **#header .hamburger.active span:nth-of-type(2)**
2番目の横線は表示しないため、「opacity: 0;」で消します。

■ After

45度

❸ **#header .hamburger.active span:nth-of-type(3)**
3番目の横線は「transform: rotate(45deg);」で❶とは反対側に斜めに傾けて、「top: 24px;」で縦位置を調整して×を作ります。

これで、ボタンを押す前のCSSとボタンを押した後のCSSがすべてコーディングできたので、jQueryでactiveクラスの追加、削除を行う処理をコーディングしていきます。

```
main.js

$(function(){ ❶
  $(".hamburger").click(function () { ❷
    $(this).toggleClass("active");
    $("#header .navi").toggleClass("active");
  });

  $(".navi a").click(function () { ❸
    $(".hamburger").removeClass("active");
    $("#header .navi").removeClass("active");
  });
});
```

❶ **$(function(){});**
jQueryの処理は、「$(function(){});」の中に記述します。

❷ **$(".hamburger").click(function () {});**
ハンバーガーメニューのボタンがクリックされた時の処理です。jQueryの「toggleClass」メソッドを使って、「hamburger」クラスと「navi」クラスに対して「active」クラスの追加、削除を行います。toggleClassについては、「toggleClass と addClass と removeClass について」で詳しく解説しています（P.132参照）。

❸ **$(".navi a").click(function () {});**
メニュー内のリンクがクリックされた時の処理です。jQueryの「removeClass」メソッドを使って、「hamburger」クラスと「navi」クラスから「active」クラスの削除を行います。removeClassについて

は、以下の「toggleClass と addClass と removeClass について」で詳しく解説しています。

OnePoint **toggleClass と addClass と removeClass について**

toggleClass

対象となる要素に対して、指定したクラスが存在すれば削除、存在しなければ追加を行います。例えば、「navi」クラスに「active」クラスがあれば「active」クラスを削除、なければ追加します。

> **例** `$(".navi").toggleClass('active');`

addClass

対象の要素に対して、指定したクラスを追加します。例1では、「navi」クラスに対して「active」クラスを追加します。例2では、「navi」クラスに対して「active」クラスと「add」クラスを追加します。

例1 **特定のクラスを追加する場合**

```
$(".navi").addClass("active");
```

例2 **複数のクラスを追加する場合**

```
$(".navi").addClass("active add");
```

removeClass

対象の要素から指定したクラスを削除します。例1では、「navi」クラスから「active」クラスを削除します。例2では、「navi」クラスから「active」クラスと「add」クラスを削除します。例3では、「navi」クラスからすべてのクラスを削除します。(※「navi」クラス自身も削除されます)

例1 **特定のクラスを削除する場合**

```
$(".navi").removeClass("active");
```

例2 **複数のクラスを削除する場合**

```
$(".navi").removeClass("active add");
```

例3 **すべてのクラスを削除する場合**

```
$(".navi").removeClass();
```

以上で、ヘッダーのHTML、CSS、JavaScriptのコーディングは完了です。

SECTION 3-6 | メインビジュアルを作ろう

レイアウト構成の確認

トップページのメインビジュアルを作成します。ここでの学習の目的は、clip-pathプロパティを使ってボックスのラインを斜めにする方法について学ぶことです。斜めにラインの入った背景の上にテキストと画像を配置します。

メインビジュアルのレイアウト構成は、以下の通りです。全体をdivタグで囲み背景を設定します。さらにその中にdivタグを作りテキストエリアと画像エリアを横並びにします。

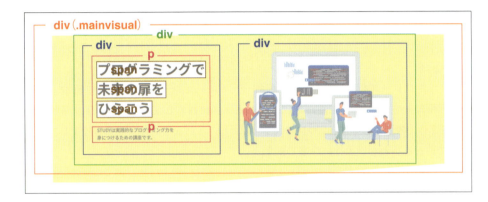

HTMLのコーディング

HTMLのコーディングを行っていきましょう。ページのメインコンテンツ全体をmainタグで囲みます。メインビジュアル（mainvisual）のブロックをdivタグで作り、その中にテキストをpタグ、画像をimgタグで記述していきます。

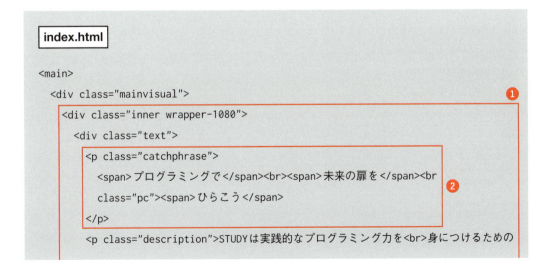

```
        講座です。</p>
      </div>
      <div class="img">
        <img src="img/top/mainvisual.svg" alt="">
      </div>
    </div>
  </div>
</main>
```

❶ inner

テキストと画像を横並びにするため、全体をdivタグで囲みます。また、コンテンツの横幅を設定するためのクラスとして「wrapper-1080」クラスを設定します。

❷ catchphrase

サイトのキャッチフレーズをpタグで記述します。テキストは3行で表示するのでbrタグで改行を行い、各行のテキストをspanタグで囲んでCSSで背景を白に設定します。スマートフォン表示の場合はテキストを2行で表示するので、2つ目のbrタグに「pc」という名前のクラスを設定し、レスポンシブ用のCSSで改行を行わないように設定します。

CSSのコーディング

CSSのコーディングを行っていきましょう。横幅を設定するための「wrapper-1080」クラスは全ページ共通で使用するため、「style.css」に追記します。その他についてはトップページ個別のレイアウトとなるため、「top.css」にコーディングしていきます。

style.css

```
.wrapper-1080 { ❶
  max-width: 1120px;
  padding: 0 20px;
  margin: 0 auto;
}
```

top.css

```
@charset "UTF-8";
```

```css
.mainvisual { ❷
  background-color: #ffed58;
  clip-path: polygon(0 0, 100% 0, 100% 80%, 0 100%);
  padding: 70px 0 160px;
  margin-bottom: 40px;
}
.mainvisual .inner {
  display: flex;
  align-items: center;
  justify-content: space-between;
}
.mainvisual .text .catchphrase { ❸
  font-size: 48px;
  font-weight: 700;
  margin-bottom: 20px;
}
.mainvisual .text .catchphrase span { ❹
  background-color: #fff;
  display: inline-block;
  margin-bottom: 10px;
}
.mainvisual .text .description { ❺
  font-weight: 500;
  line-height: 1.6;
}
.mainvisual .img {
  max-width: 560px;
}
```

❶ .wrapper-1080
横幅と左右の余白を設定し、「margin: 0 auto;」で中央に配置します。

❷ .mainvisual
「clip-path: polygon(0 0, 100% 0, 100% 80%, 0 100%);」で、ボックスの下側を斜めにします。clip-pathプロパティについては、「clip-pathプロパティについて」で詳しく解説しています（P.136参照）。

❸ **.mainvisual .text .catchphrase**

「font-weight: 700;」で、フォントをBoldに設定します。

❹ **.mainvisual .text .catchphrase span**

「background-color: #fff;」で、キャッチフレーズの背景を白に設定します。また、「display: inline-block;」と「margin-bottom: 10px;」で行間に10pxずつ余白を入れます。

❺ **.mainvisual .text .description**

「font-weight: 500;」で、フォントをMediumに設定します。

OnePoint **clip-path プロパティについて**

clip-pathプロパティは、要素を切り抜いて表示させたい時などに便利なプロパティです。様々な設定値が用意されていますが、ここではよく使用する「polygon」についてご紹介します。

polygon

多角形に切り抜くことができます。実務では、サンプルサイトのようにボックスのラインを斜めにしたりする際によく使用します。

[指定方法]
clip-path: polygon(x座標 y座標, x座標 y座標, x座標 y座標, …);
各頂点の座標位置を指定することで、図形が作成できます。複数の座標位置の指定が可能です。

[使用例1（三角形）]
clip-path: polygon(50% 0, 100% 100%, 0 100%);

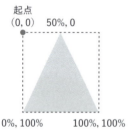

[使用例2（平行四辺形）]
clip-path: polygon(20% 0, 100% 0, 80% 100%, 0 100%);

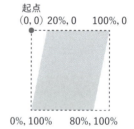

[使用例3（台形）]
clip-path: polygon(0 0, 70% 0, 100% 40%, 100% 100%, 0 100%);

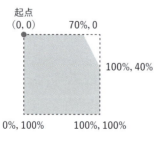

レスポンシブ対応

レスポンシブ用のCSSを設定します。スマートフォンの表示に合わせて背景の斜めラインの角度を調整し、中のテキストと画像を縦に並べます。また、キャッチフレーズのテキストの表示を3行から2行に切り替えます。

style.css

```
@media screen and (max-width: 767px) {
  .pc { ①
    display: none;
  }
}
```

top.css

```
@media screen and (max-width: 767px) {
  .mainvisual { ②
    clip-path: polygon(0 0, 100% 0, 100% 90%, 0 100%);
    padding: 50px 0 90px;
  }
  .mainvisual .inner { ③
    flex-direction: column;
```

```
      }
      .mainvisual .text .catchphrase {
        font-size: 32px;
        margin-bottom: 10px;
      }
      .mainvisual .text .description {
        font-size: 14px;
        margin-bottom: 30px;
      }
    }
```

❶ .pc

メディアクエリの中に「display: none;」を設定しておくことで、スマートフォン表示の場合だけ「pc」クラスが設定された要素を非表示にすることができます。今回は、キャッチフレーズ2つ目のbrタグに設定することで、スマートフォン表示の場合は2つ目のbrタグが非表示になりキャッチフレーズが2行で表示されます。

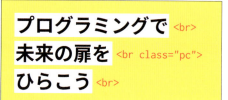

❷ .mainvisual

clip-pathのpolygonで右下の位置を「100% 90%」に設定することで、斜めラインの角度が緩やかになるように調整します。

❸ .mainvisual .inner

「flex-direction: column;」で、テキストと画像を縦に並べます。

以上で、メインビジュアルのHTML、CSSのコーディングは完了です。

SECTION
3-7 │「選ばれる理由」を作ろう

レイアウト構成の確認

トップページの「選ばれる理由」を作成します。ここでの学習の目的は、画像とテキストを含んだ横並びのリストの作り方と、画像を丸く切り抜く方法について学ぶことです。画像を丸く切り抜き、横に等間隔で並べます。
「選ばれる理由」のレイアウト構成は、以下の通りです。全体をsectionタグで囲み、画像とテキストをリストタグを使って囲みます。

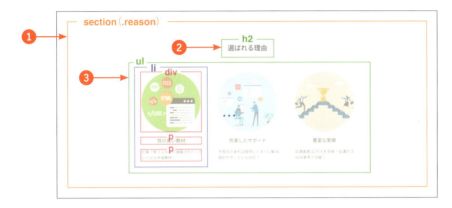

❶ 全体	全体をsectionタグで囲みます。
❷ タイトル	h2タグで囲みます。
❸ 画像＋テキスト	ul、liタグで囲みます。中の画像とテキストは、それぞれdivタグとpタグで囲みます。

HTMLのコーディング

HTMLのコーディングを行っていきましょう。タイトルを含む1つのまとまったコンテンツとなるため、エリア全体をsectionタグで囲みます。また、コンテンツの横幅を設定するための共通クラスとして「wrapper」クラスを設定します。中のコンテンツはul、liタグで囲みます。

index.html

```
<section class="reason wrapper"> ❶
  <h2 class="section-title">選ばれる理由</h2>
```

```
<ul class="item">
  <li>
    <div class="img">
      <img src="img/top/reason1.png" alt="">
    </div>
    <p class="title">質の高い教材</p>
    <p>仕事で使うスキルが凝縮されたハイレベルな学習教材！</p>
  </li>
  <li>
    <div class="img">
      <img src="img/top/reason2.png" alt="">
    </div>
    <p class="title">充実したサポート</p>
    <p>不明点があれば質問してすぐに解決。個別サポートにも対応！</p>
  </li>
  <li>
    <div class="img">
      <img src="img/top/reason3.png" alt="">
    </div>
    <p class="title">豊富な実績</p>
    <p>受講者数は1万人を突破！受講生はWEB業界で活躍！</p>
  </li>
</ul>
</section>
```

❶ section

中のコンテンツの横幅を設定するためのクラスとして「wrapperクラス」を設定します。他のセクションでも同様のコンテンツ幅が使われているため、共通で使用するクラスとして定義します。

❷ リストアイテム

リストタグ（ul、li）を使ってコーディングします。中の画像はdivタグ、テキストはpタグで囲みます。

CSSのコーディング

CSSのコーディングを行っていきましょう。全ページ共通で使用する「wrapper」クラスと「section-title」クラスは「style.css」に、その他は「top.css」に追記します。タイトル下には、擬似要素を使って線を引きます。ul、liタグで囲んだリストアイテムはFlexboxで横並びにし、中の画像をCSSで丸く切り抜きます。

```css
style.css

.wrapper {
  max-width: 940px;
  padding: 0 20px;
  margin: 0 auto;
}

.section-title { ❶
  font-size: 28px;
  font-weight: 700;
  margin-bottom: 80px;
  text-align: center;
  position: relative;
}
.section-title::after { ❷
  content: "";
  width: 80px;
  height: 2px;
  background-color: #000;
  margin: 0 auto;
  position: absolute;
  bottom: -20px;
  left: 0;
  right: 0;
}
```

❶ .section-title

テキストの下に擬似要素で線を引くため、「position: relative;」を設定して擬似要素の基準位置とします。

❷ .section-title::after

「width: 80px;」「height: 2px;」「background-color: #000;」で、長さ
80px、高さ2pxの黒の横線を引きます。また「position: absolute;」で
線の位置を調整します。今回はテキスト下の中央に配置するため、
「bottom: -20px;」で下に20pxずらし、「left: 0;」「right: 0;」「margin: 0
auto;」で中央に配置します。

```
top.css

.reason {
  margin-bottom: 80px;
}
.reason .item { ❸
  display: flex;
  justify-content: space-between;
}
.reason .item li { ❹
  width: 30%;
  max-width: 250px;
  margin-right: 5%;
}
.reason .item li:last-child { ❺
  margin-right: 0;
}
.reason .item li .img {
  margin-bottom: 20px;
}
.reason .item li .img img { ❻
  border-radius: 50%;
}
.reason .item li .title {
  font-size: 20px;
  font-weight: 500;
  margin-bottom: 20px;
  text-align: center;
}
```

❸ .reason .item

Flexboxで、両端揃えの横並びにします。

❹ .reason .item li

各アイテムの横幅を設定します。「margin-right: 5%;」で、画面幅を狭めた際にアイテム間に余白が入るようにします。

❺ .reason .item li:last-child

最後のアイテムは右側に余白を入れないため、「margin-right: 0;」でマージンをゼロに設定しています。「last-child」については、第1章の「擬似クラスについて」で詳しく解説しています（P.50参照）。

❻ **.reason .item li .img img**

「border-radius: 50%;」で、画像を丸く切り抜きます。「border-radius: 50%;」は画像を丸く切り抜く時によく使用するので、覚えておくと便利です。

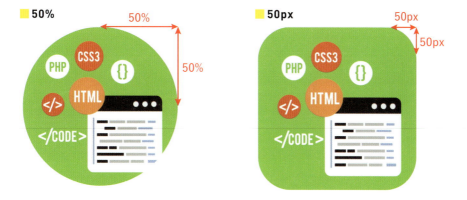

レスポンシブ対応

レスポンシブ用のCSSを設定します。タイトルのサイズを調整して、リストアイテムを縦に並べます。

style.css

```
@media screen and (max-width: 767px) {
  .section-title {
    font-size: 24px;
    margin-bottom: 60px;
  }
  .section-title::after {
    width: 60px;
  }
}
```

top.css

```
@media screen and (max-width: 767px) {
  .reason {
    margin-bottom: 40px;
  }
  .reason .item {  ❶
    flex-direction: column;
    align-items: center;
```

```
    }
    .reason .item li { ❷
      width: 100%;
      margin: 0 0 40px;
    }
    .reason .item li:last-child {
      margin-bottom: 0;
    }
  }
```

❶ **.reason .item**

「flex-direction: column;」で、アイテムを縦に並べます。

❷ **.reason .item li**

「width: 100%;」でアイテムの横幅を100％に設定し、PC表示の際に設定した「max-width」で250pxまで広げます。また、「margin: 0 0 40px;」で右側の余白をゼロにして、下に余白を入れます。

以上で、「選ばれる理由」のHTML、CSSのコーディングは完了です。

SECTION 3-8 | 「サービス」と「料金」を作ろう

レイアウト構成の確認

トップページの「サービス」と「料金」を作成します。サービスと料金は背景の斜めラインと中のコンテンツの位置が入れ替わるだけで、その他のレイアウトは同じになります。
「サービス」と「料金」のレイアウト構成は、以下の通りです。全体をsectionタグで囲み、その中にコンテンツの横幅を設定するためのdivタグを作ります。また、画像とテキストをそれぞれdivタグで囲み横並びにします。タイトルはh2タグ、ボタンはaタグで記述します。

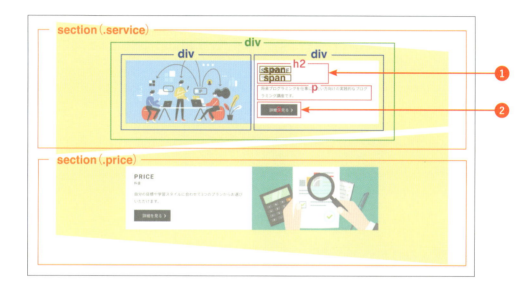

❶ タイトル	全体をh2タグで囲みます。英語と日本語それぞれに対してCSSを設定するため、spanタグで囲みます。
❷ ボタン	aタグで囲みます。

HTMLのコーディング

HTMLのコーディングを行っていきましょう。全体をsectionタグで囲みます。内側にdivタグを作り、コンテンツ幅を設定するための共通クラス（wrapper）を設定します。中のタイトルはh2タグとspanタグで囲み、ボタンをaタグで囲みます。「サービス」と「料金」の各ボタンには、それぞれのページのリンクを設定します。

```
index.html

<section class="service">
  <div class="service-price-item wrapper"> ❶
    <div class="img">
      <img src="img/top/service.png" alt="">
    </div>
    <div class="text">
      <h2 class="section-title-l">
        <span class="en">SERVICE</span>
        <span class="ja">サービス</span>
      </h2>
      <p class="description">将来プログラミングを仕事にしたい方向けの実践的なプログラ
ミング講座です。</p>
      <a class="btn" href="service.html">詳細を見る</a> ❷
    </div>
  </div>
</section>

<section class="price">
  <div class="service-price-item wrapper"> ❶
    <div class="text">
      <h2 class="section-title-l">
        <span class="en">PRICE</span>
        <span class="ja">料金</span>
      </h2>
      <p class="description">自分の目標や学習スタイルに合わせて3つのプランからお選び
いただけます。</p>
      <a class="btn" href="price.html">詳細を見る</a> ❷
    </div>
    <div class="img">
      <img src="img/top/price.png" alt="">
    </div>
  </div>
</section>
```

❶ **service-price-item**

「サービス」と「料金」の共通レイアウト用のクラスとして、「service-price-item」という名前のクラス
を設定します。

❷ ボタン

aタグで囲みます。「サービス」のボタンには「href="service.html"」でサービスページへのリンクを、「料金」のボタンには「href="price.html"」で料金ページへのリンクを設定します。aタグに「target="_blank"」を設定すると、リンク先を別ウィンドウで開きます。外部サイトへのリンクでよく使用されます。

CSSのコーディング

CSSのコーディングを行っていきましょう。背景の上下のラインを斜めに設定します。中のコンテンツはサービス、料金ともに同じレイアウトのため、共通クラスとして定義します。ボタンの中の矢印は擬似要素を使って設定します。

```css
top.css

.service {  ❶
  background-color: #ffed58;
  clip-path: polygon(0 0, 100% 20%, 100% 80%, 0 100%);
  padding: 120px 0;
}
.price {  ❷
  background-color: #ffed58;
  clip-path: polygon(0 20%, 100% 0, 100% 100%, 0 80%);
  padding: 120px 0;
  margin: -80px 0 80px;
}
.service-price-item {
  display: flex;
}
.service-price-item .img {
  width: 50%;
}
.service-price-item .img img {  ❸
  width: 100%;
  height: 100%;
  object-fit: cover;
}
.service-price-item .text {
  width: 50%;
  background-color: #fff;
```

```
  padding: 20px 30px;
}
.service-price-item .text .section-title-l {
  margin-bottom: 20px;
}
.service-price-item .text .section-title-l .en {
  display: block;
  font-size: 22px;
  font-weight: 700;
  letter-spacing: 0.1em;
}
.service-price-item .text .section-title-l .ja {
  display: block;
  font-size: 12px;
  font-weight: 400;
}
.service-price-item .description {
  font-size: 14px;
  line-height: 1.8;
  margin-bottom: 20px;
}
.service-price-item .btn { ❹
  background-color: #000;
  color: #fff;
  display: inline-block;
  font-size: 14px;
  padding: 10px 30px;
  position: relative;
}
.service-price-item .btn::after { ❺
  content: "";
  width: 7px;
  height: 7px;
  border-top: solid 2px #fff;
  border-right: solid 2px #fff;
  transform: rotate(45deg);
  position: absolute;
  top: 18px;
  right: 18px;
}
```

❶ .service

「サービス」の背景を設定します。「clip-path: polygon(0 0, 100% 20%, 100% 80%, 0 100%);」で右上のy軸を20%下げ、右下のy軸を上から80%の位置に設定して上下のラインが斜めになるようにします。

❷ .price

「料金」の背景を設定します。「clip-path: polygon(0 20%, 100% 0, 100% 100%, 0 80%);」で左上のy軸を20%下げ、左下のy軸を上から80%の位置に設定して上下のラインが斜めになるようにします。そのままでは「サービス」との間の余白が広すぎるので、「margin: -80px 0 80px;」で上に80px上げて余白の調整を行います。

❸ .service-price-item .img img

画面幅を狭めた際に、画像が縮小されて横のテキストボックスと高さがずれるのを防ぐため、「width: 100%;」「height: 100%;」「object-fit: cover;」で高さを保ったまま画像がトリミングされるようにします。

❹ .service-price-item .btn

擬似要素で右側に矢印を作るため、「position: relative;」を設定して擬似要素の基準位置とします。

❺ .service-price-item .btn::after

「border-top: solid 2px #fff;」と「border-right: solid 2px #fff;」で、上と右に2pxの太さの線を引きます。また「width: 7px;」と「height: 7px;」で、線の長さを7pxに設定します。作った線を「transform: rotate(45deg);」で45度傾けることで、右矢印になります。最後に「position: absolute;」「top: 18px;」「right: 18px;」で矢印の位置を調整します。

レスポンシブ対応

レスポンシブ用のCSSを設定します。斜めのラインの角度を調整し、画像とテキストを縦に並べます。「料金」は画像とテキストの位置が逆になるので、並び順を反対にします。

top.css

```css
@media screen and (max-width: 767px) {
  .service {
    clip-path: polygon(0 0, 100% 10%, 100% 90%, 0 100%);
    padding: 80px 0;
  }
  .service .service-price-item {①
    flex-direction: column;
  }
  .price {
    clip-path: polygon(0 10%, 100% 0, 100% 100%, 0 90%);
    padding: 80px 0;
    margin: -45px 0 40px;
  }
  .price .service-price-item {②
    flex-direction: column-reverse;
  }
  .service-price-item .img {
    width: 100%;
  }
  .service-price-item .img img {③
    object-fit: contain;
  }
  .service-price-item .text {
    width: 100%;
  }
}
```

❶ .service .service-price-item（サービスのコンテンツ）

「flex-direction: column;」で、画像とテキストを縦に並べます。

❷ .price .service-price-item（料金のコンテンツ）

画像とテキストの位置が逆なので、「flex-direction: column-reverse;」で逆順で縦に並べます。
「column-reverse」については、第1章の「Flexboxについて」で詳しく解説しています（P.35参照）。

❸ .service-price-item .img img

「object-fit: contain;」で、トリミングの設定を解除して画像全体が表示されるようにします。

以上で、「サービス」と「料金」のコーディングは完了です。

SECTION 3-9 「ご利用者の声」を作ろう

レイアウト構成の確認

トップページの「ご利用者の声」を作成します。ここでの学習の目的は、吹き出しの作り方とマーカーの装飾を行う方法について学ぶことです。イラストを丸く切り抜き、その横に吹き出しを作ります。吹き出しの中の重要なテキストには、マーカーを引きます。

「ご利用者の声」のレイアウト構成は、以下の通りです。全体をsectionタグで囲み、タイトルをh2タグ、イラストと吹き出しをそれぞれdivタグで囲みます。吹き出しの中のマーカーは、spanタグで記述します。

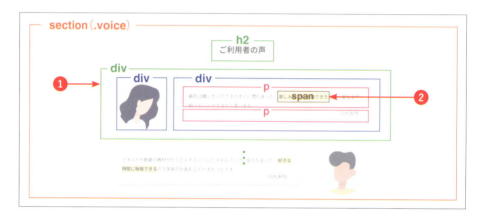

❶	div	イラストと吹き出し全体をdivタグで囲みます。また、イラストと吹き出しもそれぞれdivタグで囲み、横幅等を設定します。
❷	マーカー	spanタグで囲みます。後ほどCSSでマーカーの設定を行います。

HTMLのコーディング

HTMLのコーディングを行っていきましょう。全体をsectionタグで囲みます。内側にテキストと画像を囲むためのdivタグを作ります。さらにテキストのdivタグの内側に横幅を設置するためのdivタグを作り、タイトルをh2タグ、説明テキストをpタグで記述して中に入れます。

index.html

```
<section class="voice wrapper"> 1
  <h2 class="section-title">ご利用者の声</h2> 2
  <div class="item"> 3
    <div class="img">
      <img src="img/top/voice1.png" alt="">
    </div>
    <div class="text">
      <p class="comment">最初は難しかったですがすぐに慣れました。<span
      class="highlight">楽しみながら勉強できた</span>ので、最後まで続けることができた
      と思います。</p> 4
      <p class="age">（20代女性）</p>
    </div>
  </div>
  <div class="item"> 3
    <div class="text">
      <p class="comment">テキストや動画の教材がたくさんそろっていてスキルアップに役立
      ちました。<span class="highlight">好きな時間に勉強できる</span>ので学習の計画
      を立てやすかったです。</p> 4
      <p class="age">（30代男性）</p>
    </div>
    <div class="img">
      <img src="img/top/voice2.png" alt="">
    </div>
  </div>
  <div class="item"> 3
    <div class="img">
      <img src="img/top/voice3.png" alt="">
    </div>
    <div class="text">
      <p class="comment">しっかりとサポートしてもらえたので、不明な点はすぐに解決する
      ことができました。<span class="highlight">教え方も丁寧</span>でとてもわかりや
      すかったです。</p> 4
      <p class="age">（40代女性）</p>
    </div>
  </div>
</section>
```

❶ voice

コンテンツの横幅を設定するため、共通の「wrapper」クラスを設定します。

❷ section-title

「選ばれる理由」のh2タイトルで定義した、共通のセクションタイトル「section-title」クラスを設定します。

❸ item

各イラストと吹き出しをそれぞれdivタグで囲みます。

❹ highlight

CSSでマーカーの装飾を行うため、spanタグで囲み「highlight」というクラス名を設定します。クラス名は任意です。

CSSのコーディング

CSSのコーディングを行っていきましょう。イラストと吹き出しをFlexboxで横並びにします。イラストは丸く切り抜き、吹き出しの三角は擬似要素を使って作成します。また、吹き出し内のマーカーは「background」プロパティを使って設定します。マーカーについては他のページでも使用するため、共通クラスとして「style.css」に追記します。

```
style.css

.highlight { ❶
  background: linear-gradient(transparent 50%, #fff390 50%);
  font-weight: 700;
}
```

❶ .highlight

マーカーは「linear-gradient」を使って、上半分を透明、下半分を黄色（#fff390）にして表現します。「font-weight: 700;」でテキストを太字にします。

楽しみながら勉強できた

```
top.css

.voice {
  margin-bottom: 80px;
}
```

```css
.voice .item {
  display: flex;
  align-items: center;
  justify-content: space-between;
  margin-bottom: 40px;
}
.voice .item .img { ❷
  max-width: 182px;
  margin-right: 40px;
}
.voice .item .img:nth-child(2) { ❷
  margin-left: 40px;
  margin-right: 0;
}
.voice .item .img img {
  border: solid 1px #ddd;
  border-radius: 50%;
}
.voice .item .text { ❸
  max-width: 660px;
  border: solid 1px #707070;
  border-radius: 8px;
  line-height: 2;
  padding: 20px;
  position: relative;
}
.voice .item .text::after { ❹
  content: "";
  width: 18px;
  height: 18px;
  background-color: #fff;
  border-right: solid 1px #707070;
  border-bottom: solid 1px #707070;
  position: absolute;
  top: 45%;
}
.voice .item .text:nth-child(1)::after { ❺
  transform: rotate(-45deg);
  right: -10px;
}
```

```
.voice .item .text:nth-child(2)::after { ❻
  transform: rotate(135deg);
  left: -10px;
}
.voice .item .text .age {
  text-align: right;
}
```

❷ .voice .item .img
.voice .item .img:nth-child(2)

「margin-right: 40px;」で、イラストの右側に余白を設定しています。2番目の「ご利用者の声」はイラストの左側に余白を設定したいので、擬似クラス「:nth-child(2)」を使ってimgクラスが2番目に来た場合だけ「margin-left: 40px;」を設定しています。

❸ .voice .item .text

吹き出しの三角を擬似要素で作るため、「position: relative;」を設定して擬似要素の基準位置とします。吹き出しの矢印は、擬似要素（::after）で作った右と下だけ線を引いた中が白の四角形を回転させて重ねることで表現します。

❹ .voice .item .text::after

「width: 18px;」「height: 18px;」「background-color: #fff;」で、中が白の四角を作ります。さらに「border-right: solid 1px #707070;」「border-bottom: solid 1px #707070;」で、右と下に線を引きます。

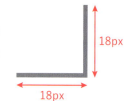

❺ .voice .item .text:nth-child(1)::after

2人目は「transform: rotate(-45deg);」で四角を-45度回転させ、右向きの矢印を作ります。

❻ .voice .item .text:nth-child(2)::after

1人目と3人目は「transform: rotate(135deg);」で四角を135度回転させ、左向きの矢印を作ります。

レスポンシブ対応

レスポンシブ用のCSSを設定します。スマートフォンでの表示に合わせて、イラストと吹き出しのサイズを調整します。

```css
top.css

@media screen and (max-width: 767px) {
  .voice {
    margin-bottom: 40px;
  }
  .voice .item .img { ①
    width: 100px;
    flex-shrink: 0;
    margin-right: 20px;
  }
  .voice .item .img:nth-child(2) {
    margin-left: 20px;
  }
  .voice .item .text {
    font-size: 14px;
    padding: 10px;
  }
}
```

① .voice .item .img

イラストのサイズが100pxよりも縮小されないように、「width: 100px;」「flex-shrink: 0;」を設定します。Flexアイテムの要素は、「flex-shrink: 0;」を設定することで縮小されないようにできます。

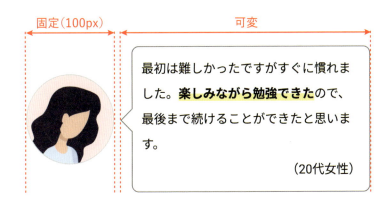

以上で、「ご利用者の声」のHTML、CSSのコーディングは完了です。

SECTION
3-10 「お問い合わせ」を作ろう

レイアウト構成の確認

トップページの「お問い合わせ」のセクションを作成します。お問い合わせページ以外のすべてのページで使われる共通のコンテンツです。

「お問い合わせ」のレイアウト構成は、以下の通りです。全体をsectionタグで囲み、タイトルをh2タグ、タイトル下のコンテンツをdivタグで囲みます。ボタンはaタグでコーディングしていきます。

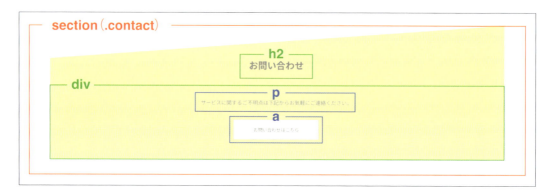

HTMLのコーディング

HTMLのコーディングを行っていきましょう。全体をsectionタグで囲みます。タイトルをh2タグ、その下のコンテンツをdivタグで囲み、共通の「wrapper」クラスを設定します。テキストとボタンは、それぞれpタグとaタグで囲みます。

```
index.html

<section class="contact">
  <h2 class="section-title">お問い合わせ</h2> ❶
  <div class="inner wrapper">
    <p class="text">サービスに関するご不明点は<br class="sp">下記からお気軽にご連絡ください。</p> ❷
    <a class="btn" href="contact.html">お問い合わせはこちら</a> ❸
  </div>
</section>
```

❶ .section-title

共通のセクションタイトルである「section-title」クラスを設定します。

❷ .sp

PC表示の場合は1行で表示するため、brタグに「sp」という名前のクラスをつけ、CSSの設定でPC表示の場合だけbrタグを非表示にして改行されないようにします。

❸ .btn

リンク先に「href="contact.html"」でお問い合わせページを設定します。

CSSのコーディング

CSSのコーディングを行っていきましょう。お問い合わせページ以外の共通コンテンツのため「style.css」に追記していきます。

```
style.css

.contact { ❶
  background-color: #ffed58;
  clip-path: polygon(0 20%, 100% 0, 100% 100%, 0 100%);
  padding: 100px 0 60px;
}
.contact .inner {
  text-align: center;
}
.contact .text {
  line-height: 1.6;
  margin-bottom: 40px;
}
.contact .btn {
  background-color: #fff;
  border: solid 1px #707070;
  display: inline-block;
  font-size: 14px;
  padding: 20px 60px;
}
```

❶ .contact

「clip-path: polygon(0 20%, 100% 0, 100% 100%, 0 100%);」で、上のラインを斜めにします。

レスポンシブ対応

レスポンシブ用のCSSを設定します。背景の上下の余白と斜めのラインをスマートフォン用に調整します。

```css
/* style.css */

@media screen and (max-width: 767px) {
  .contact {
    clip-path: polygon(0 10%, 100% 0, 100% 100%, 0 100%);
    padding: 60px 0 40px;
  }
}

@media screen and (min-width: 768px) {
  .sp {  ❶
    display: none;
  }
}
```

❶ .sp

PC表示の場合だけ非表示にするためのクラスです。「@media screen and (min-width: 768px)」で、画面幅が768px以上の場合だけ「display: none;」を設定して要素が非表示になるようにします。

スマートフォンの場合は、clip-pathプロパティのpolygonの1つ目の値を「0 10%」にして斜めのラインを緩やかにします。

● PC
clip-path: polygon(0 20%, 100% 0, 100% 100%, 0 100%);

● スマートフォン
clip-path: polygon(0 10%, 100% 0, 100% 100%, 0 100%);

以上で、「お問い合わせ」のHTML、CSSのコーディングは完了です。

SECTION 3-11 フッターを作ろう

レイアウト構成の確認

トップページのフッターを作成します。ロゴとメニューを横並びに配置し、一番下にコピーライトを記述します。
フッターのレイアウト構成は、以下の通りです。全体をfooterタグで囲みます。ロゴとメニューはそれぞれdivタグとul、liタグで囲み、コピーライトをpタグで記述します。

HTMLのコーディング

HTMLのコーディングを行っていきましょう。全体をfooterタグで囲みます。footerタグの中にdivタグを作りコンテンツ幅を設定するためのwrapperクラスを設定します。wrapperクラスの中には、divタグで囲んだロゴとul、liタグで囲んだメニューを入れます。

index.html

```html
<footer id="footer">
  <div class="inner wrapper">
    <div class="logo">
      <img src="img/common/logo.svg" alt="STUDY">
    </div>
    <ul class="menu">
      <li><a href="index.html">トップ</a></li>
      <li><a href="service.html">サービス</a></li>
      <li><a href="price.html">料金</a></li>
      <li><a href="contact.html">お問い合わせ</a></li>
    </ul>    ❶
  </div>
  <p class="copyright">Copyright © study. All rights reserved.</p>
</footer>
```

❶ メニュー

a タグで囲み、ヘッダーのグローバルナビゲーションと同じく「href」でそれぞれのページへのリンクを設定します。

CSS のコーディング

CSS のコーディングを行っていきましょう。共通パーツなので「style.css」に追記していきます。ロゴとメニューを Flexbox で横並びに配置し、各メニューの間に擬似要素で斜め線を設定します。

```css
style.css

#footer {
  border-top: solid 1px #707070;
  padding: 40px 0 20px;
}
#footer .inner {
  display: flex;
  align-items: center;
  justify-content: space-between;
  margin-bottom: 60px;
}
#footer .logo {
  max-width: 130px;
}
#footer .menu {
  display: flex;
  align-items: center;
}
#footer .menu li {  ❶
  font-size: 14px;
  margin-left: 40px;
  position: relative;
}
#footer .menu li::after {  ❷
  content: "";
  width: 1px;
  height: 16px;
  background-color: #000;
  transform: rotate(30deg);
```

```
    position: absolute;
    top: 3px;
    right: -20px;
  }
  #footer .menu li:last-child::after { ❸
    content: none;
  }
  #footer .copyright {
    font-size: 12px;
    text-align: center;
  }
```

❶ **#footer .menu li**
各テキストの横に擬似要素で斜め線を引くため、「position: absolute;」を設定して基準位置とします。

❷ **#footer .menu li::after**
「width: 1px;」「height: 16px;」で横1px、縦16pxの縦線を引き、「transform: rotate(30deg);」で30度傾けて斜め線を作ります。「position: absolute;」「top: 3px;」「right: -20px;」でテキストの右横に配置します。

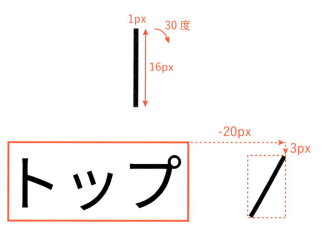

❸ **#footer .menu li:last-child::after**
最後のテキストは右側の斜め線は不要なので、「content: none;」で擬似要素をリセットします。擬似要素の「content」に「none」を設定することで、擬似要素をリセットできます。

レスポンシブ対応

レスポンシブ用のCSSを設定します。ロゴとメニューを縦に並べます。メニュー間の余白を、スマートフォン用に調整します。

style.css

```css
@media screen and (max-width: 767px) {
  #footer .inner {
    flex-direction: column;
    margin-bottom: 40px;
  }
  #footer .logo {
    margin-bottom: 20px;
  }
  #footer .menu li {
    margin-left: 30px;
  }
  #footer .menu li::after {
    right: -15px;
  }
  #footer .menu li:first-child {
    margin-left: 0;
  }
}
```

以上で、トップページのコーディングは完了です。

SECTION 3-12 | サービスページの枠組みを作ろう

レイアウト構成の確認

サービスページ全体の枠組みを作成します。ヘッダー、フッター、お問い合わせセクションは、トップページで作成したものと同じ共通パーツになります。

サービスページ全体のレイアウト構成は、以下の通りです。mainの上部にページヘッダーとテキストが入ります。その下に「サービス内容」と「ご利用の流れ」のコンテンツが入り、一番下には全ページ共通の「お問い合わせ」のコンテンツが入ります。

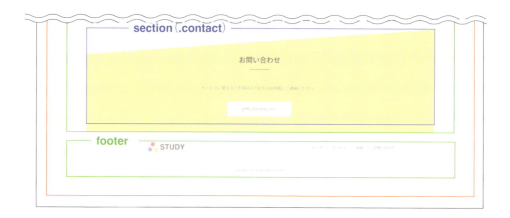

❶	main	コンテンツのメインエリア全体を囲みます。
1-1	div（.page-header）	ページのヘッダーエリア全体を囲みます。
1-2	div（.page-head-text）	ページヘッダー下のテキストエリアを囲みます。
1-3	section（.detail）	「サービスの内容」エリア全体をsectionタグで囲みます。
1-4	section（.flow）	「ご利用の流れ」エリア全体をsectionタグで囲みます。
1-5	section（.contact）	「お問い合わせ」エリア全体をsectionタグで囲みます。

HTMLのコーディング

全体の枠組みとhead部分のコーディングを行っていきましょう。基本的な記述についてはトップページと同じですが、「タイトル」「ディスクリプション」「読み込みCSS」はサービスページ用に変更します。サービスページは「service.html」にコーディングしていきます。

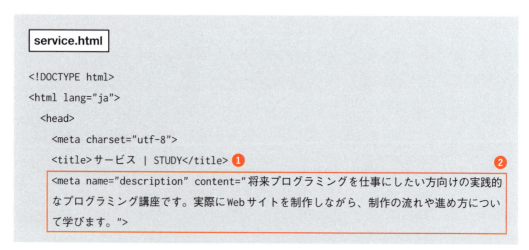

```
    <meta name="viewport" content="width=device-width, initial-scale=1">
    <link rel="icon" href="img/common/favicon.ico">
    <link rel="apple-touch-icon" href="img/common/apple-touch-icon.png">
    <link rel="preconnect" href="https://fonts.googleapis.com">
    <link rel="preconnect" href="https://fonts.gstatic.com" crossorigin>
    <link href="https://fonts.googleapis.com/css2?family=Noto+Sans+JP:wght@400;500
    ;700&family=Roboto:wght@400;700&display=swap" rel="stylesheet">
    <link rel="stylesheet" href="https://unpkg.com/ress/dist/ress.min.css">
    <link rel="stylesheet" href="css/style.css">
    <link rel="stylesheet" href="css/service.css">          ❸
    <script src="https://ajax.googleapis.com/ajax/libs/jquery/3.7.1/jquery.min.
    js"></script>
    <script src="js/main.js"></script>
  </head>

  <body>
  </body>
</html>
```

❶ タイトル

ページの内容がわかるように、サイト名の前にページタイトルを追加します。設定するテキストは任意ですが、すべてのページで重複がないように設定します。

❷ ディスクリプション

サービスページの内容を表す説明文を記述します。設定するテキストは任意ですが、すべてのページで重複がないように設定します。

❸ CSSファイルの読み込み

共通CSS、サービスページ用CSSの順に読み込みます。

CSSのコーディング

全体のCSSはトップページですでにコーディング済みのため、下層ページでのコーディングは不要です。

以上で、サービスページ全体のHTML、CSSのコーディングは完了です。

SECTION

3-13 | 共通パーツ（ヘッダー、フッター、お問い合わせ）を作ろう

レイアウト構成の確認

サイト全体の共通パーツであるヘッダー、フッターとフッター上のお問い合わせエリアのコーディングを行っていきます。ヘッダーのレイアウト構成についてはP.123、お問い合わせエリアのレイアウト構成についてはP.158、フッターのレイアウト構成についてはP.161を参照してください。

HTMLのコーディング

HTMLのコーディングを行っていきましょう。「ヘッダー」「フッター」「お問い合わせエリア」のコードを記述します。トップページで作った<header>、<footer>、<section class="contact">のコードを「service.html」に追記します。下層ページは、ページヘッダー内のページタイトルにh1タグを使用し、ロゴはh1タグからdivタグに変更します。

service.html

```html
<header id="header">
  <div class="logo"> ❶
    <a href="index.html">
      <img src="img/common/logo.svg" alt="STUDY">
    </a>
  </div>
  <div class="hamburger">
    <span></span>
    <span></span>
    <span></span>
  </div>
  <nav class="navi">
    <ul class="menu">
      <li><a href="index.html">トップ</a></li>
      <li><a href="service.html">サービス</a></li>
      <li><a href="price.html">料金</a></li>
      <li><a href="contact.html">お問い合わせ</a></li>
    </ul>
  </nav>
</header>
```

```
<main>
  <section class="contact">
  中略
  </section>
</main>


<footer id="footer">
  中略
</footer>
```

❶ ロゴ

トップページではh1タグで記述しましたが、下層ページはページタイトルにh1タグを使用するため、ロゴはdivタグに変更します。

CSS のコーディング

共通パーツのCSSはすでにトップページでコーディング済みのため、下層ページでのコーディングは不要です。

以上で、共通パーツ（ヘッダー、フッター、お問い合わせ）のHTML、CSSのコーディングは完了です。

SECTION 3-14 | ページヘッダーを作ろう

レイアウト構成の確認

下層ページのヘッダー部分に当たるページヘッダーを作成します。斜めにラインの入った背景の上に、ページタイトルを記述します。

レイアウト構成は、以下の通りです。全体をdivタグで囲み背景を設定します。タイトルはh1タグで囲み、さらに日本語と英語のテキストをそれぞれspanタグで囲みます。

HTMLのコーディング

HTMLのコーディングを行っていきましょう。エリア全体をdivタグで囲みます。ページタイトルをh1タグで囲み、中の日本語と英語のテキストをそれぞれspanタグで囲みます。

```html
service.html

<div class="page-header">
  <h1 class="page-title"> ❶
    <span class="ja">サービス</span>
    <span class="en">SERVICE</span>
  </h1>
</div>
```

❶ h1

トップページはロゴに対してh1タグを設定しましたが、下層ページはページの内容を表すタイトルがある場合、そのタイトルに対してh1タグを設定します。今回はページ名称がタイトルとして存在しているので、このページ名称に対してh1タグを設定します。

CSSのコーディング

CSSのコーディングを行っていきましょう。ページヘッダーは下層ページ共通のレイアウトになるので、「style.css」に追記していきます。

```
style.css

.page-header { ①
  background-color: #ffed58;
  clip-path: polygon(0 0, 100% 0, 100% 80%, 0 100%);
  padding: 60px 0 100px;
  text-align: center;
}
.page-header .page-title .ja { ②
  display: block;
  font-size: 14px;
  font-weight: 400;
  margin-bottom: 5px;
}
.page-header .page-title .en { ②
  display: block;
  font-size: 40px;
  font-weight: 700;
  letter-spacing: 0.1em;
}
```

① .page-header

トップページのメインビジュアルと同じく背景を黄色に設定して、「clip-path: polygon(0 0, 100% 0, 100% 80%, 0 100%);」で下のラインを斜めにします。また、「padding: 60px 0 100px」で上下に余白を設定します。

❷ .page-header .page-title .ja
　.page-header .page-title .en

日本語と英語タイトルのフォントサイズや太さを調整します。英語タイトルは「letter-spacing: 0.1em;」で、文字間を少し広げます。letter-spacingはpxでの指定も可能ですが、一般的にはemを使って指定します。

● letter-spacing

文字と文字の間隔を表します。

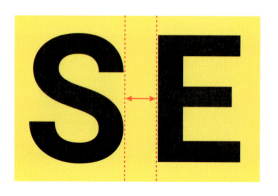

レスポンシブ対応

レスポンシブ用のCSSを設定します。斜め線の角度とタイトルのフォントサイズをスマートフォン用に調整します。

```css
style.css

@media screen and (max-width: 767px) {
  .page-header {
    clip-path: polygon(0 0, 100% 0, 100% 90%, 0 100%);
    padding: 30px 0 50px;
  }
  .page-header .page-title .en {
    font-size: 30px;
  }
}
```

以上で、ページヘッダーのHTML、CSSのコーディングは完了です。

SECTION 3-15 ページヘッダー下テキストを作ろう

レイアウト構成の確認

サービスページのページヘッダー下のテキストが入るエリアを作成します。
レイアウト構成は、以下の通りです。全体をdivタグで囲み、各テキストをpタグで記述します。

HTMLのコーディング

HTMLのコーディングを行っていきましょう。エリア全体をdivタグで囲み、横幅を設定するための「wrapper」クラスを設定します。各テキストはpタグで記述します。

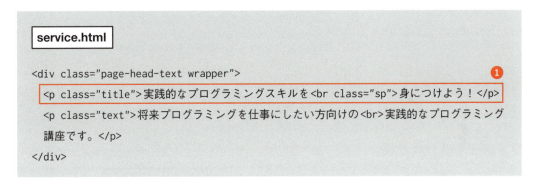

❶ **タイトル**
PC表示の場合は1行で表示するため、brタグに共通の「sp」クラスを設定して、PC表示の場合だけbrタグを非表示にして改行されないようにします。

CSSのコーディング

CSSのコーディングを行っていきましょう。ページヘッダー下のテキストも下層ページ共通のレイアウトになるので、「style.css」に追記していきます。

```css
style.css

.page-head-text { ❶
  padding: 50px 0;
  text-align: center;
}
.page-head-text .title { ❷
  font-size: 22px;
  font-weight: 500;
  line-height: 1.8;
  margin-bottom: 30px;
}
.page-head-text .text { ❸
  font-size: 14px;
  line-height: 1.8;
}
```

❶ **.page-head-text**

「padding: 50px 0;」でエリアの上下に余白を設定します。

❷ **.page-head-text .title**

「font-size: 22px;」でタイトルのフォントを少し大きくし、「font-weight: 500;」で太さを少し太くします。

❸ **.page-head-text .text**

「font-size: 14px;」でタイトル下のテキストのフォントを少し小さくします。

● PC表示

画面幅が768px以上の場合、brタグが「display: none;」で非表示になるため改行されない。

> ### 実践的なプログラミングスキルを身につけよう！

● スマートフォン表示

上記以外の場合、brタグが非表示にならないため改行される。

> ### 実践的なプログラミングスキルを `<br class="sp">`
> ### 身につけよう！

レスポンシブ対応

レスポンシブ用のcssを設定します。スマートフォン表示に合わせて、フォントサイズの調整を行います。

style.css

```css
@media screen and (max-width: 767px) {
  .page-head-text .title {
    font-size: 20px;
  }
}
```

以上で、ページヘッダー下テキストのHTML、CSSのコーディングは完了です。

SECTION 3-16 「サービスの内容」を作ろう

レイアウト構成の確認

サービスページの「サービスの内容」を作成します。斜めラインの背景の中に、タイトルと画像とテキストのコンテンツを入れます。
「サービスの内容」のレイアウト構成は、以下の通りです。全体をsectionタグで囲みます。タイトルはh2タグ、コンテンツ全体をdivタグで囲み、さらに画像とテキストエリアをそれぞれdivタグで囲みます。

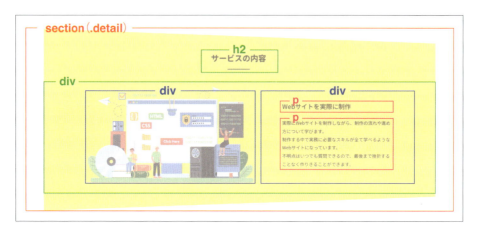

HTMLのコーディング

HTMLのコーディングを行っていきましょう。エリア全体をsectionタグで囲み、内側のdivタグには横幅を設定するための「wrapper-1080」クラスを設定します。画像とテキストエリアはそれぞれdivタグで囲み、各テキストはpタグで記述します。

```
service.html

<section class="detail">
  <h2 class="section-title">サービスの内容</h2> ❶
  <div class="item wrapper-1080">
    <div class="img">
      <img src="img/service/detail.svg" alt="">
    </div>
    <div class="text">
      <p class="title">Webサイトを実際に制作</p>
      <p class="description">
```

```
      実際にWebサイトを制作しながら、制作の流れや進め方について学びます。<br>
      制作する中で実務に必要なスキルがすべて学べるようなWebサイトになっています。
      <br>
      不明点はいつでも質問できるので、最後まで挫折することなく作りきることができます。
    </p>
   </div>
  </div>
 </section>
```

❶ タイトル

共通のセクションタイトル「section-title」を設定します。

CSSのコーディング

CSSのコーディングを行っていきましょう。サービスページ個別のレイアウトになるので、「service.css」に記述していきます。

---

service.css

```
@charset "UTF-8";

.detail { ❶
  background-color: #ffed58;
  clip-path: polygon(0 0, 100% 10%, 100% 90%, 0 100%);
  padding: 100px 0;
  margin-bottom: 80px;
}
.detail .item { ❷
  display: flex;
  align-items: center;
  justify-content: space-between;
}
.detail .item .img { ❷
  width: 55%;
  margin-right: 5%;
}
.detail .item .img img {
  width: 100%;
```

```
}
.detail .item .text { ❷
  width: 40%;
}
.detail .item .text .title {
  font-size: 22px;
  font-weight: 500;
  margin-bottom: 30px;
}
.detail .item .text .description {
  line-height: 1.8;
}
```

❶ .detail

「clip-path: polygon(0 0, 100% 10%, 100% 90%, 0 100%);」で、上下のラインを斜めに設定します。

❷ .detail .item
　.detail .item .img
　.detail .item .text

画像とテキストエリアそれぞれに横幅を設定し、Flexboxで横並びにします。画像の右側には「margin-right: 5%;」で余白を設定し、画面幅を狭めた際にも画像とテキストがくっつかないようにします。

レスポンシブ対応

レスポンシブ用のCSSを設定します。斜めラインを調整し、画像とテキストを縦に並べます。

service.css

```css
@media screen and (max-width: 767px) {
  .detail {
    clip-path: polygon(0 0, 100% 5%, 100% 95%, 0 100%);
    padding: 80px 0;
    margin-bottom: 40px;
  }
  .detail .item {
    flex-direction: column;
  }
  .detail .item .img {
    width: 100%;
    margin: 0 0 40px;
  }
  .detail .item .text {
    width: 100%;
  }
  .detail .item .text .title {
    text-align: center;
  }
}
```

以上で、「サービスの内容」のHTML、CSSのコーディングは完了です。

SECTION

3-17 | 「ご利用の流れ」を作ろう

レイアウト構成の確認

サービスページの「ご利用の流れ」を作成します。流れの各ステップは、ステップ番号とステップの説明で構成されます。

「ご利用の流れ」のレイアウト構成は、以下の通りです。全体をsectionタグで囲みます。タイトルはh2タグ、中のコンテンツは全体をdivタグで囲みます。さらにSTEPの図形をdivタグで囲み、流れの説明はdl、dt、ddタグで記述します。

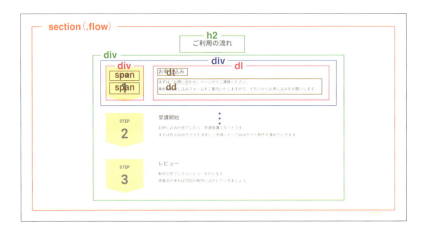

HTMLのコーディング

HTMLのコーディングを行っていきましょう。エリア全体をsectionタグで囲み、内側のdivタグには横幅を設定するための「wrapper」クラスを設定します。流れの各ステップはそれぞれdivタグで囲み、説明はdl、dt、ddタグで記述します。

service.html

```
<section class="flow">
  <h2 class="section-title">ご利用の流れ</h2>
  <div class="wrapper">
    <div class="item">
      <div class="step">
        <span class="title">STEP</span>
        <span class="no">1</span>
      </div>
```

❶

```html
        <dl class="text">
          <dt>お申し込み</dt>
          <dd>
            まずは「<a href="contact.html">お問い合わせ</a>」ページからご連絡ください。
            <br>
            専用のお申し込みフォームをご案内いたしますので、そちらからお申し込みをお願い
            します。
          </dd>
        </dl>
      </div>
      <div class="item">
        <div class="step">
          <span class="title">STEP</span>
          <span class="no">2</span>
        </div>
        <dl class="text">
          <dt>受講開始</dt>
          <dd>
            お申し込みが完了したら、早速受講スタートです。<br>
            まずは作るWebサイトを決定し、手順にそってWebサイト制作を進めていきます。
          </dd>
        </dl>
      </div>
      <div class="item">
        <div class="step">
          <span class="title">STEP</span>
          <span class="no">3</span>
        </div>
        <dl class="text">
          <dt>レビュー</dt>
          <dd>
            制作が完了したらレビューを行います。<br>
            改善点があれば次回の制作に活かしていきましょう。
          </dd>
        </dl>
      </div>
    </div>
  </section>
```

❶ step

全体をdivタグで囲み、中のテキストをそれぞれspanタグで囲みます。

❷ text

各ステップのタイトルと説明テキストは、dl、dt、ddタグで記述します。ddタグの中の「お問い合わせ」リンクはaタグで記述し、「href」の値にお問い合わせページ（contact.html）のファイル名を設定します。

CSSのコーディング

CSSのコーディングを行っていきましょう。流れの左側の図形は「clip-path」を使って作っていきます。また、テキストの中のリンクには下線を設定します。

```
service.css

.flow {
  margin-bottom: 100px;
}
.flow .item {
  display: flex;
  margin-bottom: 50px;
}
.flow .item .step {      ❶
  width: 160px;
  height: 140px;
  background-color: #ffed58;
  clip-path: polygon(0 0, 100% 0, 100% 80%, 50% 100%, 0 80%);
  font-weight: 700;
  flex-shrink: 0;
  padding-top: 20px;
  margin-right: 7%;
  text-align: center;
}
.flow .item .step .title {
  display: block;
  font-size: 18px;
}
.flow .item .step .no {
  display: block;
```

```
    font-size: 56px;
  }
  .flow .item .text dt {
    font-size: 22px;
    font-weight: 500;
    margin-bottom: 15px;
  }
  .flow .item .text dd {
    line-height: 1.8;
  }
  .flow .item .text a { ❷
    text-decoration: underline;
  }
```

❶ .flow .item .step

「clip-path: polygon(0 0, 100% 0, 100% 80%, 50% 100%, 0 80%);」で、5角形の図形を作成します。図形のサイズは「width: 160px;」と「height: 140px;」で設定します。「flex-shrink: 0;」を設定して、画面幅を狭めた際に図形の横幅が縮小されないようにします。

❷ .flow .item .text a

「text-decoration: underline;」で、リンクに下線を引きます。

レスポンシブ対応

レスポンシブ用のCSSを設定します。PC表示と同じレイアウトを保つため、全体のフォントサイズと流れ左側の図形のサイズを小さく調整します。

service.css

```css
@media screen and (max-width: 767px) {
  .flow {
    margin-bottom: 40px;
  }
  .flow .item {
    margin-bottom: 30px;
  }
  .flow .item .step {
    width: 80px;
    height: 80px;
    padding-top: 10px;
    margin-right: 20px;
  }
  .flow .item .step .title {
    font-size: 14px;
  }
  .flow .item .step .no {
    font-size: 32px;
  }
  .flow .item .text dt {
    font-size: 18px;
  }
  .flow .item .text dd {
    font-size: 14px;
  }
}
```

以上で、サービスページのコーディングは完了です。

SECTION
3-18 | 料金ページの枠組みを作ろう

レイアウト構成の確認

料金ページ全体の枠組みを作成します。ヘッダー、フッター、お問い合わせセクションは、全ページ共通のパーツとなります。また、ページヘッダーとページヘッダー下のテキストは下層ページ共通のレイアウトとなります。

料金ページ全体のレイアウト構成は、以下の通りです。mainの上部と下部には下層ページ共通のページヘッダー、ヘッダー下テキスト、お問い合わせが入り、中央に「料金表」が入ります。

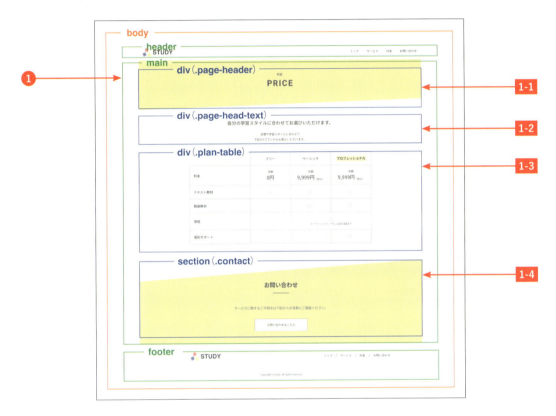

❶ main	コンテンツのメインエリア全体を囲みます。
1-1 div（.page-header）	ページのヘッダーエリア全体を囲みます。
1-2 div（.page-head-text）	ページヘッダー下のテキストエリアを囲みます。
1-3 div（.plan-table）	「料金表」をdivタグで囲みます。
1-4 section（.contact）	「お問い合わせ」エリア全体をsectionタグで囲みます。

HTMLのコーディング

全体の枠組みとhead部分のコーディングを行っていきましょう。サービスページと同じく、「タイトル」「ディスクリプション」「読み込みCSS」だけ料金ページ用に書き換えます。料金ページは「price.html」にコーディングしていきます。

```
price.html

<!DOCTYPE html>
<html lang="ja">
  <head>
    <meta charset="utf-8">
    <title>料金 | STUDY</title>
    <meta name="description" content="目標や学習スタイルに合わせて「フリー」「ベーシック」「プロフェッショナル」の3プランからお選びいただけます。">
    <meta name="viewport" content="width=device-width, initial-scale=1">
    <link rel="icon" href="img/common/favicon.ico">
    <link rel="apple-touch-icon" href="img/common/apple-touch-icon.png">
    <link rel="preconnect" href="https://fonts.googleapis.com">
    <link rel="preconnect" href="https://fonts.gstatic.com" crossorigin>
    <link href="https://fonts.googleapis.com/css2?family=Noto+Sans+JP:wght@400;500;700&family=Roboto:wght@400;700&display=swap" rel="stylesheet">
    <link rel="stylesheet" href="https://unpkg.com/ress/dist/ress.min.css">
    <link rel="stylesheet" href="css/style.css">
    <link rel="stylesheet" href="css/price.css">
    <script src="https://ajax.googleapis.com/ajax/libs/jquery/3.7.1/jquery.min.js"></script>
    <script src="js/main.js"></script>
  </head>

  <body>
  </body>
</html>
```

CSSのコーディング

全体のCSSはトップページでコーディング済みのため、下層ページでのコーディングは不要です。

以上で、料金ページ全体のHTML、CSSのコーディングは完了です。

SECTION 3-19 | 共通パーツ（ヘッダー、フッター、お問い合わせ）を作ろう

レイアウト構成の確認

サイト全体の共通パーツであるヘッダー、フッターとフッター上のお問い合わせエリアのコーディングを行っていきます。ヘッダーのレイアウト構成についてはP.123、お問い合わせエリアのレイアウト構成についてはP.158、フッターのレイアウト構成についてはP.161を参照してください。

HTMLのコーディング

HTMLのコーディングを行っていきましょう。「ヘッダー」「フッター」「お問い合わせエリア」のコードを記述します。サービスページで作った<header>、<footer>、<section class="contact">のコードを「price.html」に追記します。

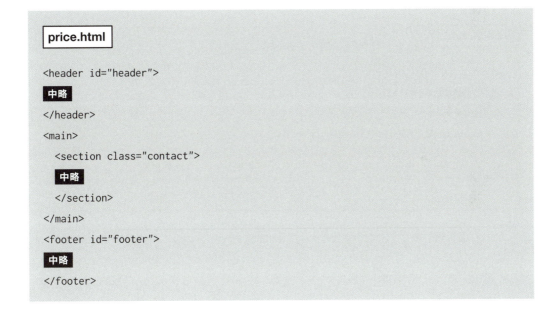

```
price.html

<header id="header">
  中略
</header>
<main>
  <section class="contact">
    中略
  </section>
</main>
<footer id="footer">
  中略
</footer>
```

CSSのコーディング

共通パーツのCSSはトップページでコーディング済みのため、下層ページでのコーディングは不要です。

以上で、共通パーツ（ヘッダー、フッター、お問い合わせ）のHTML、CSSのコーディングは完了です。

SECTION
3-20 | ページヘッダーとページヘッダー下テキストを作ろう

レイアウト構成の確認

下層ページ共通のページヘッダーと、ページヘッダー下テキストのコーディングを行っていきます。ページヘッダーのレイアウト構成についてはP.170、ページヘッダー下テキストのレイアウト構成についてはP.173を参照してください。

HTMLのコーディング

HTMLのコーディングを行っていきましょう。「ページヘッダー」と「ページヘッダー下テキスト」のコードを記述します。コードはサービスページで作った内容と同じになりますが、中のテキストは料金ページの内容に書き換えます。

price.html

```html
<div class="page-header">
  <h1 class="page-title">
    <span class="ja">料金</span>
    <span class="en">PRICE</span>
  </h1>
</div>


<div class="page-head-text wrapper">
  <p class="title">自分の学習スタイルに合わせて<br class="sp">お選びいただけます。</p>
  <p class="text">目標や学習スタイルに合わせて<br>下記の3プランからお選びいただけます。</p>
</div>
```

CSSのコーディング

CSSはサービスページで作ったものと同じものを使用するため、コーディングは不要です。

以上で、ページヘッダーとページヘッダー下テキストのHTML、CSSのコーディングは完了です。

SECTION
3-21 | 「料金表」を作ろう

レイアウト構成の確認

料金ページの「料金表」を作成します。ここでの学習の目的は、tableタグを使った表の作り方について学ぶことです。各プランの内容を比較した表を作ります。

「料金表」のレイアウト構成は、以下の通りです。全体をdivタグで囲み、表はtableタグを使ってコーディングします。

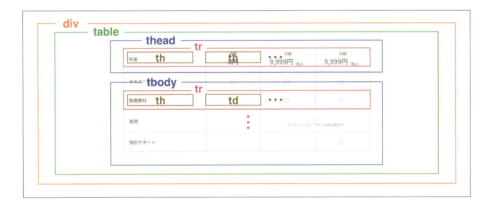

HTMLのコーディング

HTMLのコーディングを行っていきましょう。エリア全体をdivタグで囲みます。また、表全体をtableタグで囲み、表のヘッダー部分をthead、表のボディ部分をtbodyで囲み、さらにボディの中身をtr、th、tdタグでコーディングしていきます。

```
price.html

<div class="plan-table"> ①
  <table class="table"> ②
    <thead>
      <tr>
        <th></th>
        <th>フリー</th>
        <th>ベーシック</th>
        <th><span class="highlight">プロフェッショナル</span></th>
      </tr>
    </thead>
```

```html
    <tbody>
      <tr>
        <th>料金</th>
        <td>
          <span class="title">月額</span>
          <span class="price">0円</span>
        </td>
        <td>
          <span class="title">月額</span>
          <span class="price">9,999円</span>
          <span class="tax">(税込)</span>
        </td>
        <td>
          <span class="title">月額</span>
          <span class="price">9,999円</span>
          <span class="tax">(税込)</span>
        </td>
      </tr>
      <tr>
        <th>テキスト教材</th>
        <td>◯</td>
        <td>◯</td>
        <td>◯</td>
      </tr>
      <tr>
        <th>動画教材</th>
        <td></td>
        <td>◯</td>
        <td>◯</td>
      </tr>
      <tr>
        <th>質問</th>
        <td></td>
        <td colspan="2">◯<br><span class="note">※「ベーシック」プランは月10回まで</span></td>
      </tr>
      <tr>
        <th>個別サポート</th>
        <td></td>
```

```
            <td></td>
            <td>○</td>
         </tr>
      </tbody>
   </table>
</div>
```

❶ 全体のdivタグ（plan-table）
スマートフォン表示の際に横スクロールができるように、後ほどCSSの設定を行います。

❷ 表
table、thead、tbody、tr、th、tdタグを使ってコーディングしていきます。tbodyの4行目は「colspan」を使って横のセルと結合させます。料金のセルの各テキストは、それぞれspanタグで囲みます。表の作り方については、以下の「表について」で詳しく解説しています。

OnePoint 表について

サイト制作において、表を作成する際によく使用するtableについてご紹介します。

表を作る際に使用するタグ
表を作る際はまず全体をtableタグで囲み、その中にthead、tbody、tfootタグ、さらにその中にtrタグ、最後にth、tdタグを使って記述します。thead、tbody、tfootタグは必須ではありませんが、表の構造を明確化する意味でも、使える場合は記述しましょう。tfootタグは、thead、tbodyタグに比べると使用頻度は少なめです。

- **table**
  表全体を囲むタグです。

- **thead**
  表のヘッダー部分を囲むタグです。

- **tbody**
  表のボディ部分を囲むタグです。

- **tfoot**
  表のフッター部分を囲むタグです。

- **tr**
  表の中の行を囲むタグです。

- **th**
  表の中の見出しのセルを囲むタグです。

- **td**
  表の中の見出し以外のセルを囲むタグです。

■ **構造例**

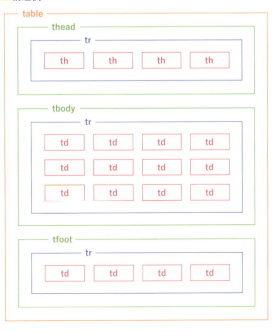

セルの結合

表の中のセルを結合する際は、th、tdタグに対して「rowspan」属性と「colspan」属性を指定します。「rowspan」と「colspan」は同時に使用することもできます。

- rowspan

縦方向のセルを結合します。結合するセルの数を指定できます。

- colspan

横方向のセルを結合します。結合するセルの数を指定できます。

■ 使用例

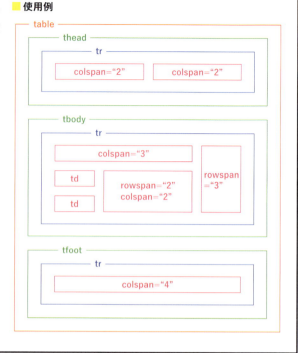

CSSのコーディング

CSSのコーディングを行っていきましょう。料金ページ個別のレイアウトになるので、「price.css」に記述していきます。

price.css

```
@charset "UTF-8";

.plan-table { ❶
    overflow-x: auto;
    padding: 0 20px;
    margin-bottom: 80px;
}
.plan-table .table { ❷
    width: 900px;
    border-collapse: collapse;
    margin: 0 auto;
    table-layout: fixed;
}
```

```css
.plan-table .table th, ③
.plan-table .table td { ③
  border: solid 1px #707070;
  padding: 20px;
}
.plan-table .table thead th { ④
  background-color: #fafafa;
  font-weight: 500;
}
.plan-table .table thead th:first-child { ⑤
  width: 300px;
  background-color: #fff;
  border-left: none;
  border-top: none;
}
.plan-table .table thead th:nth-child(n+2) { ⑥
  width: 200px;
}
.plan-table .table tbody th { ⑦
  background-color: #fafafa;
  font-weight: 500;
  text-align: left;
}
.plan-table .table tbody td {
  font-size: 18px;
  text-align: center;
}
.plan-table .table  tbody td .title { ⑧
  display: block;
  font-size: 14px;
}
.plan-table .table  tbody td .price { ⑧
  font-size: 24px;
  font-weight: 500;
}
.plan-table .table  tbody td .tax { ⑧
  font-size: 12px;
}
.plan-table .table  tbody td .note {
  font-size: 12px;
}
```

❶ .plan-table

「overflow-x: auto;」を設定することで、画面幅を狭めた際に表が画面内に収まりきらなくなったタイミングで、テーブルに横スクロールを表示します。「overflow-x: auto;」で横スクロールを表示する際は、tableタグに対して「width」と「table-layout: fixed;」を設定します。

overflowプロパティの詳細については、「overflowプロパティについて」で詳しく解説しています（P.195参照）。

❷ .plan-table .table

「width: 900px;」と「table-layout: fixed;」で、テーブルの横幅と列幅を固定します。また、「border-collapse: collapse;」でセル間のラインを重ねて表示します。

● 「border-collapse: collapse」
セル間のラインを重ねて表示

● 「border-collapse: separate（初期値）」「border-spacing: 0」
セル間のラインを重ねずに表示

● 「border-collapse: separate（初期値）」「border-spacing: 10px」
セル間のラインを重ねずに表示し、間隔を10pxにする

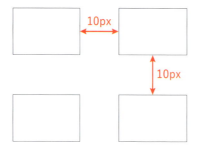

❸ .plan-table .table th,
　.plan-table .table td

テーブル内のセルに、「border: solid 1px #707070;」「padding: 20px;」で線と余白を設定します。

❹ .plan-table .table thead th

ヘッダーのセルに、「 background-color: #fafafa;」で背景色を設定します。

❺ .plan-table .table thead th:first-child

「width: 300px;」で、ヘッダーの1番目のセルの横幅を設定します。1番目のセルの上と左には線を引かないので、「border-top: none;」と「border-left: none;」で上と左の線を消します。

❻ .plan-table .table thead th:nth-child(n+2)

ヘッダーの2番目以降のセルの横幅を「width: 200px;」に設定します。

❼ .plan-table .table tbody th

ボディの見出しに「background-color: #fafafa;」で背景を設定します。

❽ .plan-table .table tbody td .title
　.plan-table .table tbody td .price
　.plan-table .table tbody td .tax

料金のセル内のspanタグに対して、それぞれフォントサイズ等の設定を行います。

OnePoint **overflow プロパティについて**

overflow プロパティは、ボックスに入りきらない内容の表示方法を指定するためのプロパティです。

visible（初期値）	ボックスからはみ出して表示されます。
hidden	ボックスに入りきらない内容は表示されません。
scroll	ボックスに入りきらない内容はスクロールで表示されます。ボックスに入りきるかどうかに関わらず、常にスクロールバーが表示されます。
auto	ボックスに入りきらない内容はスクロールで表示されます。通常はスクロールバーは表示されず、ボックスに入りきらない場合だけ表示されます（ブラウザに依存します）。

レスポンシブ対応

レスポンシブ用のCSSを設定します。スマートフォンの表示に合わせて、セルの横幅、余白、フォントサイズを調整して表のサイズを全体的に小さくします。

price.css

```css
@media screen and (max-width: 767px) {
  .plan-table {
    margin-bottom: 40px;
  }
  .plan-table .table {
    width: 600px;
  }
  .plan-table .table th,
  .plan-table .table td {
    font-size: 14px;
    padding: 10px;
  }
  .plan-table .table thead th:first-child {
    width: 150px;
  }
  .plan-table .table thead th:nth-child(n+2) {
    width: 150px;
  }
  .plan-table .table tbody td {
    font-size: 14px;
  }
  .plan-table .table tbody td .price {
    font-size: 18px;
  }
}
```

以上で、料金ページのHTML、CSSのコーディングは完了です。

SECTION
3-22 | お問い合わせページの枠組みを作ろう

レイアウト構成の確認

お問い合わせページ全体の枠組みを作成します。ヘッダー、フッターは、全ページ共通のパーツとなります。また、ページヘッダーとページヘッダー下のテキストは下層ページ共通のレイアウトとなります。お問い合わせ用のフォームは、今回は送信機能をつけずにHTMLとCSSのコーディングだけを行います（メール送信を行うにはプログラムの実装とメールサーバーが必要になります）。
お問い合わせページ全体のレイアウト構成は、以下の通りです。mainの上部には下層ページ共通のページヘッダー、ヘッダー下テキストが入り、その下にお問い合わせ用のフォームが入ります。

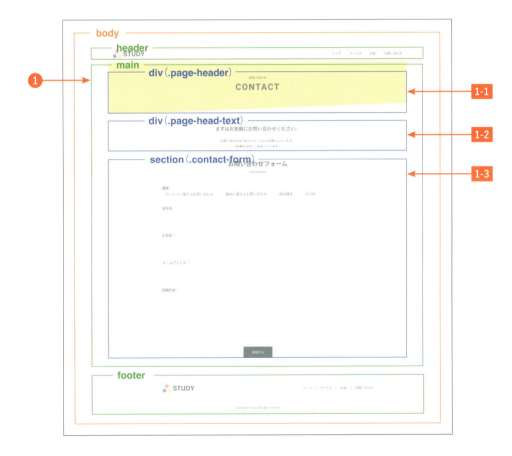

① main	コンテンツのメインエリア全体を囲みます。
1-1 div（.page-header）	ページのヘッダーエリア全体を囲みます。
1-2 div（.page-head-text）	ページヘッダー下のテキストエリアを囲みます。
1-3 section（.contact-form）	フォーム全体をsectionタグで囲みます。

HTMLのコーディング

全体の枠組みとhead部分のコーディングを行っていきましょう。サービスページと同じく、「タイトル」「ディスクリプション」「読み込みCSS」だけ、お問い合わせページ用に書き換えます。お問い合わせページは「contact.html」にコーディングしていきます。

```
contact.html

<!DOCTYPE html>
<html lang="ja">
  <head>
    <meta charset="utf-8">
    <title>お問い合わせ | STUDY</title>
    <meta name="description" content="当サービスに関するお問い合わせは、お問い合わせ
    フォームよりお願いいたします。">
    <meta name="viewport" content="width=device-width, initial-scale=1">
    <link rel="icon" href="img/common/favicon.ico">
    <link rel="apple-touch-icon" href="img/common/apple-touch-icon.png">
    <link rel="preconnect" href="https://fonts.googleapis.com">
    <link rel="preconnect" href="https://fonts.gstatic.com" crossorigin>
    <link href="https://fonts.googleapis.com/css2?family=Noto+Sans+JP:wght@400;500
    ;700&family=Roboto:wght@400;700&display=swap" rel="stylesheet">
    <link rel="stylesheet" href="https://unpkg.com/ress/dist/ress.min.css">
    <link rel="stylesheet" href="css/style.css">
    <link rel="stylesheet" href="css/contact.css">
    <script src="https://ajax.googleapis.com/ajax/libs/jquery/3.7.1/jquery.min.
    js"></script>
    <script src="js/main.js"></script>
  </head>

  <body>
  </body>
</html>
```

CSSのコーディング

全体のCSSはすでにトップページでコーディング済みのため、下層ページでのコーディングは不要です。

以上で、お問い合わせページ全体のHTML、CSSのコーディングは完了です。

SECTION 3-23 | 共通パーツ（ヘッダー、フッター）を作ろう

レイアウト構成の確認

サイト全体の共通パーツであるヘッダーとフッターのコーディングを行っていきます。ヘッダーのレイアウト構成についてはP.123、フッターのレイアウト構成についてはP.161を参照してください。

HTMLのコーディング

HTMLのコーディングを行っていきましょう。「ヘッダー」「フッター」のコードを記述します。サービスページで作った<header>、<footer>のコードを「contact.html」に追記します。

```
contact.html

<header id="header">
中略
</header>


<main>
</main>


<footer id="footer">
中略
</footer>
```

CSSのコーディング

共通パーツのCSSはすでにトップページでコーディング済みのため、下層ページでのコーディングは不要です。

以上で、共通パーツ（ヘッダー、フッター）のHTML、CSSのコーディングは完了です。

SECTION
3-24 | ページヘッダーとページヘッダー下テキストを作ろう

レイアウト構成の確認

下層ページ共通のページヘッダーと、ページヘッダー下テキストのコーディングを行っていきます。ページヘッダーのレイアウト構成については P.170、ページヘッダー下テキストのレイアウト構成については P.173 を参照してください。

HTMLのコーディング

HTMLのコーディングを行っていきましょう。「ページヘッダー」と「ページヘッダー下テキスト」のコードを記述します。コードはサービスページで作った内容と同じになりますが、中のテキストはお問い合わせページの内容に書き換えます。

```
contact.html

<div class="page-header">
  <h1 class="page-title">
    <span class="ja">お問い合わせ</span>
    <span class="en">CONTACT</span>
  </h1>
</div>


<div class="page-head-text wrapper">
  <p class="title">まずはお気軽に<br class="sp">お問い合わせください。</p>
  <p class="text">お問い合わせは下記のフォームからお願いいたします。<br>3営業日以内に
  ご返信いたします。</p>
</div>
```

CSSのコーディング

CSSはサービスページで作ったものと同じものを使用するため、コーディングは不要です。

以上で、ページヘッダーとページヘッダー下テキストのHTML、CSSのコーディングは完了です。

SECTION
3-25 | フォームを作ろう

レイアウト構成の確認

お問い合わせページのお問い合わせ用フォームを作成します。今回は送信機能はつけずに、HTMLとCSSのコーディングだけを行います。

フォームのレイアウト構成は、以下の通りです。全体をsectionタグで囲み、お問い合わせフォームはformタグを使ってコーディングします。中の項目はdl、dt、ddタグで記述します。

HTMLのコーディング

HTMLのコーディングを行っていきましょう。エリア全体をsectionタグで囲みます。フォームはformタグ、中の項目はdl、dt、ddタグで記述します。さらにdtタグの中のラベルをlabelタグ、ddタグの中の入力欄をinputタグでコーディングします。

contact.html

```
<section class="contact-form wrapper"> ❶
  <h2 class="section-title">お問い合わせフォーム</h2>
  <form action="" method="post"> ❷
    <dl> ❸
      <dt>種類<span class="require">*</span></dt>
```

```html
        <dd class="radio-group">
          <div class="item-group">
            <input type="radio" id="service" name="kind" value="サービスに関するお問い
            合わせ"> 5
            <label for="service">サービスに関するお問い合わせ</label> 4
          </div>
          <div class="item-group">
            <input type="radio" id="interview" name="kind" value="取材に関するお問い
            合わせ"> 5
            <label for="interview">取材に関するお問い合わせ</label> 4
          </div>
          <div class="item-group">
            <input type="radio" id="document" name="kind" value="資料請求"> 5
            <label for="document">資料請求</label> 4
          </div>
          <div class="item-group">
            <input type="radio" id="other" name="kind" value="その他"> 5
            <label for="other">その他</label> 4
          </div>
        </dd>
        <dt><label for="company">会社名</label></dt> 4
        <dd><input id="company" type="text" name="company"></dd> 5
        <dt><label for="name">お名前</label><span class="require">*</span></dt> 4
        <dd><input id="name" type="text" name="name"></dd> 5
        <dt><label for="email">メールアドレス</label><span class="require">*</span></
        dt> 4
        <dd><input id="email" type="email" name="email"></dd> 5
        <dt><label for="message">詳細内容</label><span class="require">*</span></dt> 4
        <dd><textarea id="message" name="message"></textarea></dd> 5
      </dl>
      <div class="btn"><input type="submit" value="送信する"></div> 6
    </form>
  </section>
```

❶ contact-form

フォーム全体を、sectionタグで囲みます。横幅を設定するため、共通の「wrapper」クラスを指定します。

❷ form

フォーム全体をformタグで囲みます。「action」属性には、送信先のURLを記述します（今回は送信機能を実装しないので空にしています）。「method」属性には、「post」を設定します。

❸ dl、dt、dd

フォームのラベルと入力欄を囲みます。dl、dt、ddタグの使用は必須ではないですが、ラベルと入力欄をタグで囲むことでレイアウトの調整がしやすくなるので、今回はdl、dt、ddタグを使ってコーディングしていきます。

❹ label

項目のラベル部分は、「label」タグを使って記述します。labelタグのfor属性とinputタグのid属性に同じ名前を設定することで、ラベルをクリックした際に対象の入力欄にカーソルをフォーカスさせることができます。

例）ラベル「会社名」をクリックすると、会社名の入力欄にフォーカスする。

❺ 入力欄（input、textarea）

入力欄は、inputタグとtextareaタグを使って記述します。inputとtextareaについては、以下の「フォームの入力欄について」で詳しく解説しています。

❻ 送信ボタン

CSSで中央に配置するため、全体をdivタグで囲みます。送信ボタンはinputタグで記述し、typeに「submit」を設定します。

OnePoint フォームの入力欄について

フォームの入力欄は、入力する内容に応じて様々なものが用意されています。ここではよく使用する入力欄についてご紹介します。

inputタグ

● **1行のテキスト**

1行のテキストの入力欄です。

```
<input type="text">
```

● **メールアドレス**

メールアドレスの入力欄です。ブラウザでかんたんなメールアドレスチェックを行ってくれます。

```
<input type="email">
```

● **チェックボックス**

チェックボックスの入力欄です。

```
<input type="checkbox">
```

● **非表示**

非表示のデータを送信するための入力欄です。

```
<input type="hidden">
```

● 電話番号

電話番号の入力欄です。

```
<input type="tel">
```

● ラジオボタン

ラジオボタンの入力欄です。

```
<input type="radio">
```

textarea タグ

● 複数行のテキスト

複数行のテキストの入力欄です。

```
<textarea></textarea>
```

● ファイルアップロード

ファイルをアップロードするための入力欄です。

```
<input type="file">
```

● 送信ボタン

フォームで入力された内容を送信するためのボタンです。

```
<input type="submit">
```

select タグ

● セレクトボックス

セレクトボックスの入力欄です。<option> を追加することで中のメニューを増やすことができます。

```
<select>
  <option></option>
</select>
```

CSS のコーディング

CSSのコーディングを行っていきましょう。お問い合わせページ個別のレイアウトになるので、「contact.css」に記述していきます。

---

contact.css

```css
@charset "UTF-8";

.contact-form {
  margin-bottom: 80px;
}
.contact-form dt {
  font-weight: 500;
  margin-bottom: 10px;
}
.contact-form dt .require {
  color: #e52d27;
  margin-left: 5px;
}
.contact-form dd {
```

```
    margin-bottom: 40px;
  }
  .contact-form dd input[type="text"], ❶
  .contact-form dd input[type="email"] { ❶
    width: 100%;
    border: solid 1px #ccc;
    padding: 15px 10px;
  }
  .contact-form dd textarea { ❶
    width: 100%;
    height: 200px;
    border: solid 1px #ccc;
    padding: 15px 10px;
  }
  .contact-form .radio-group { ❷
    display: flex;
    align-items: center;
  }
  .contact-form .radio-group .item-group {
    margin-right: 40px;
  }
  .contact-form .btn {
    text-align: center;
  }
  .contact-form .btn input { ❸
    background-color: #000;
    color: #fff;
    font-size: 14px;
    padding: 15px 50px;
  }
```

❶ **.contact-form dd input[type="text"]**
   .contact-form dd input[type="email"]
   .contact-form dd textarea

テキストとメールアドレスの入力欄とテキストエリアを、「width: 100%;」で全幅に設定します。また、「border: solid 1px #ccc;」で枠線を、「padding: 15px 10px;」で入力欄内に余白を設定します。

❷ **.contact-form .radio-group**

ラジオボタン全体を囲むdivタグに対してFlexboxを設定して、横並びにします。

❸ .contact-form .btn input

送信ボタンは背景を黒、テキストを白に設定し、「padding: 15px 50px;」でボタンのサイズを調整します。

レスポンシブ対応

レスポンシブ用のCSSを設定します。スマートフォン表示の場合は、ラジオボタンを縦に並べます。

```
contact.css

@media screen and (max-width: 767px) {
  .contact-form {
    margin-bottom: 40px;
  }
  .contact-form dd {
    margin-bottom: 25px;
  }
  .contact-form .radio-group {
    flex-direction: column;
    align-items: flex-start;
    margin: 0 0 10px;
  }
  .contact-form .radio-group .item-group {
    margin: 0 0 15px;
  }
}
```

以上で、サービスサイトのコーディングはすべて完了です。

カフェサイトを作ろう

難易度

少し複雑なHTML&CSS&JavaScript（jQuery）を
使用した複数レイアウトの練習サイト

> 少し複雑なHTML&CSS&JavaScript（jQuery）を使用した、複数レイアウトのWebサイトを作ってみましょう。この章では主に、シングルカラム、2カラム、タイル型、ブロークングリッド等、様々なレイアウトの作り方について学びます。

SECTION
4-1 | 完成イメージの確認

完成サイトのイメージ

この章で作成するサンプルサイトの完成イメージは、以下の通りです。「トップ」「コンセプト」「ブログ一覧」「ブログ詳細」の4種類で構成されるサイトです。今回も、スマートフォン表示のメニューはjQueryを使ったハンバーガーメニューを作成していきます。

▶ トップページ（PC）

■ トップページ（モバイル）

■ コンセプトページ（PC）

■ コンセプトページ（モバイル）

CONCEPT
私たちの想い

毎日の暮らしを豊かにする一杯をお届けしたい。
COFFEE&CAKEはそんな想いから生まれたお店です。

私たちが使用するコーヒー豆は、スペシャルティグレードと呼ばれる品質の高いコーヒー豆です。

自分たちの手で焙煎を行うことで、コーヒー豆本来の素材を活かした、最高の一杯をご提供いたします。

毎日お店で作る自家製のフレッシュなケーキも提供しています。

コーヒーと共にゆっくりとした一時をお過ごしください。

お店の情報 ACCESS

Google Map

営業時間
AM10:00 - PM:18:00（定休日：月曜日）

住所
東京都〇〇〇〇〇〇〇〇〇〇〇〇

アクセス
〇〇駅より徒歩5分

Tel
03-XXXX-XXXX

Mail
info@xxxxxxxxxx.xxx

COFFEE & CAKE

トップ　コンセプト　メニュー　ブログ　アクセス
Instagram　Facebook

Copyright ◎ COFFEE & CAKE All rights reserved.

■ ブログ一覧ページ（PC）

■ブログ一覧ページ(モバイル)

2024.1.1
モーニングを始めました！

2024.1.1
【イベント】来週からCOFFEE TIMEを開催します。

2024.1.1
私たちが使用しているコーヒー豆のお話し。

2024.1.1
【営業時間変更のご案内】1月から営業時間が変更になります。

2024.1.1
【イベント】コーヒーフェスティバルに参加します。

2024.1.1
新しいエスプレッソマシンを導入しました。

2024.1.1
テイクアウトやってます。

2024.1.1
オンラインストアに新登場！

2024.1.1
新しいメニューを追加しました。

2024.1.1
【イベント】コーヒーイベント開催のお知らせ

■ ブログ詳細ページ（PC）

■ブログ詳細ページ（モバイル）

2024.1.1　お知らせ

モーニングを始めました！

本日からモーニングをスタートしました。
美味しいコーヒーとパンで素敵な1日をスタートしませんか？

コーヒーとパンは以下からお選びいただけます。

＜コーヒー＞

・本日のコーヒー
・カフェラテ
・カプチーノ
・エスプレッソ

＜パン＞

・クロワッサン
・トースト
・ロールパン

スタッフ一同、お待ちしています！

■ハンバーガーメニュー

実際の完成サイトは、以下のURL内の各章のリンクからご確認いただけます。

完成サイトURL　https://code-jump.com/book-html-css/

SECTION

4-2 ｜ コーディングポイントの確認

コーディングポイント

作成するサンプルサイトのコーディングポイントは、下記の通りです。

☑ 複数レイアウトのサイト制作

複数レイアウト（シングルカラム、2カラム、タイル型、ブロークングリッド）の制作について解説します。

☑ グローバルナビゲーションのサイド配置

グローバルナビゲーションをサイドに配置する方法について解説します。

☑ 縦書き

テキストを縦書きにする方法について解説します。

☑ CSS Grid Layout（グリッドレイアウト）

CSSのgridを使ってコンテンツを配置する方法について解説します。

☑ Googleマップの埋め込み

Googleマップを埋め込む方法について解説します。

☑ YouTubeの埋め込み

YouTubeを埋め込む方法について解説します。

SECTION
4-3 ｜ コーディングの準備をしよう

コーディング準備

コーディングを始めるための準備を行っていきましょう。

☑ ダウンロード

本章のデザインデータ、素材、完成サイトのソースコードは、P.8を参考にダウンロードしてください。

☑ デザインデータを確認する

「design」フォルダの中のデザインデータを確認しましょう。

☑ 素材を確認する

「img」フォルダの中にある素材を確認しましょう。

☑ 完成サイト

完成サイトのソースコードは「src」フォルダの中にあるデータから確認できます。

☑ フォルダとファイルを作成する

サンプルサイトを作るための、フォルダとファイルを準備します。

❶ 作業用フォルダ	作業用フォルダとして、「coffee_cake」という名前のフォルダを作成します。
❷ HTMLファイル	「coffee_cake」フォルダの中に、それぞれのページのファイルを下記の名前で作成します。 index.html（トップページ） concept.html（コンセプトページ） blog.html（ブログ一覧ページ） blog1.html（ブログ詳細ページ）
❸ CSSファイル	「coffee_cake」フォルダの中に「css」という名前のフォルダを作成し、それぞれページごとに下記の名前でCSSファイルを作成します。 style.css（ヘッダー、フッター、その他共通の定義を記述するための共通ファイル。全ページで使用） top.css（トップページで使用） concept.css（コンセプトページで使用） blog.css（ブログ一覧とブログ詳細ページで使用）
❹ JavaScriptファイル	「coffee_cake」フォルダの中に「js」という名前のフォルダを作成し、その中に任意の名前（今回は「main.js」）で作成します。ハンバーガーメニューの動作で使用します。

第4章 カフェサイトを作ろう ★★★★☆☆

上級編

少し複雑なHTML&CSS&JavaScript（jQuery）を使用した複数レイアウトの練習サイト

❺ 画像フォルダ 　「coffee_cake」フォルダの中に「img」という名前のフォルダを作成し、ダウンロードした「img」フォルダの中の画像をまとめて入れます。

フォルダ構成は、下記の通りです。

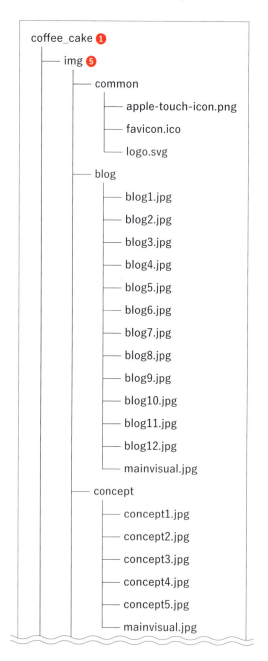

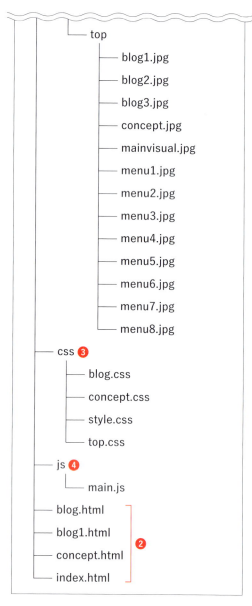

SECTION
4-4 | トップページの枠組みを作ろう

レイアウト構成の確認

トップページ全体の枠組みを作成します。ここでの学習の目的は、サイドナビゲーションとCSSグリッドの実装、テキストの縦書きとGoogleマップの埋め込み方法について学ぶことです。各ページ共通で使用するヘッダーとフッターは、トップページを作成するタイミングで一緒に作っていきます。

トップページ全体のレイアウト構成は、以下の通りです。大きく分けると、header-area、main、footerの3つのブロックで構成されます。今回はグローバルナビゲーションがサイドに配置され、headerとメインビジュアルが横並びになるので、headerとメインビジュアル全体をdivタグで囲みheader-areaとしています。

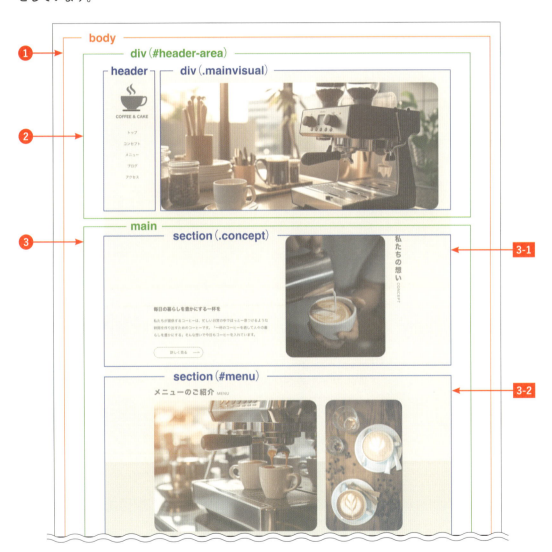

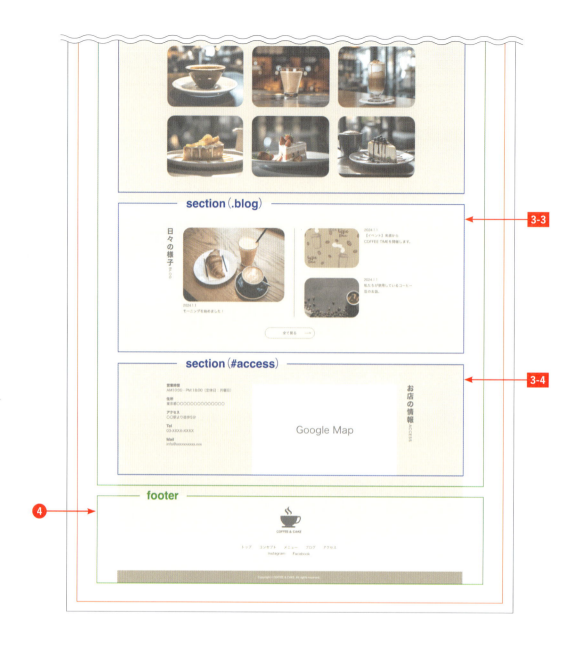

❶ body	Webサイトのヘッダー、フッター含むコンテンツ全体を囲みます。
❷ header-area	ロゴとグローバルナビゲーションをheaderタグで囲み、さらにヘッダーとメインビジュアルをdivタグで囲みます。
❸ main	コンテンツのメインエリア全体を囲みます。
3-1 section（.concept）	「コンセプト」エリア全体をsectionタグで囲みます。
3-2 section（#menu）	「メニュー」エリア全体をsectionタグで囲みます。
3-3 section（.blog）	「ブログ」エリア全体をsectionタグで囲みます。

3-4 section（#access）	「アクセス」エリア全体をsectionタグで囲みます。
4 footer	フッターを囲みます。

HTMLのコーディング

全体の枠組みとhead部分のコーディングを行っていきましょう。今回も、JavaScriptとjQueryの関連ファイルを読み込みます。その他、基本的な記述については3章までと同様です。

index.html

```html
<!DOCTYPE html>
<html lang="ja">
  <head>
    <meta charset="utf-8">
    <title>COFFEE & CAKE</title>
    <meta name="description" content="COFFEE & CAKEが提供するコーヒーは、忙しい日常の中でほっと一息つけるような時間を作り出すためのコーヒーです。「一杯のコーヒーを通して人々の暮らしを豊かにする」そんな想いで今日もコーヒーを入れています。">
    <meta name="viewport" content="width=device-width, initial-scale=1">
    <link rel="icon" href="img/common/favicon.ico">
    <link rel="apple-touch-icon" href="img/common/apple-touch-icon.png">
    <link rel="stylesheet" href="https://unpkg.com/ress/dist/ress.min.css">
    <link rel="stylesheet" href="css/style.css">
    <link rel="stylesheet" href="css/top.css">
    <script src="https://ajax.googleapis.com/ajax/libs/jquery/3.7.1/jquery.min.js"></script>
    <script src="js/main.js"></script>
  </head>

  <body>
  </body>
</html>
```

ここでは、解説の必要な新しい書き方はありません。

CSSのコーディング

CSSのコーディングを行っていきましょう。まずは、「style.css」に共通部分の定義を記述していきます。基本的な内容については3章までと同じですが、今回はGoogleマップとYouTubeの埋め込みを行うためiframeの記述を追加します。

```css
style.css

@charset "UTF-8";

html {
  font-size: 100%;
}
body {    ①
  background-color: #f2ece1;
  color: #333;
  font-family: 'Meiryo', 'Hiragino Sans', sans-serif;
}
img {
  max-width: 100%;
  vertical-align: bottom;
}
li {
  list-style: none;
}
a {
  color: #333;
  text-decoration: none;
}
a:hover {
  opacity: 0.7;
}
iframe {    ②
  vertical-align: bottom;
}


/*-------------------------------------------
スマートフォン
-------------------------------------------*/

@media screen and (max-width: 767px) {    ③
```

```
}
```

❶ body

font-familyにWindows用のフォントとして「Meiryo」、Mac用のフォントとして「Hiragino Sans」を設定します。

❷ iframe

GoogleマップとYouTubeの埋め込み時に要素の下側にできる隙間を消すため「vertical-align: bottom」を設定します。iframeの詳細については、「iframeとは」で解説しています。

❸ ブレイクポイント

メディアクエリに、「@media screen and (max-width: 767px)」を指定します。

以上で、全体のHTML、CSSのコーディングは完了です。

OnePoint **iframeとは**

iframeを使用することで、ページ内に他のページや動画などのコンテンツを表示することができます。例として、下記のようなコンテンツをページ内に埋め込む際に使用されています。

- YouTube
- Googleマップ
- SNS
- WEB広告

● 記述例

```
<iframe src="他のページ" width="幅" height="高さ"></iframe>
```

HTMLのiframeタグを用いて記述します。「width」と「height」は、CSSでの設定も可能です。

SECTION
4-5 ヘッダーエリアを作ろう

レイアウト構成の確認

トップページのヘッダーエリアを作成します。今回はグローバルナビゲーションをサイドに配置するため、ヘッダーとメインビジュアルを横並びにします。
ヘッダーエリアのレイアウト構成は、以下の通りです。全体をdivタグで囲み、さらにヘッダーをheaderタグ、メインビジュアルをdivタグで囲みます。ヘッダー内のロゴはh1タグ、グローバルナビゲーションはnavタグで囲みます。

❶ ロゴ	h1タグで囲みます。
❷ グローバルナビゲーション	全体をnavタグで囲み、メニュー部分はul、liタグを使って記述します。

HTMLのコーディング

HTMLのコーディングを行っていきましょう。エリア全体をdivタグで囲みます。ヘッダー全体をheaderタグで囲み、中のロゴをh1タグ、グローバルナビゲーションをnavタグで囲みます。スマートフォン用のハンバーガーメニューのボタンも、ヘッダーの中に入れます。メインビジュアルはdivタグで囲みます。

```
index.html

<div id="header-area">
  <header class="header">
    <h1 class="logo">
      <a href="index.html">
        <img src="img/common/logo.svg" alt="COFFEE & CAKE">
      </a>
    </h1>
    <div class="hamburger">
      <span></span>
      <span></span>          ❶
      <span></span>
    </div>
    <nav class="navi">
      <ul class="menu">
        <li><a href="index.html">トップ</a></li>
        <li><a href="concept.html">コンセプト</a></li>
        <li><a href="#menu">メニュー</a></li>
        <li><a href="blog.html">ブログ</a></li>
        <li><a href="#access">アクセス</a></li>
      </ul>
    </nav>
  </header>
  <div class="mainvisual">
    <img src="img/top/mainvisual.jpg" alt="">
  </div>
</div>
```

❶ hamburger

スマートフォン用のハンバーガーメニューのボタンです。全体をdivタグで囲み、中に3本の横ライン
を作るためのspanタグを記述します。

CSSのコーディング

CSSのコーディングを行っていきましょう。ヘッダーは全ページ共通で使用するパーツになるため、
共通ファイルである「style.css」に追記していきます。ヘッダーとメインビジュアルを、Flexboxで横
並びに配置します。

style.css

```
#header-area {  1
  display: flex;
  padding: 50px;
  margin-bottom: 50px;
}

/* ヘッダー */
#header-area .header {
  max-width: 130px;
}
#header-area .header .logo {
  margin-bottom: 50px;
}
#header-area .header .logo a {
  display: block;
}
#header-area .header .navi .menu {
  text-align: center;
}
#header-area .header .navi .menu li {
  font-size: 14px;
  margin-bottom: 30px;
}

/* メインビジュアル */
#header-area .mainvisual {  2
  width: 100%;
  margin-left: 50px;
  position: relative;
}
#header-area .mainvisual img {  3
  width: 100%;
  height: 500px;
  object-fit: cover;
  border-radius: 30px;
}
```

❶ **#header-area**
ヘッダーとメインビジュアルを「display: flex;」で横並びにします。

❷ **#header-area .mainvisual**
下層ページはメインビジュアルの左下にページタイトルを重ねるため、「position: relative;」を設定しておきます。

❸ **#header-area .mainvisual img**
メインビジュアルの高さを「height: 500px;」で固定して、はみ出た部分を「object-fit: cover;」でトリミングします。

レスポンシブ対応

ヘッダーエリアのレスポンシブ対応を行っていきましょう。ロゴとメインビジュアルを縦に並べ、右上にハンバーガーメニューを配置します。ハンバーガーメニューのコーディングは、次の「ハンバーガーメニューのコーディング」で行っていきます。

style.css

```css
@media screen and (max-width: 767px) {
  #header-area { ❶
    flex-direction: column;
    padding: 20px;
    margin-bottom: 40px;
  }
  #header-area .header {
    max-width: 100%;
    margin-bottom: 20px;
  }
  #header-area .header .logo {
    max-width: 80px;
    margin: 0 auto;
  }
  #header-area .mainvisual {
```

```
    margin-left: 0;
  }
  #header-area .mainvisual img {  ❷
    height: auto;
    object-fit: contain;
  }
}
```

❶ **#header-area**
「flex-direction: column;」で、ヘッダーとメインビジュアルを縦に並べます。

❷ **#header-area .mainvisual img**
「height: auto;」「object-fit: contain;」で、高さ固定とトリミングを解除します。

ハンバーガーメニューのコーディング

スマートフォン用のハンバーガーメニューをコーディングします。第3章ではスライドでメニューを表示するハンバーガーメニューを作成しましたが、今回はフェードで表示するハンバーガーメニューを作っていきます。また、今回はスクロール時にヘッダーを固定するのではなくハンバーガーメニューだけを固定させます。まずはハンバーガーメニューの完成イメージを確認しましょう。

● **メニューが閉じている状態**
メニューが閉じている時は、ヘッダーの右上に3本線のボタンを表示します。

● **メニューが開いている状態**
ボタンをクリックすると3本線が×に変わり、メニューがフェードで全体に表示されます。メニューの項目は縦に並べて表示します。

今回も、ハンバーガーメニューは下記の手順でコーディングしていきます。

1）ハンバーガーメニューのボタンを作成
2）ボタンを押した際に表示されるメニューを作成
3）ボタンを押した際の動作を作成（ボタンを×に変える。メニューをフェード表示させる）

それでは、順にコーディングしていきましょう。

1）ハンバーガーメニューのボタンを作成

htmlでコーディングしたdivタグと3本線のspanタグに対して、CSSを設定していきます。

```
style.css

@media screen and (max-width: 767px) {
  #header-area .header .hamburger { ❶
    width: 50px;
    height: 50px;
    background-color: #333;
    border-radius: 10px;
    cursor: pointer;
    position: fixed;
    top: 20px;
    right: 20px;
    z-index: 20;
  }
  #header-area .header .hamburger span {
    width: 30px;
    height: 2px;
    background-color: #fff;
    border-radius: 1px;
    display: inline-block;
    position: absolute;
    left: 10px;
    transition: all 0.4s;
  }
  #header-area .header .hamburger span:nth-of-type(1) {
    top: 16px;
  }
  #header-area .header .hamburger span:nth-of-type(2) {
```

```
        top: 25px;
    }
    #header-area .header .hamburger span:nth-of-type(3) {
        top: 34px;
    }
}
```

❶ #header-area .header .hamburger

「position: fixed;」「top: 20px;」「right: 20px;」で、ハンバーガーメニューを右上から20pxの位置に固定表示させます。また、「z-index: 20;」でスクロール時に最前面に表示されるようにします。

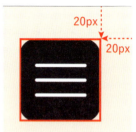

その他のコードについては、第3章の「ハンバーガーメニューのコーディング」で詳しく解説しています（P.126参照）。

2）ボタンを押した際に表示されるメニューを作成

PC表示用に設定したグローバルナビゲーションのCSSを、ハンバーガーメニュー用に変更します。

style.css

```
@media screen and (max-width: 767px) {
    #header-area .header .navi { ❶
        width: 100%;
        height: 100vh;
        background-color: #fff;
        position: fixed;
        top: 0;
        left: 0;
        z-index: 10;
        opacity: 0;
        visibility: hidden;
    }
    #header-area .header .navi .menu { ❷
        width: 100%;
        height: 100vh;
        padding: 80px 0;
        overflow: auto;
    }
```

}

❶ **#header-area .header .navi**

メニューは開いた時に全幅で表示するよう、横幅を「width: 100%;」に設定します。高さは画面下まで表示するため、「height: 100vh;」にします。

メニューはボタンが押されるまで画面上には表示させないため、「opacity: 0;」と「visibility: hidden;」で非表示にしておきます。「opacity: 0;」で要素を透明にしただけだと要素がクリックできてしまうため、「visibility: hidden;」を設定してクリックできないようにしています。

なお、同じく要素を非表示にするプロパティとして「display」がありますが、displayを使用するとtransitionが効かないため、opacityとvisibilityを使用して表示、非表示の制御を行います。要素を非表示にする方法については、以下の「要素を非表示にする方法」で詳しく解説しています。

❷ **#header-area .header .navi .menu**

詳細については、第3章の「②#header .navi .menu」で解説しています（P.129参照）。

OnePoint　要素を非表示にする方法

要素を非表示にするには、大きく分けて3通りの方法があります。それぞれ非表示になった時の状態が異なりますので、詳しく解説していきます。なお、領域が確保されている場合、要素は表示されていないだけでその場所に存在しています。そのため、marginやpaddingなどのプロパティは有効になります。

● **opacity: 0;**

要素が透明になるだけで領域は確保されたままになるので、クリックができます。

表示	非表示になる（透明になる）
領域	確保されたまま
クリック	できる

● **visibility: hidden;**

領域は確保されたままになりますが、クリックはできません。

表示	非表示になる
領域	確保されたまま
クリック	できない

● display: none;

領域は確保されず、クリックもできません。

表示	非表示になる
領域	確保されない
クリック	できない

3）ボタンを押した際の動作を作成

まずはボタンが押された状態を表すCSSを作成します。naviクラスに、「active」というクラス名がついたCSSを設定していきます。

```css
style.css

@media screen and (max-width: 767px) {
  #header-area .header .navi.active {  ❶
    opacity: 1;
    visibility: visible;
    transition: all 0.6s;
  }
}
```

❶ **#header-area .header .navi.active**

「opacity: 1;」「visibility: visible;」を設定して、メニューを表示します。

「transition: all 0.6s;」で、フェード表示する際の速度を設定します。

※PC表示からスマートフォン表示に切り替える際に一瞬メニューが表示されるのを防ぐために、「transition」プロパティはactiveクラスがついたCSSで設定します。

続いて、ボタンを×にするCSSです。

```css
style.css

@media screen and (max-width: 767px) {
  #header-area .header .hamburger.active span:nth-of-type(1) {
    top: 24px;
    transform: rotate(-45deg);
  }
  #header-area .header .hamburger.active span:nth-of-type(2) {
    opacity: 0;
```

```
  }
  #header-area .header .hamburger.active span:nth-of-type(3) {
    top: 24px;
    transform: rotate(45deg);
  }
}
```

1番目の横線を左方向に45度、2番目の横線を非表示、3番目の横線を右方向に45度方向けることで×を作ります。

■ Before　　■ After

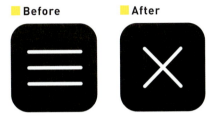

コードの詳細は、第3章の「ハンバーガーメニューのコーディング」で詳しく解説しています（P.126参照）。

```
main.js

$(function(){
  $(".hamburger").click(function () {
    $(this).toggleClass("active");
    $(".header .navi").toggleClass("active");
  });

  $(".navi a").click(function () {
    $(".hamburger").removeClass("active");
    $(".header .navi").removeClass("active");
  });
});
```

「hamburger」クラスをクリックした際に、「hamburger」クラスと「navi」クラスに「active」クラスの追加削除を行い、メニューの表示、非表示を切り替えます。また、「navi」クラス内のaタグをクリックした際に、「active」クラスを削除してメニューを非表示にします。コードの詳細は、第3章の「ハンバーガーメニューのコーディング」で詳しく解説しています（P.126参照）。

以上で、ヘッダーエリアのHTML、CSS、JavaScriptのコーディングは完了です。

SECTION 4-6 「コンセプト」を作ろう

レイアウト構成の確認

トップページの「コンセプト」を作成します。ここでの学習の目的は、縦書きのテキストの設定方法について学ぶことです。タイトル、画像、テキストを横並びに配置します。タイトルは、日本語と英語を縦書きで表示します。

「コンセプト」のレイアウト構成は、以下の通りです。全体をセクションタグで囲み、タイトルをh2タグ、画像とテキストをそれぞれdivタグで囲みます。

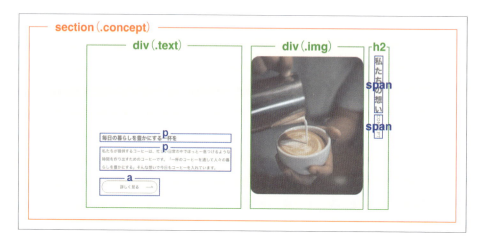

HTMLのコーディング

HTMLのコーディングを行っていきましょう。タイトルを含む1つのまとまったコンテンツとなるため、エリア全体をsectionタグで囲みます。また、コンテンツの横幅を設定するための共通クラスとして「wrapper」クラスを設定します。タイトルをh2タグ、画像とテキストをそれぞれdivタグで囲みます。

index.html

```html
<main>
  <section class="concept wrapper">
    <div class="text">
      <p class="title">毎日の暮らしを豊かにする一杯を</p>
      <p class="detail">私たちが提供するコーヒーは、忙しい日常の中でほっと一息つけるような時間を作り出すためのコーヒーです。「一杯のコーヒーを通して人々の暮らしを豊かにする」そんな想いで今日もコーヒーを入れています。</p>
```

```
      <a class="btn" href="concept.html">詳しく見る</a>
    </div>
    <div class="img">
      <img src="img/top/concept.jpg" alt="">
    </div>
    <h2 class="section-title-v">
      <span class="ja">私たちの想い</span>
      <span class="en">CONCEPT</span>          ❶
    </h2>
  </section>
</main>
```

❶ section-title-v（タイトル）

タイトル全体をh2タグで囲み、日本語と英語をそれぞれspanタグで囲みます。

CSSのコーディング

CSSのコーディングを行っていきましょう。横幅を設定するための「wrapper」クラスと縦書きのタイトル「section-title-v」クラス、ボタンを作るための「btn」クラスは全ページ共通で使用するため、「style.css」に追記します。その他についてはトップページ個別のレイアウトとなるため、「top.css」にコーディングしていきます。ボタンはマウスオーバー時に色を反転させます。

```
style.css

.wrapper { ❶
  max-width: 1040px;
  padding: 0 20px;
  margin: 0 auto;
}


.section-title-v { ❷
  letter-spacing: 0.1em;
  writing-mode: vertical-lr;
}
.section-title-v .ja {
  font-size: 28px;
  font-weight: bold;
  margin-bottom: 5px;
```

237

```css
}
.section-title-v .en {
  font-size: 14px;
  font-weight: normal;
}


.btn { ❸
  width: 100%;
  max-width: 200px;
  border: solid 1px #333;
  border-radius: 30px;
  display: block;
  font-size: 14px;
  padding: 10px 0;
  position: relative;
  text-align: center;
}
.btn::before { ❹
  content: "";
  width: 25px;
  height: 1px;
  background-color: #333;
  position: absolute;
  top: 20px;
  right: 15px;
}
.btn::after { ❺
  content: "";
  width: 8px;
  height: 1px;
  background-color: #333;
  position: absolute;
  top: 18px;
  right: 14px;
  transform: rotate(35deg);
}
.btn:hover { ❻
  background-color: #333;
  color: #fff;
}
```

```
  .btn:hover::before { ❼
    background-color: #fff;
  }
  .btn:hover::after { ❼
    background-color: #fff;
  }
```

❶ .wrapper
横幅と左右の余白を設定し、「margin: 0 auto;」で中央に配置します。

❷ .section-title-v（タイトル）
「writing-mode: vertical-lr;」で、縦書きで右から左に改行されるように設定します。縦書きについては、「テキストの縦書き」で詳しく解説しています（P.241参照）。

❸ .btn（ボタン）
ボタンの中の矢印を擬似要素で作りテキスト右側に配置するため、「position: absolute;」を設定して基準位置とします。

❹ .btn::before（ボタンの矢印横線）
「width: 25px;」「height: 1px;」で、長さ25px、太さ1pxの横線を引きます。「position: absolute;」「top: 20px;」「right: 15px;」でボタンの右側に配置します。

❺ .btn::after（ボタンの矢印斜め線）
「width: 8px;」「height: 1px;」で長さ8px、太さ1pxの横線を引き、「transform: rotate(35deg);」で35度傾けて斜めにします。「position: absolute;」「top: 18px;」「right: 14px;」で、beforeで作成した横線の右側に配置して矢印を作ります。

❻ .btn:hover（マウスオーバー時のボタン）
マウスオーバー時は、「background-color: #333;」「color: #fff;」でボタンの背景を黒、テキストを白に設定してカラーを反転させます。aタグに対して「opacity: 0.7」が設定されているため、実際はダークグレーになります。

❼ .btn:hover::before（マウスオーバー時のボタン矢印）
　　.btn:hover::after
「background-color: #fff;」で、矢印の色もテキストと同様に白に設定します。

top.css

```css
@charset "UTF-8";

.concept { ⑧
  display: flex;
  justify-content: flex-end;
  margin-bottom: 120px;
}
.concept .text { ⑨
  max-width: 460px;
  display: flex;
  flex-direction: column;
  justify-content: end;
  margin-right: auto;
}
.concept .text .title {
  font-size: 18px;
  font-weight: bold;
  margin-bottom: 30px;
}
.concept .text .detail {
  font-size: 14px;
  line-height: 2;
  margin-bottom: 40px;
  text-align: justify;
}
.concept .img { ⑩
  max-width: 400px;
  margin: 0 40px;
}
.concept .img img { ⑪
  border-radius: 30px;
}
```

⑧ .concept

「display: flex;」と「justify-content: flex-end;」で、タイトル、画像、テキストを右寄せで横並びにします。

❾ .concept .text

「max-width: 460px;」で、テキストの最大幅を設定します。また、「display: flex;」「flex-direction: column;」「justify-content: end;」で下揃えで配置します。「margin-right: auto;」で左寄せにします。

❿ .concept .img

「max-width: 400px;」で画像の最大幅を400pxに設定し、「margin: 0 40px;」で画像の両サイドに40pxの余白を設定します。

⓫ .concept .img img

「border-radius: 30px;」で画像を30pxの角丸にします。

OnePoint　テキストの縦書き

テキストを縦書きにする場合は、「writing-mode」プロパティを使用します。プロパティの各値は以下の通りです。

● horizontal-tb（初期値）

横書きで上から下に改行されます。「writing-mode」プロパティの初期値です。

● vertical-rl

縦書きで右から左に改行されます。

● vertical-lr

縦書きで左から右に改行されます。

レスポンシブ対応

レスポンシブ用のCSSを設定します。タイトルの向きを縦から横に変更し、画像とテキストを縦に並べて表示します。

style.css

```css
@media screen and (max-width: 767px) {
  .section-title-v { ❶
    margin-bottom: 20px;
    writing-mode: horizontal-tb;
  }
  .section-title-v .ja {
    font-size: 22px;
    margin-bottom: 0;
  }
```

```
  .section-title-v .en {
    font-size: 10px;
  }
}
```

top.css

```
@media screen and (max-width: 767px) {
  .concept { 2
    flex-direction: column-reverse;
    margin-bottom: 60px;
  }
  .concept .img {
    margin: 0 auto 40px;
  }
  .concept .btn { 3
    margin: 0 auto;
  }
}
```

❶ **.section-title-v**

「writing-mode: horizontal-tb;」で、タイトルを横向きにします。

❷ **.concept**

「flex-direction: column-reverse;」で、タイトル、画像、テキストの順に縦に並べます。

❸ **.concept .btn**

「margin: 0 auto;」でボタンを中央に配置します。

以上で、「コンセプト」のHTML、CSSのコーディングは完了です。

SECTION
4-7 | 「メニュー」を作ろう

レイアウト構成の確認

トップページの「メニュー」を作成します。ここでの学習の目的は、CSSのグリッドレイアウトについて学ぶことです。サイズの異なる画像を、CSSのグリッドレイアウトを使って並べていきましょう。「メニュー」のレイアウト構成は、以下の通りです。全体をsectionタグで囲み、タイトルをh2タグ、画像をリストタグ（ul、li）で記述していきます。

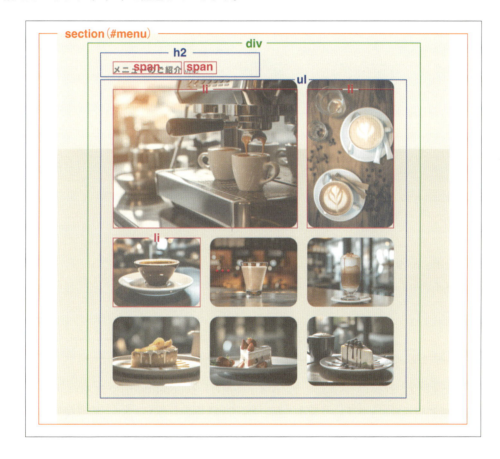

HTMLのコーディング

HTMLのコーディングを行っていきましょう。タイトルを含む1つのまとまったコンテンツとなるため、エリア全体をsectionタグで囲みます。さらに内側を「wrapper」クラスで囲み、中の画像はul、liタグで囲みます。

```
index.html

<section id="menu">
  <div class="wrapper">
    <h2 class="section-title-h">
      <span class="ja">メニューのご紹介</span>    ❶
      <span class="en">MENU</span>
    </h2>
    <ul class="menu-list">
      <li><img src="img/top/menu1.jpg" alt=""></li>
      <li><img src="img/top/menu2.jpg" alt=""></li>
      <li><img src="img/top/menu3.jpg" alt=""></li>
      <li><img src="img/top/menu4.jpg" alt=""></li>
      <li><img src="img/top/menu5.jpg" alt=""></li>
      <li><img src="img/top/menu6.jpg" alt=""></li>
      <li><img src="img/top/menu7.jpg" alt=""></li>
      <li><img src="img/top/menu8.jpg" alt=""></li>
    </ul>
  </div>
</section>
```

❶ section-title-h（タイトル）

横書き用のタイトルとして、「section-title-h」というクラス名で設定します。

CSSのコーディング

CSSのコーディングを行っていきましょう。タイトル用の「section-title-h」クラスは「style.css」に、その他は「top.css」に追記します。背景は、上と下とで色を変更します。サイズの異なる画像のリストは、CSSのGrid Layout（グリッドレイアウト）を使ってコーディングしていきます。

```
style.css

.section-title-h {
  letter-spacing: 0.1em;
}
.section-title-h .ja {
  font-size: 28px;
  font-weight: bold;
```

```
    margin-bottom: 5px;
}

.section-title-h .en {
    font-size: 14px;
    font-weight: normal;
}
```

---

top.css

```
#menu { 1
    background: linear-gradient(#f2ece1 25%, #e9e1d1 25%);
    padding-bottom: 100px;
    margin-bottom: 100px;
}
#menu .section-title-h {
    margin-bottom: 20px;
}
#menu .menu-list { 2
    display: grid;
    grid-template-columns: repeat(3, 1fr);
    gap: 35px;
}
#menu .menu-list li img {
    border-radius: 30px;
}
#menu .menu-list li:first-child { 3
    grid-column: 1 / 3;
    grid-row: 1 / 3;
}
#menu .menu-list li:nth-child(2) { 4
    grid-column: 3 / 4;
    grid-row: 1 / 3;
}
```

❶ **#menu**

「background: linear-gradient(#f2ece1 25%, #e9e1d1 25%);」で、上から25％までの位置の背景に「#f2ece1」を、25％から下までの背景に「#e9e1d1」を設定します。linear-gradientについては、「linear-gradientについて」で詳しく解説しています（P.247参照）。

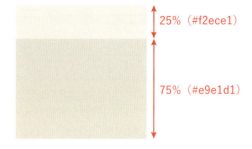

❷ **#menu .menu-list**（画像リスト）

「display: grid;」を設定して、サイズの異なる画像をグリッドレイアウトを使って並べます。「grid-template-columns: repeat(3, 1fr);」で画像を3列に配置し、「gap: 35px;」で画像間の余白を35pxに設定します。グリッドレイアウトについては、「グリッドレイアウトについて」で詳しく解説しています（P.247参照）。

❸ **#menu .menu-list li:first-child**（1枚目の画像）

1枚目の画像は「grid-column: 1 / 3;」で2列目まで、「grid-row: 1 / 3;」で2行目までの範囲を使って表示します。

❹ **#menu .menu-list li:nth-child(2)**（2枚目の画像）

2枚目の画像は「grid-column: 3 / 4;」で3列目、「grid-row: 1 / 3;」で2行目までの範囲を使って表示します。

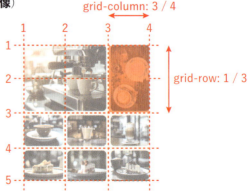

OnePoint　linear-gradientについて

CSSでグラデーションや色の切り替えを行う場合は、backgroundプロパティの「linear-gradient」が便利です。ここでは「linear-gradient」のよく使う使い方について解説します。

●上から下に向かって色を切り替える

> 例　background: linear-gradient(yellow 40%, red 40%);
> 　　上から40%の位置までがyellow、40%から下までがred

●上から下に向かってグラデーション

> 例　background: linear-gradient(to bottom, yellow 10%, red 70%, blue);
> 　　上から10%の位置までがyellow、10%から70%の位置までがred、70%から下までがblue

「to bottom」の値を変更すると、いろいろな方向のグラデーションを作ることができます。

```
to right：右へ
to left：左へ
to top：上へ
to bottom right：右下へ
30deg：30度右上へ
```

CSSのグラデーションには、linear-gradient（線形グラデーション）の他にもradial-gradient（円形グラデーション）やconic-gradient（扇形グラデーション）など、様々なものが用意されています。

OnePoint　グリッドレイアウトについて

グリッドレイアウトとは、格子状のマス目を使ってレイアウトを組み立てていく手法のことを言います。

●グリッドレイアウトの基本

グリッドレイアウトの外枠をグリッドコンテナー、中の要素をグリッドアイテムと呼びます。

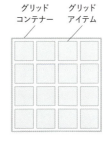

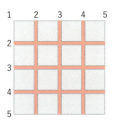

グリッドレイアウトを組み立てる際は、水平方向と垂直方向のラインに1から順番に番号を振り、この番号を指定してグリッドアイテムの配置場所を設定していきます。また、このアイテムとアイテムの間の余白をgapと呼びます。

列の設定：grid-template-columns プロパティ

各列に対して、個別の幅を設定するか、均等な幅を設定します。

[個別の幅を設定]

```
grid-template-columns: 600px 400px 240px;
```

[均等な幅を設定]

```
grid-template-columns: 1fr 1fr 1fr 1fr;
または
grid-template-columns: repeat(4, 1fr);
```

行の設定：grid-template-rows プロパティ

各行に対して、個別の幅を設定するか、均等な幅を設定します。

[個別の幅を設定]

```
grid-template-rows: 600px 400px 240px;
```

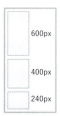

[均等な幅を設定]

```
grid-template-rows: 1fr 1fr 1fr 1fr;
または
grid-template-rows: repeat(4, 1fr);
```

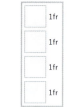

● グリッドレイアウトの例

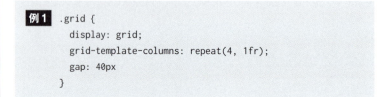

例1
```
.grid {
    display: grid;
    grid-template-columns: repeat(4, 1fr);
    gap: 40px
}
```

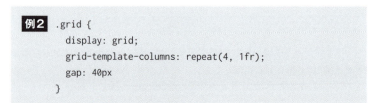

例2
```
.grid {
    display: grid;
    grid-template-columns: repeat(4, 1fr);
    gap: 40px
}
```

```
      .item:nth-child(1) {
        grid-column: 1 / 3;
        grid-row: 1 / 3;
      }
```

例3
```
    .grid {
      display: grid;
      grid-template-columns: repeat(4, 1fr);
      gap: 40px
    }
      .item:nth-child(2) {
        grid-column: 2 / 3;
        grid-row: 1 / 3;
      }
      .item:nth-child(6) {
        grid-column: 3 / 5;
        grid-row: 2 / 3;
      }
      .item:nth-child(8) {
        grid-column: 2 / 5;
        grid-row: 3 / 5;
      }
```

レスポンシブ対応

レスポンシブ用のCSSを設定します。タイトルのサイズを調整して、画像を2列に並べます。

style.css
```
@media screen and (max-width: 767px) {
  .section-title-h .ja {
    font-size: 22px;
    margin-bottom: 0;
  }
  .section-title-h .en {
    font-size: 10px;
  }
}
```

```
top.css

@media screen and (max-width: 767px) {
  #menu {
    padding-bottom: 60px;
    margin-bottom: 60px;
  }
  #menu .menu-list { ❶
    grid-template-columns: repeat(2, 1fr);
    gap: 20px;
  }
  #menu .menu-list li:nth-child(2) { ❷
    grid-column: auto;
    grid-row: 3 / 5;
  }
}
```

❶ #menu .menu-list

「grid-template-columns: repeat(2, 1fr);」で、画像の列を2列に設定します。また、「gap: 20px;」で画像間の余白を20pxに設定します。

❷ #menu .menu-list li:nth-child(2)（2枚目の画像）

「grid-column: auto;」で列の位置をリセットして、所定の位置に配置されるようにします。また「grid-row: 3 / 5;」で、2行目と3行目の2行を使って表示します。

以上で、「メニュー」のHTML、CSSのコーディングは完了です。

SECTION 4-8 │「ブログ」を作ろう

レイアウト構成の確認

トップページの「ブログ」を作成します。左側に縦書きのタイトル、右側にブログ記事を3件表示します。記事の下には、ブログ一覧ページへ遷移するためのボタンを配置します。
「ブログ」のレイアウト構成は、以下の通りです。全体をsectionタグで囲み、中のタイトルとブログ記事をdivタグで囲みます。さらに、各ブログ記事をそれぞれdivタグで囲みます。ブログ一覧ページへ遷移するためのボタンは、aタグで作成します。

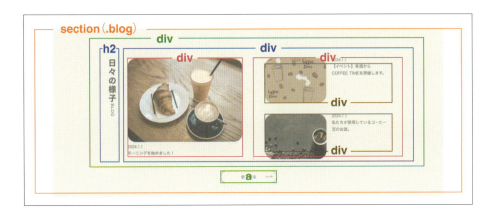

HTMLのコーディング

HTMLのコーディングを行っていきましょう。全体をsectionタグで囲みます。内側にdivタグを作り、コンテンツ幅を設定するための共通クラス（wrapper）を設定します。ブログ記事全体をdivタグで囲み、さらにその中の各記事もdivタグで囲みます。ブログ記事の日時は、timeタグを使って記述します。

index.html

```html
<section class="blog">
  <div class="inner wrapper">
    <h2 class="section-title-v">
      <span class="ja">日々の様子</span>
      <span class="en">BLOG</span>
    </h2>

    <div class="blog-item">
```

```html
        <div class="item-left">
          <a href="blog1.html">
            <div class="img">
              <img src="img/top/blog1.jpg" alt="">
            </div>
            <time datetime="2024-01-01">2024.1.1</time> ❶
            <p class="title">モーニングを始めました！</p>
          </a>
        </div>
        <div class="item-right">
          <div class="item-top">
            <a href="">
              <div class="img">
                <img src="img/top/blog2.jpg" alt="">
              </div>
              <div class="text">
                <time datetime="2024-01-01">2024.1.1</time> ❶
                <p class="title">【イベント】来週からCOFFEE TIMEを開催します。</p>
              </div>
            </a>
          </div>
          <div class="item-bottom">
            <a href="">
              <div class="img">
                <img src="img/top/blog3.jpg" alt="">
              </div>
              <div class="text">
                <time datetime="2024-01-01">2024.1.1</time> ❶
                <p class="title">私たちが使用しているコーヒー豆のお話。</p>
              </div>
            </a>
          </div>
        </div>
      </div>
    </div>

  <a class="btn" href="blog.html">全て見る</a>
</section>
```

❶ 日時

日時はtimeタグを使って記述します。timeタグについては、以下の「timeタグについて」で詳しく解説しています。

OnePoint **timeタグについて**

timeタグは、日付や時間を記述する際に使用するタグです。ここではtimeタグの主な使い方をご紹介します。

● 日付（年）

```
<time datetime="2024">2024年</time>
```

● 日付（年月）

```
<time datetime="2024-01">2024年1月</time>
```

● 日付（年月日）

```
<time datetime="2024-01-01">2024年1月1日</time>
```

● 時刻（時分秒）

```
<time datetime="12:30:01">12時30分1秒</time>
```

CSSのコーディング

CSSのコーディングを行っていきましょう。タイトルとブログ記事を横並びにし、さらに右側のブログ記事を2行で表示します。左右のブログ記事の間には、borderで縦のラインを引きます。

top.css

```
.blog {
  margin-bottom: 100px;
}
.blog .inner {
  display: flex;
  margin-bottom: 40px;
}
```

```css
.blog .section-title-v {
  margin-right: 40px;
}
.blog .blog-item {
  display: flex;
}
.blog .blog-item img {
  border-radius: 30px;
}
.blog .blog-item time {
  font-size: 12px;
}
.blog .blog-item .title {
  font-size: 14px;
  margin-top: 10px;
}
.blog .blog-item .item-left {
  width: 100%;
  max-width: 450px;
  padding-right: 40px;
}
.blog .blog-item .item-left .img {
  margin-bottom: 10px;
}
.blog .blog-item .item-right {
  border-left: solid 1px #333;
  padding-left: 40px;
}
.blog .blog-item .item-right .img {
  margin-right: 20px;
}
.blog .blog-item .item-right .item-top {
  margin-bottom: 40px;
}
.blog .blog-item .item-right .item-top a,
.blog .blog-item .item-right .item-bottom a {
  display: flex;
}
.blog .blog-item .item-right .item-top .img,
.blog .blog-item .item-right .item-bottom .img {
```

```
    width: 100%;
    max-width: 220px;
  }
  .blog .btn {
    margin: 0 auto;
  }
```

ここでは、解説の必要な新しい書き方はありません。

レスポンシブ対応

レスポンシブ用のCSSを設定します。タイトルとブログ記事を縦1列に並べます。左右のブログ記事の間のラインを非表示にします。

top.css

```css
@media screen and (max-width: 767px) {
  .blog {
    margin-bottom: 60px;
  }
  .blog .inner {
    flex-direction: column;
  }
  .blog .section-title-v {
    margin-right: 0;
  }
  .blog .blog-item {
    flex-direction: column;
  }
  .blog .blog-item .item-left {
    max-width: 100%;
    padding: 0 0 40px;
  }
  .blog .blog-item .item-right {
    border-left: none;
    padding-left: 0;
  }
  .blog .blog-item .item-right .item-top a,
  .blog .blog-item .item-right .item-bottom a {
    flex-direction: column;
  }
  .blog .blog-item .item-right .item-top .img,
  .blog .blog-item .item-right .item-bottom .img {
    max-width: 100%;
    margin: 0 0 10px;
  }
}
```

ここでは、解説の必要な新しい書き方はありません。

以上で、「ブログ」のコーディングは完了です。

SECTION
4-9 「アクセス」を作ろう

レイアウト構成の確認

トップページの「アクセス」を作成します。ここでの学習の目的は、Googleマップの埋め込み方法について学ぶことです。タイトル、地図、店舗情報を横一列に並べます。地図は、Googleマップを埋め込みます。

「アクセス」のレイアウト構成は、以下の通りです。全体をsectionタグで囲み、さらに内側をdivタグで囲みます。店舗情報は、リストタグ（dl、dt、dd）で記述します。

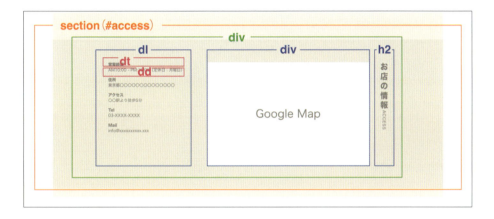

HTMLのコーディング

HTMLのコーディングを行っていきましょう。全体をsectionタグで囲みます。店舗情報はdl、dt、ddタグで記述し、地図はiframeを使用してGoogleマップを埋め込みます。

index.html

```
<section id="access">
  <div class="inner wrapper">
    <dl class="info">
      <dt>営業時間</dt>
      <dd>AM10:00 - PM:18:00（定休日：月曜日）</dd>
      <dt>住所</dt>
      <dd>東京都〇〇〇〇〇〇〇〇〇〇〇〇〇〇〇</dd>
      <dt>アクセス</dt>
      <dd>〇〇駅より徒歩5分</dd>
      <dt>Tel</dt>
```

```
        <dd><a href="tel:03XXXXXXXX">03-XXXX-XXXX</a></dd> ❶

        <dt>Mail</dt>

        <dd><a href="mailto:info@xxxxxxxx.xxx">info@xxxxxxxx.xxx</a></dd> ❶

    </dl>

    <div class="map">                                                    ❷

        <iframe src="https://www.google.com/maps/embed?pb=!1m18!1m12!1m3!1d3240.3318
        32880808!2d139.73305507579798!3d35.69345097258329!2m3!1f0!2f0!3f0!3m2!1i1024
        !2i768!4f13.1!3m3!1m2!1s0x60188c5e40fd8ca9%3A0xe4e83101398f38cf!2z44CSMTYyLT
        A4NDYg5p2x5Lqs6YO95paw5a6_5Yy65biC6LC35bem5YaF55S677yS77yR4oiS77yR77yT!5e0!3
        m2!1sja!2sjp!4v1705474410275!5m2!1sja!2sjp" width="600" height="450"
        style="border:0;" allowfullscreen="" loading="lazy" referrerpolicy="no-
        referrer-when-downgrade"></iframe>

    </div>

    <h2 class="section-title-v">

        <span class="ja">お店の情報</span>

        <span class="en">ACCESS</span>

    </h2>

  </div>

</section>
```

❶ 電話番号とメールアドレス

電話番号とメールアドレスはそれぞれaタグで記述し、クリック時に電話の発信とメールソフトの起動を行うようにします。各リンクについては、以下の「リンクの種類」で詳しく解説しています。

❷ Google マップ

Google マップの公式サイトから取得したコードを貼り付けて地図を表示します。Google マップ埋め込みについては、「Google マップを埋め込む方法」で詳しく解説しています（P.259参照）。

OnePoint **リンクの種類**

aタグはページ遷移を行うだけでなく、以下のような種類のリンクを作ることができます。

● メールリンク

クリックするとメールソフトが立ち上がり、宛先が設定された新規メール作成画面が表示されます。

```
<a href="mailto:info@xxxxxxxx.xxx">info@xxxxxxxx.xxx</a>
```

● 電話番号リンク

クリックすると電話を発信することができます。

```
<a href="tel:XXXXXXXXXX">XX-XXXX-XXXX</a>
```

● SMS リンク

クリックするとSMSを送信することができます。

```
<a href="sms:XXXXXXXXXX">SMS を送信する</a>
```

OnePoint **Google マップを埋め込む方法**

Googleマップは、以下の方法で埋め込むことができます。

1. Google マップの公式サイトを開きます。

```
https://maps.google.com/
```

2. 表示したい場所の住所を検索窓に入力して、検索を行います。

3. 地図が表示されたら、「共有」ボタンを押します。「地図を埋め込む」タブをクリックするとコードが表示されるので、コードをコピーしてHTMLファイル内の地図を表示させたい場所に貼り付けます。

CSS のコーディング

CSSのコーディングを行っていきましょう。アクセスは他のページでも使用する共通パーツのため、CSSは「style.css」に記述していきます。タイトル、Googleマップ、店舗情報をFlexboxで横並びにします。Googleマップの横幅と高さを設定して、地図のサイズを調整します。

style.css

```
#access {
  background-color: #e9e1d1;
  padding: 80px 0;
}
#access .inner {
  display: flex;
}
#access .info { ❶
```

```css
  font-size: 14px;
  margin-right: auto;
}
#access .info dt {
  font-weight: bold;
  margin-bottom: 5px;
}
#access .info dd {
  margin-bottom: 20px;
}
#access .map { ②
  width: 100%;
  max-width: 580px;
  height: 360px;
  margin: 0 40px;
}
#access .map iframe { ③
  width: 100%;
  height: 100%;
}
```

❶ #access .info

「margin-right: auto;」を設定して、左寄せにします。

❷ #access .map

「max-width: 580px;」「height: 360px;」で、Googleマップの横幅と高さを設定します。

❸ #access .map iframe

「#access .map」で設定した横幅と高さまで広がるよう、iframeの「width」と「height」に100%を設定します。

レスポンシブ対応

レスポンシブ用のCSSを設定します。タイトル、地図、店舗情報の順で縦に並べます。地図の高さを、スマートフォン用に調整します。

style.css

```css
@media screen and (max-width: 767px) {
  #access {
    padding: 60px 0;
  }
  #access .inner {  ❶
    flex-direction: column-reverse;
  }
  #access .info dd:last-child {
    margin-bottom: 0;
  }
  #access .map {
    height: 240px;
    margin: 0 0 20px;
  }
}
```

❶ #access .inner

「flex-direction: column-reverse;」で、逆順の縦並びにします。

以上で、「アクセス」のHTML、CSSのコーディングは完了です。

SECTION
4-10 | フッターを作ろう

レイアウト構成の確認

トップページのフッターを作成します。ロゴの下に、横並びにしたメニューとSNSリンクを配置します。コピーライトは背景色を設定して、一番下に配置します。

フッターのレイアウト構成は、以下の通りです。全体をfooterタグで囲みます。ロゴはdivタグ、メニューとSNSリンクはそれぞれul、liタグで囲みます。コピーライトはpタグで記述します。

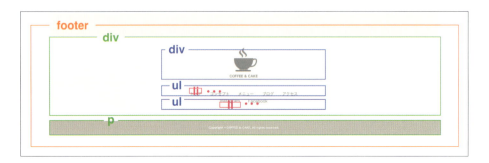

HTMLのコーディング

HTMLのコーディングを行っていきましょう。全体をfooterタグで囲みます。footerタグの中にdivタグを作り、コンテンツ幅を設定するためのwrapperクラスを設定します。ロゴはdivタグ、メニューとSNSリンクはそれぞれul、liタグで囲み、コピーライトはpタグで記述します。

index.html

```html
<footer id="footer">
  <div class="menu-area wrapper">
    <div class="logo">
      <img src="img/common/logo.svg" alt="COFFEE & CAKE">
    </div>
    <ul class="menu">
      <li><a href="index.html">トップ</a></li>
      <li><a href="concept.html">コンセプト</a></li>
      <li><a href="#menu">メニュー</a></li>
      <li><a href="blog.html">ブログ</a></li>
      <li><a href="#access">アクセス</a></li>
    </ul>
```

```
    <ul class="sns">
      <li><a href="https://www.instagram.com/">Instagram</a></li>
      <li><a href="https://www.facebook.com/">Facebook</a></li>
    </ul>
  </div>
  <p class="copyright">Copyright © COFFEE & CAKE. All rights reserved.</p>
</footer>
```

ここでは、解説の必要な新しい書き方はありません。

CSSのコーディング

CSSのコーディングを行っていきましょう。共通パーツのため、「style.css」に追記していきます。メニューとSNSリンクをFlexboxで横並びにして、中央に配置します。

style.css

```css
#footer .menu-area {
  padding: 40px 0 60px;
}
#footer .menu-area .logo {
  max-width: 100px;
  margin: 0 auto 50px;
}
#footer .menu-area .menu {
  display: flex;
  justify-content: center;
  margin-bottom: 10px;
}
#footer .menu-area .menu li {
  font-size: 14px;
  margin: 0 15px;
}
#footer .menu-area .sns {
  display: flex;
  justify-content: center;
}
#footer .menu-area .sns li {
```

```
    font-size: 14px;

    margin: 0 15px;

  }

#footer .copyright {

    background-color: #9a8865;

    color: #fff;

    font-size: 10px;

    padding: 20px 0;

    text-align: center;

  }
```

ここでは、解説の必要な新しい書き方はありません。

レスポンシブ対応

レスポンシブ用のCSSを設定します。スマートフォン表示の場合もデザインはPC表示と変わらないため、ロゴやフォントサイズと余白の調整だけ行います。

style.css

```
@media screen and (max-width: 767px) {

  #footer .menu-area {

    padding: 30px 0;

  }

  #footer .menu-area .logo {

    max-width: 80px;

    margin: 0 auto 30px;

  }

  #footer .menu-area .menu li {

    font-size: 12px;

    margin: 0 10px;

  }

  #footer .menu-area .sns li {

    font-size: 12px;

    margin: 0 10px;

  }

}
```

以上で、トップページのコーディングは完了です。

SECTION 4-11 | コンセプトページの枠組みを作ろう

レイアウト構成の確認

コンセプトページ全体の枠組みを作成します。ここでの学習の目的は、ブロックを不規則に配置する「ブロークングリッドレイアウト」のコーディングについて学ぶことです。ヘッダーエリア、フッター、アクセスは、トップページで作成したものと同じ共通パーツになります。ヘッダーエリアのメインビジュアルの左下に、ページタイトルを表示します。

コンセプトページのレイアウト構成は、以下の通りです。mainのコンテンツは、店内の情報を紹介するコンセプトエリアとサイト共通のアクセスエリアで構成されます。コンセプトエリアは、ブロックを不規則に配置する「ブロークングリッドレイアウト」でコーディングしていきます。

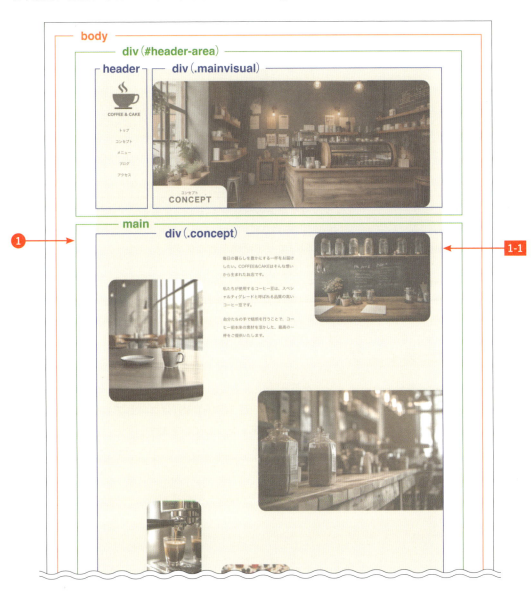

❶ main	コンテンツのメインエリア全体を囲みます。
1-1 div（.concept）	「コンセプト」エリア全体を囲みます。
1-2 section（#access）	「アクセス」エリア全体をsectionタグで囲みます。

HTMLのコーディング

全体の枠組みとhead部分のコーディングを行っていきましょう。基本的な記述についてはトップページと同じですが、「タイトル」「ディスクリプション」「読み込みCSS」はコンセプトページ用に変更します。コンセプトページは、「concept.html」にコーディングしていきます。

concept.html

```
<!DOCTYPE html>
<html lang="ja">
    <head>
```

```
  <meta charset="utf-8">
  <title>私たちの想い | COFFEE & CAKE</title>
  <meta name="description" content="COFFEE & CAKE は、「毎日の暮らしを豊かにする一杯
  をお届けしたい。」という想いで生まれたコーヒーとケーキのお店です。スペシャルティグレ
  ードの豆を使ったおいしいコーヒーと自家製のフレッシュなケーキでゆっくりとした一時を
  お過ごしください。">
  <meta name="viewport" content="width=device-width, initial-scale=1">
  <link rel="icon" href="img/common/favicon.ico">
  <link rel="apple-touch-icon" href="img/common/apple-touch-icon.png">
  <link rel="stylesheet" href="https://unpkg.com/ress/dist/ress.min.css">
  <link rel="stylesheet" href="css/style.css">
  <link rel="stylesheet" href="css/concept.css">
  <script src="https://ajax.googleapis.com/ajax/libs/jquery/3.7.1/jquery.min.
  js"></script>
  <script src="js/main.js"></script>
</head>

<body>
</body>
</html>
```

ここでは、解説の必要な新しい書き方はありません。

CSSのコーディング／レスポンシブ対応

全体のCSSはすでにトップページでコーディング済みのため、下層ページでのコーディングは不要です。

以上で、コンセプトページ全体のHTML、CSSのコーディングは完了です。

SECTION

4-12 | ヘッダーエリア、フッター、アクセスを作ろう

レイアウト構成の確認

コンセプトページを構成する、サイトの共通パーツであるヘッダーエリア、フッターとフッター上の「アクセス」のコーディングを行っていきます。

HTMLのコーディング

HTMLのコーディングを行っていきましょう。ヘッダーエリア、フッター、「アクセス」のコードを記述します。トップページで作った<div id="header-area">、<footer>、<section id="access">のコードを「concept.html」に追記します。

下層ページは、メインビジュアルの左下にh1タグでページタイトルを入れ、ロゴはh1タグからdivタグに変更します。また、ヘッダーとフッター内の「メニュー」のリンク先を変更します。

```
concept.html

<div id="header-area">
  <header class="header">
    <div class="logo"> ❶
      <a href="index.html">
        <img src="img/common/logo.svg" alt="COFFEE & CAKE">
      </a>
    </div>
    <div class="hamburger">
      <span></span>
      <span></span>
      <span></span>
    </div>
    <nav class="navi">
      <ul class="menu">
        <li><a href="index.html">トップ</a></li>
        <li><a href="concept.html">コンセプト</a></li>
        <li><a href="index.html#menu">メニュー</a></li> ❷
        <li><a href="blog.html">ブログ</a></li>
        <li><a href="#access">アクセス</a></li>
      </ul>
```

```
      </nav>
    </header>
    <div class="mainvisual">
      <img src="img/concept/mainvisual.jpg" alt=""> ❸
      <h1 class="page-title"> ❹
        <span class="ja">私たちの想い</span>
        <span class="en">CONCEPT</span>
      </h1>
    </div>
  </div>

  <section id="access">

  中略

  </section>

  <footer id="footer">
    <div class="menu-area wrapper">
      <div class="logo">
        <img src="img/common/logo.svg" alt="COFFEE & CAKE">
      </div>
      <ul class="menu">
        <li><a href="index.html">トップ</a></li>
        <li><a href="concept.html">コンセプト</a></li>
        <li><a href="index.html#menu">メニュー</a></li> ❷
        <li><a href="blog.html">ブログ</a></li>
        <li><a href="#access">アクセス</a></li>
      </ul>
      <ul class="sns">
        <li><a href="https://www.instagram.com/">Instagram</a></li>
        <li><a href="https://www.facebook.com/">Facebook</a></li>
      </ul>
    </div>
    <p class="copyright">Copyright © COFFEE & CAKE. All rights reserved.</p>
  </footer>
```

❶ ロゴ

トップページではh1タグで記述しましたが、下層ページはページタイトルにh1タグを使用するため、ロゴはdivタグに変更します。

❷ メニューのリンク

ヘッダーとフッターにある「メニュー」のリンク先は、トップページへの遷移となるため「#menu」から「index.html#menu」に変更します。

❸ メインビジュアル

コンセプトページ用のメインビジュアルを設定します。

❹ ページタイトル

mainvisualクラスの中に、h1タグでページタイトルを記述します。

CSSのコーディング

共通パーツのCSSはすでにトップページでコーディング済みのものを使用しますが、ページタイトル用のCSSだけ下層ページ共通として新たに「style.css」に追記します。

style.css

```css
#header-area .mainvisual .page-title { ❶
  width: 100%;
  max-width: 300px;
  background-color: #f2ece1;
  border-radius: 0 30px 0 0;
  padding-top: 15px;
  text-align: center;
  position: absolute;
  bottom: -1px;
  left: -1px;
}
#header-area .mainvisual .page-title .ja { ❷
  display: block;
  font-size: 14px;
  font-weight: normal;
  margin-bottom: 5px;
}
#header-area .mainvisual .page-title .en { ❷
  display: block;
  font-size: 28px;
  font-weight: bold;
  letter-spacing: 0.1em;
}
```

❶ **#header-area .mainvisual .page-title**

「border-radius: 0 30px 0 0;」で、右上だけ角丸にします。「position: absolute;」「bottom: -1px;」「left: -1px;」で、メインビジュアルの左下に配置します。0ではなく-1pxを設定して1px左下にずらすことで、メインビジュアルとの境界線を見えないようにしています。

❷ **#header-area .mainvisual .page-title .ja**
　#header-area .mainvisual .page-title .en

「display: block;」で日本語と英語のタイトルを縦に並べます。英語は「letter-spacing: 0.1em;」で文字間を少しだけ広げます。

レスポンシブ対応

共通パーツはすでにトップページで対応済みのため、ページタイトルのサイズ調整だけ行います。

```css
style.css

@media screen and (max-width: 767px) {
  #header-area .mainvisual .page-title {
    max-width: 180px;
    line-height: 0.8;
  }
  #header-area .mainvisual .page-title .ja {
    font-size: 10px;
  }
  #header-area .mainvisual .page-title .en {
    font-size: 18px;
  }
}
```

以上で、コンセプトページの共通パーツであるヘッダーエリア、フッター、「アクセス」のHTML、CSSのコーディングは完了です。

SECTION
4-13 | 「コンセプト」を作ろう

レイアウト構成の確認

コンセプトページの「コンセプト」を作成します。「コンセプト」は、画像やテキストが不規則に配置された「ブロークングリッド」と呼ばれるレイアウトです。コーディング時には、PC表示のレイアウトだけでなくスマートフォン表示のレイアウトも意識しながら、どの部分をブロック化するかを考えて作っていきます。ブロークングリッドレイアウトのコーディングについては、「ブロークングリッドレイアウトのコーディング方法」で詳しく解説しています（P.273参照）。

「コンセプト」のレイアウト構成は、以下の通りです。全体をdivタグで囲み、中のコンテンツは上段、中段、下段の3つのブロックに分けて考えます。それぞれの段をdivタグで囲み、中の画像やテキストもそれぞれdivタグで囲みます。

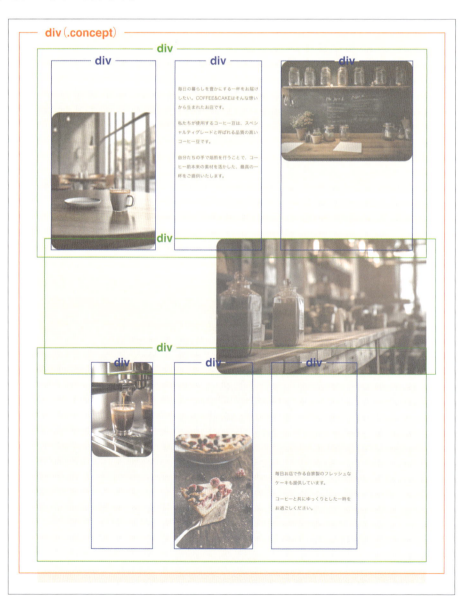

| **OnePoint** | **ブロークングリッドレイアウトのコーディング方法** |

ブロークングリッドレイアウトは、要素どうしを重ねたりずらしたりして規則性のあるレイアウトをあえて崩すことでデザインにオリジナリティを出すレイアウト手法です。要素が不規則に配置されることが多いため、コーディング時にはPC表示とスマートフォン表示の両方を意識しながらブロック化したりグルーピング化したりする単位を検討しなければなりません。

ブロークングリッドをコーディングする際は、主にpositionを使用する方法と使用しない方法の2通りで検討していきます。今回の「コンセプト」エリアは、positionを使わない方法でコーディングしています。

● **positionを使わない方法**

Flexboxで横並びにしたりmarginやpaddingで要素をずらしたりすることで、デザインを表現していきます。要素の配置場所の微調整がやや難しいですが、position使う場合に比べてレスポンシブのコーディングがしやすくなるというメリットがあります。

● **positionを使う方法**

横並びや余白の調整だけで要素を配置するのが難しい場合は、positionを使用します。positionを使用すると、好きな場所に要素を配置できるというメリットがありますが、画面幅を変更した際にデザインが崩れないよう気をつけてコーディングする必要があります。

HTMLのコーディング

HTMLのコーディングを行っていきましょう。上段のdivタグにはコンテンツ幅を設定するための「wrapper-1300」クラスを、下段のdivタグには「wrapper」クラスを指定します。中の画像やテキストもそれぞれdivタグ、pタグで囲みます。

concept.html

```
<div class="concept">
  <div class="content-top wrapper-1300">
    <div class="img-left">
      <img src="img/concept/concept2.jpg" alt="">
    </div>
    <div class="text">
      <p>毎日の暮らしを豊かにする一杯をお届けしたい。COFFEE&CAKEはそんな想いから生ま
      れたお店です。</p>
      <p>私たちが使用するコーヒー豆は、スペシャルティグレードと呼ばれる品質の高いコー
      ヒー豆です。</p>
      <p>自分たちの手で焙煎を行うことで、コーヒー豆本来の素材を活かした、最高の一杯を
      ご提供いたします。</p>
    </div>
    <div class="img-right">
```

273

```
        <img src="img/concept/concept1.jpg" alt="">
      </div>
    </div>

    <div class="content-middle">
      <img src="img/concept/concept3.jpg" alt="">
    </div>

    <div class="content-bottom wrapper">
      <div class="img-left">
        <img src="img/concept/concept4.jpg" alt="">
      </div>
      <div class="img-right">
        <img src="img/concept/concept5.jpg" alt="">
      </div>
      <div class="text">
        <p>毎日お店で作る自家製のフレッシュなケーキも提供しています。</p>
        <p>コーヒーと共にゆっくりとした一時をお過ごしください。</p>
      </div>
    </div>
  </div>
```

ここでは、解説の必要な新しい書き方はありません。

CSSのコーディング

CSSのコーディングを行っていきましょう。コンテンツ幅を設定するための「wrapper-1300」クラスは、共通の「style.css」に追記します。「コンセプト」エリアはページ個別のレイアウトになるので、「concept.css」に記述していきます。

style.css

```
.wrapper-1300 {
  max-width: 1340px;
  padding: 0 20px;
  margin: 0 auto;
}
```

concept.css

```css
@charset "UTF-8";

.concept { ❶
  margin-bottom: 80px;
  overflow-x: hidden;
}
.concept img {
  border-radius: 30px;
}
.concept p {
  line-height: 2;
  margin-bottom: 40px;
  text-align: justify;
}
.content-top { ❷
  display: flex;
  justify-content: space-between;
}
.content-top .img-left {
  max-width: 380px;
  margin-top: 180px;
}
.content-top .text {
  max-width: 300px;
  margin: 90px 20px 0;
}
.content-top .img-right {
  max-width: 470px;
}
.content-middle { ❸
  max-width: 830px;
  width: 70vw;
  margin: -40px -80px 0 auto;
}
.content-bottom { ❹
  display: flex;
  margin-top: -40px;
}
```

```
.content-bottom .img-left {
  max-width: 220px;
}
.content-bottom .img-right {
  max-width: 280px;
  margin: 250px 80px 0;
}
.content-bottom .text {
  max-width: 280px;
  margin-top: 380px;
}
```

❶ .concept

全体を囲むdivタグです。中段の画像の右側が画面から見切れた配置になっているため、横スクロールが出ないように「overflow-x: hidden;」を設定します。

❷ .content-top（上段）

「display: flex;」で横並びにし「justify-content: space-between;」で両端揃えで均等に配置します。中の画像とテキストは「max-width」で横幅を設定し、「margin」で位置の調整を行います。

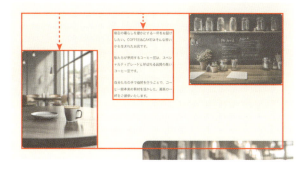

❸ .content-middle（中段）

画面幅を狭めた際に上段と下段の画像に重ならないよう、「width: 70vw;」で画面幅に応じて画像の横幅が可変になるようにします。また、「max-width: 830px;」で画像幅が830pxを超えないように設定します。vwについては、「vw、vhについて」で詳しく解説しています（P.278参照）。「margin: -40px -80px 0 auto;」で、画像の位置を画面右端から少しはみ出るように配置します。

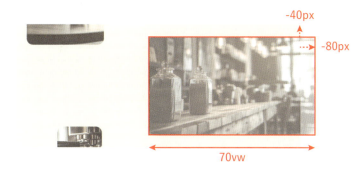

❹ .content-bottom（下段）

「display: flex;」で横並びにし、中の画像とテキストは「margin」で位置を調整します。

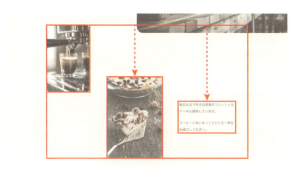

OnePoint **vw、vhについて**

vw、vhはブラウザのサイズによって大きさが変わる単位です。正確には、「ビューポート」と呼ばれるブラウザの表示領域に対する割合を表しています。フォントサイズやコンテンツ幅、余白などを画面幅に応じて変更したい場合に便利です。同じく可変の単位として％がありますが、％が親要素のサイズに対する割合であるのに対して、vw、vhは画面サイズに対する割合になります。

● vw
ブラウザのウィンドウの横幅を基準とします（スクロールバーの幅も含みます）。50vwが、ウィンドウの横幅の半分のサイズになります。

● vh
ブラウザのウィンドウの高さを基準とします。50vhが、ウィンドウの高さの半分のサイズになります。

レスポンシブ対応

スマートフォン表示の場合は、画像とテキストを縦一列に並べて余白の調整を行います。

concept.css

```css
@media screen and (max-width: 767px) {
  .concept {
    margin-bottom: 60px;
  }
  .content-top { ①
    flex-direction: column-reverse;
    margin-bottom: 40px;
  }
  .content-top .img-left {
    margin: 0 auto;
  }
  .content-top .text {
    max-width: 100%;
    margin: 0;
  }
  .content-top .img-right {
    margin: 0 auto 40px;
  }
  .content-middle { ②
    width: 100%;
    padding: 0 20px;
    margin: 0 0 40px;
  }
  .content-bottom { ③
    flex-direction: column-reverse;
    margin-top: 0;
  }
  .content-bottom .img-left {
    max-width: 100%;
    margin: 0 auto;
  }
  .content-bottom .img-right {
    max-width: 100%;
    margin: 0 auto 40px;
  }
  .content-bottom .text {
    max-width: 100%;
    margin-top: 0;
```

```
    }
  }
```

❶ .content-top

「flex-direction: column-reverse;」で、右側の画像から順番に縦に並べます。

❷ .content-middle

「width: 100%;」で画面幅いっぱいに広げ、「padding: 0 20px;」で両サイドに余白を入れます。

❸ .content-bottom

「flex-direction: column-reverse;」で、右側のテキストから順番に縦に並べます。中の画像とテキストは「max-width: 100%;」で画面幅いっぱいに広げます。親要素に共通クラス「wrapper-1300」が設定されているので、両サイドには余白が入ります。

以上で、コンセプトページのコーディングは完了です。

SECTION 4-14 | ブログ一覧ページの枠組みを作ろう

レイアウト構成の確認

ブログ一覧ページ全体の枠組みを作成します。ここでの学習の目的は、タイル型レイアウトのコーディングについて学ぶことです。ブログ一覧部分が、画像を並べたタイル型のレイアウトになります。ヘッダーエリア、フッター、「アクセス」は、トップページで作成したものと同じ共通パーツになります。ブログ一覧ページ全体のレイアウト構成は、以下の通りです。mainの中には、ブログ記事のリストと共通のアクセスエリアが入ります。

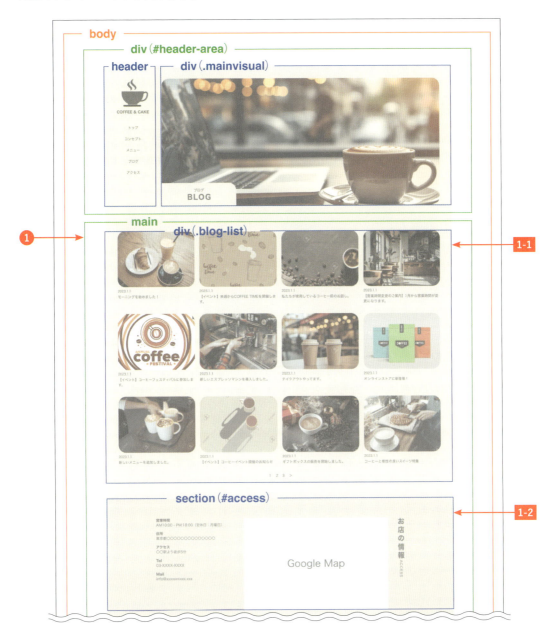

❶	main	コンテンツのメインエリア全体を囲みます。
1-1	div（.blog-list）	ブログ一覧をdivタグで囲みます。
1-2	section（#access）	「アクセス」エリア全体をsectionタグで囲みます。

HTMLのコーディング

全体の枠組みとhead部分のコーディングを行っていきましょう。コンセプトページと同じく、「タイトル」「ディスクリプション」「読み込みCSS」だけブログ一覧ページ用に書き換えます。ブログ一覧ページは、「blog.html」にコーディングしていきます。

blog.html

```
<!DOCTYPE html>
<html lang="ja">
  <head>
    <meta charset="utf-8">
    <title>日々の様子 | COFFEE & CAKE</title>
    <meta name="description" content="COFFEE & CAKEの日々の様子をお伝えしています。イベントに関する情報や新しいメニュー等も発信していますのでぜひご覧になってみてください。">
    <meta name="viewport" content="width=device-width, initial-scale=1">
    <link rel="icon" href="img/common/favicon.ico">
    <link rel="apple-touch-icon" href="img/common/apple-touch-icon.png">
    <link rel="stylesheet" href="https://unpkg.com/ress/dist/ress.min.css">
    <link rel="stylesheet" href="css/style.css">
    <link rel="stylesheet" href="css/blog.css">
    <script src="https://ajax.googleapis.com/ajax/libs/jquery/3.7.1/jquery.min.js"></script>
    <script src="js/main.js"></script>
```

```
    </head>

    <body>
    </body>
</html>
```

ここでは、解説の必要な新しい書き方はありません。

CSSのコーディング／レスポンシブ対応

全体のCSSはすでにトップページでコーディング済みのため、下層ページでのコーディングは不要です。

以上で、ブログ一覧ページ全体のHTML、CSSのコーディングは完了です。

☑ Column

OGPの設定

OGPは「Open Graph Protocol」の略で、SNSでシェアされた時にWEBページのタイトルや画像、説明文などを表示するための仕組みです。

● OGPを設定している場合の表示イメージ

code-jump.comから

設定方法

HTMLファイルのhead内にOGP用のmetaタグを記述します。

● 主な設定内容

og:url	ページのURL
og:type	ページの種類（トップページ：website、記事・投稿：article など）
og:title	ページのタイトル

og:description	ページの説明文
og:site_name	サイト名
og:image	サムネイル画像のURL

設定例

```
<meta property="og:url" content="https://code-jump.com">
<meta property="og:type" content="website">
<meta property="og:title" content="Codejump | 作って学ぶコーディング学習サイト">
<meta property="og:description" content="Codejumpは、HTML、CSS、JavaScriptの基礎学習を終えた方が、より実践的なWebサイト制作のスキルを身につけるためのコーディング学習サイトです。">
<meta property="og:site_name" content="Codejump">
<meta property="og:image" content="img/ogp.png">
```

SECTION

4-15 | ヘッダーエリア、フッター、アクセスを作ろう

レイアウト構成の確認

ブログ一覧ページを構成する、サイトの共通パーツであるヘッダーエリア、フッターとフッター上の「アクセス」のコーディングを行っていきます。

HTMLのコーディング

HTMLのコーディングを行っていきましょう。ヘッダーエリア、フッター、「アクセス」のコードを記述します。コンセプトページの<div id="header-area"><footer><section id="access">を、「blog.html」に追記します。

メインビジュアルとページタイトルをブログページ用に変更します。

```html
blog.html

<div id="header-area">
  <header class="header">
    <div class="logo">
      <a href="index.html">
        <img src="img/common/logo.svg" alt="COFFEE & CAKE">
      </a>
    </div>
    <div class="hamburger">
      <span></span>
      <span></span>
      <span></span>
    </div>
    <nav class="navi">
      <ul class="menu">
        <li><a href="index.html">トップ</a></li>
        <li><a href="concept.html">コンセプト</a></li>
        <li><a href="index.html#menu">メニュー</a></li>
        <li><a href="blog.html">ブログ</a></li>
        <li><a href="#access">アクセス</a></li>
      </ul>
    </nav>
```

```
    </header>
    <div class="mainvisual">
      <img src="img/blog/mainvisual.jpg" alt="">
      <h1 class="page-title">
        <span class="ja">日々の様子</span>
        <span class="en">BLOG</span>
      </h1>
    </div>
  </div>

  <section id="access">
  中略
  </section>

  <footer id="footer">
  中略
  </footer>
```

ここでは、解説の必要な新しい書き方はありません。

CSSのコーディング／レスポンシブ対応

CSSについてはすでにコーディング済みのものを使用するため、ここでのコーディングは不要です。

以上で、ブログ一覧ページの共通パーツであるヘッダーエリア、フッター、「アクセス」のHTML、CSS
のコーディングは完了です。

SECTION 4-16 | ブログリストを作ろう

レイアウト構成の確認

ブログ一覧ページのブログリストを作成します。一覧部分は、ブログ記事を並べたタイル型のレイアウトになっています。一覧の下には、ページを切り替えるためのページネーションを作成します。
ブログ一覧ページのレイアウト構成は、以下の通りです。全体をdivタグで囲み、ブログリストはul、liタグを使って記述します。ページネーションはページ番号に順序性があるため、ol、liタグを使ってコーディングしていきます。

HTMLのコーディング

HTMLのコーディングを行っていきましょう。エリア全体をdivタグで囲み、横幅を設定するための「wrapper-1300」クラスを指定します。一覧部分はul、liタグで記述し、中の日付はtimeタグを使って記述します。ページネーションはol、liタグを使ってコーディングしていきます。

blog.html

```html
<div class="blog-list wrapper-1300">
  <ul class="post-list">
    <li>
      <a href="blog1.html"> ①
        <div class="img">
          <img src="img/blog/blog1.jpg" alt="">
        </div>
        <time datetime="2024-01-01">2024.1.1</time> ②
        <p class="title">モーニングを始めました！</p>
      </a>
    </li>

    中略

    <li>
      <a href="">
        <div class="img">
          <img src="img/blog/blog12.jpg" alt="">
        </div>
        <time datetime="2024-01-01">2024.1.1</time>
        <p class="title">コーヒーと相性の良いスイーツ特集</p>
      </a>
    </li>
  </ul>

  <ol class="pagenation"> ③
    <li>1</li>
    <li><a href="">2</a></li>
    <li><a href="">3</a></li>
    <li><a href="">></a></li>
  </ol>
</div>
```

❶ **aタグ**

各詳細ページのリンクを設定します。liタグの中身を丸ごとリンクにするため、liタグの直下をaタグで囲みます。

❷ timeタグ

日付はtimeタグを使ってdatetimeを「yyyy-mm-dd」の形式で記述します。

❸ ページネーション

ブログ一覧のページを切り替えるためのページネーションです。ページ番号は順序性があるので、ol、liタグを使って記述します。

CSSのコーディング

CSSのコーディングを行っていきましょう。個別のレイアウトになるので、「blog.css」に記述していきます。一覧部分は、トップページのメニューでも使用した「grid」を使ってコーディングしていきます。

```css
blog.css

@charset "UTF-8";

.blog-list {
  margin-bottom: 80px;
}
.blog-list .post-list { ❶
  display: grid;
  grid-template-columns: repeat(4, 1fr);
  gap: 40px 20px;
  margin-bottom: 40px;
}
.blog-list .post-list li .img {
  margin-bottom: 10px;
}
.blog-list .post-list li .img img {
  border-radius: 30px;
}
.blog-list .post-list li time {
  font-size: 12px;
}
.blog-list .post-list li .title {
  font-size: 14px;
  margin-top: 10px;
}
.blog-list .pagenation { ❷
```

```
    display: flex;
    align-items: center;
    justify-content: center;
  }
  .blog-list .pagenation li {
    margin: 0 10px;
  }
```

❶ **.blog-list .post-list**（ブログ一覧）

「display: grid;」「grid-template-columns: repeat(4, 1fr);」で、4列のグリッドレイアウトを作ります。また「gap: 40px 20px;」で、上下の余白を40px、左右の余白を20pxに設定します。

❷ **.blog-list .pagenation**（ページネーション）

「display: flex;」「align-items: center;」「justify-content: center;」で、縦の中心で横並びにして中央に配置します。

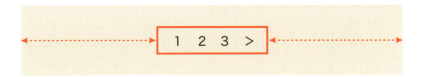

レスポンシブ対応

スマートフォンの表示の場合は、画像を2列で表示します。

```
blog.css

@media screen and (max-width: 767px) {
  .blog-list {
    margin-bottom: 60px;
  }
  .blog-list .post-list { ❶
    grid-template-columns: repeat(2, 1fr);
  }
}
```

❶ **.blog-list .post-list**
「grid-template-columns: repeat(2, 1fr);」で、2列のグリッドレイアウトを作ります。

以上で、ブログ一覧ページのHTML、CSSのコーディングは完了です。

SECTION
4-17 | ブログ詳細ページの枠組みを作ろう

レイアウト構成の確認

ブログ詳細ページ全体の枠組みを作成します。ここでの学習の目的は、2カラムのレイアウトのコーディングについて学ぶことです。中のコンテンツは、ブログ記事とサイドメニューの2カラムのレイアウトになります。今回は1つ目の記事のブログ詳細ページを作っていきます。ヘッダーエリア、フッター、「アクセス」は、全ページ共通のパーツとなります。

ブログ詳細ページのレイアウト構成は、以下の通りです。ブログの記事部分をmainタグ、サイドメニューをasideタグで囲み、全体をdivタグでグルーピングします。その下にaタグで囲んだ「ブログ一覧」ボタンとアクセスエリアを配置します。ブログ詳細ページでは、mainタグとasideタグを横並びで配置するため、アクセスはmainタグの外に出します。

❶ div (.blog-post)		ブログ記事とサイドメニュー全体を囲みます。
1-1 main		ブログの記事部分をmainタグで囲みます。
1-2 aside		サイドメニューをasideタグで囲みます。
❷ a		「ブログ一覧」ボタンをaタグで囲みます。
❸ section (#access)		「アクセス」エリア全体をsectionタグで囲みます。

HTMLのコーディング

全体の枠組みとhead部分のコーディングを行っていきましょう。コンセプトページと同じく、「タイトル」「ディスクリプション」「読み込みCSS」だけブログ詳細ページ用に書き換えます。ブログ詳細ページの1ページ目は「blog1.html」にコーディングしていきます。

blog1.html

```
<!DOCTYPE html>
<html lang="ja">
  <head>
    <meta charset="utf-8">
    <title>モーニングを始めました！ | COFFEE & CAKE</title>
    <meta name="description" content="本日からモーニングを始めました。美味しいコーヒ
    ーとパンで素敵な1日をスタートしませんか？">
    <meta name="viewport" content="width=device-width, initial-scale=1">
    <link rel="icon" href="img/common/favicon.ico">
    <link rel="apple-touch-icon" href="img/common/apple-touch-icon.png">
    <link rel="stylesheet" href="https://unpkg.com/ress/dist/ress.min.css">
    <link rel="stylesheet" href="css/style.css">
    <link rel="stylesheet" href="css/blog.css">
    <script src="https://ajax.googleapis.com/ajax/libs/jquery/3.7.1/jquery.min.
    js"></script>
    <script src="js/main.js"></script>
  </head>

  <body>
  </body>
</html>
```

ここでは、解説の必要な新しい書き方はありません。

CSSのコーディング／レスポンシブ対応

全体のCSSはすでにトップページでコーディング済みのため、下層ページでのコーディングは不要です。

以上で、ブログ詳細ページ全体のHTML、CSSのコーディングは完了です。

SECTION

4-18 | ヘッダーエリア、フッター、アクセスを作ろう

レイアウト構成の確認

ブログ詳細ページを構成する、サイトの共通パーツであるヘッダーエリア、フッターとフッター上の「アクセス」のコーディングを行っていきます。

HTMLのコーディング

HTMLのコーディングを行っていきましょう。ヘッダーエリア、フッター、「アクセス」のコードを記述します。ブログ一覧ページで作った`<div id="header-area"><footer><section id="access">`のコードを「blog1.html」に追記します。ブログ詳細ページでは記事タイトルをh1タグとして使用するため、メインビジュアル内のページタイトルはdivタグに変更します。

blog1.html

```html
<div id="header-area">
  <header class="header">
    <div class="logo">
      <a href="index.html">
        <img src="img/common/logo.svg" alt="COFFEE & CAKE">
      </a>
    </div>
    <div class="hamburger">
      <span></span>
      <span></span>
      <span></span>
    </div>
    <nav class="navi">
      <ul class="menu">
        <li><a href="index.html">トップ</a></li>
        <li><a href="concept.html">コンセプト</a></li>
        <li><a href="index.html#menu">メニュー</a></li>
        <li><a href="blog.html">ブログ</a></li>
        <li><a href="#access">アクセス</a></li>
      </ul>
    </nav>
```

```
    </header>
    <div class="mainvisual">
      <img src="img/blog/mainvisual.jpg" alt="">
      <div class="page-title"> ❶
        <span class="ja">日々の様子</span>
        <span class="en">BLOG</span>
      </div>
    </div>
  </div>

  <section id="access">

    中略

  </section>

  <footer id="footer">

    中略

  </footer>
```

❶ タイトル

ブログ詳細ページでは記事タイトルをh1タグとして使用するため、メインビジュアル内のタイトルは
divタグに変更します。

CSSのコーディング／レスポンシブ対応

CSSについてはすでにコーディング済みのものを使用するため、ここでのコーディングは不要です。

以上で、ブログ詳細ページの共通パーツであるヘッダーエリア、フッター、「アクセス」のHTML、CSS
のコーディングは完了です。

SECTION
4-19 | ブログ記事とサイドバーを作ろう

レイアウト構成の確認

ブログ詳細ページのブログ記事とサイドバーを作成します。ブログ記事の横にサイドバーを配置する2カラムのレイアウトでコーディングしていきます。ブログ記事の中に、YouTubeの埋め込みを行います。

ブログ記事とサイドバーのレイアウト構成は、以下の通りです。全体をdivタグで囲み、その中の記事をmainタグ、サイドバーをasideタグで囲みます。また、「ブログ一覧」ボタンはaタグで囲みます。asideについては、「articleとasideについて」で詳しく解説しています（P.298参照）。

さらに、mainとasideの中のレイアウト構成を詳しく確認していきましょう。

● main

全体をmainタグで囲み、さらにその中をarticleタグで囲みます。articleタグ内のタイトル部分をh1タグ、アイキャッチ画像やコンテンツ部分をdivタグで囲みます。articleについては、「articleとasideについて」で詳しく解説しています（P.298参照）。

● aside

全体をasideタグで囲みます。カテゴリーリストと最近の投稿はul、liタグで記述します。

OnePoint articleとasideについて

articleタグとasideタグの詳細について解説していきます。

● article

articleは1つの独立したコンテンツをまとめるために使用するタグです。ブログやニュースなどの記事で使用されることが多いです。

● aside

asideはメインのコンテンツとは直接関係しない補足情報をまとめるために使用するタグです。サイドバーなどで使用されることが多いです。

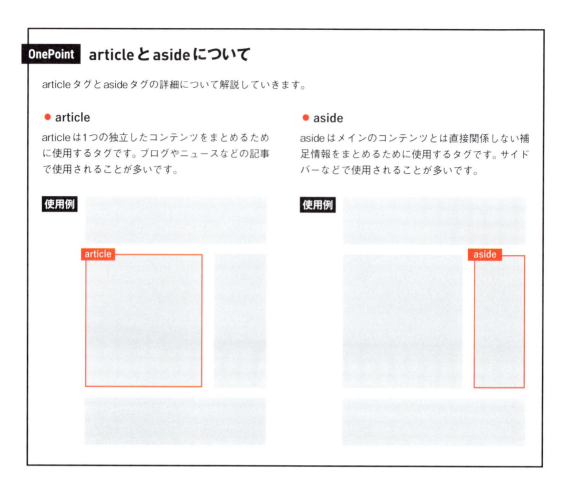

HTMLのコーディング

HTMLのコーディングを行っていきましょう。エリア全体をdivタグで囲みます。記事部分はmainタグとarticleタグで囲み、サイドバーはasideタグで囲みます。articleの中のタイトルはh1タグ、asideの中のカテゴリーリストと最近の投稿はul、liタグで記述していきます。

blog1.html

```html
<div class="blog-post wrapper">
  <main class="post">
    <article> ❶
      <div class="thumbnail">
        <img src="img/blog/blog1.jpg" alt="">
      </div>
      <div class="info">
        <time datetime="2024-01-01">2024.1.1</time>
```

```
        <p class="category">お知らせ</p>
    </div>
    <h1 class="title">モーニングを始めました！</h1> ❷
    <div class="content">
        <p>本日からモーニングをスタートしました。<br>美味しいコーヒーとパンで素敵な1
        日をスタートしませんか？</p>
        <div class="youtube">                                                    ❸
```

```
<iframe width="560" height="315" src="https://www.youtube.com/embed/B2D3
lGOrdVQ?si=CoFVXdEkxPhTzPcy" title="YouTube video player"
frameborder="0" allow="accelerometer; autoplay; clipboard-write;
encrypted-media; gyroscope; picture-in-picture; web-share"
allowfullscreen></iframe>
```

```
        </div>
        <p>コーヒーとパンは以下からお選びいただけます。</p>
        <p>＜コーヒー＞</p>
        <ul>
            <li>本日のコーヒー</li>
            <li>カフェラテ</li>
            <li>カプチーノ</li>
            <li>エスプレッソ</li>
        </ul>
        <p>＜パン＞</p>
        <ul>
            <li>クロワッサン</li>
            <li>トースト</li>
            <li>ロールパン</li>
        </ul>
        <p>スタッフ一同、お待ちしています！</p>
    </div>
  </article>
</main>

<aside class="sidebar"> ❹
  <p class="title">タグ</p>
  <ul class="tag-list">
    <li><a href="">フード</a></li>
    <li><a href="">ドリンク</a></li>
    <li><a href="">ランチ</a></li>
    <li><a href="">お知らせ</a></li>
    <li><a href="">イベント</a></li>
```

```html
        <li><a href="">テイクアウト</a></li>
        <li><a href="">期間限定</a></li>
    </ul>
    <p class="title">最近の投稿</p>
    <ul class="post-list">
      <li>
        <a href="">
          <div class="post-thumbnail">
            <img src="img/blog/blog1.jpg" alt="">
          </div>
          <p class="post-title">モーニングを始めました！</p>
        </a>
      </li>
```

中略

```html
      <li>
        <a href="">
          <div class="post-thumbnail">
            <img src="img/blog/blog5.jpg" alt="">
          </div>
          <p class="post-title">【イベント】コーヒーフェスティバルに参加します。</p>
        </a>
      </li>
    </ul>
  </aside>
</div>

<a class="btn" href="blog.html">ブログ一覧</a>
```

❶ article

記事全体を囲みます。

❷ 記事タイトル

ページ全体を表すタイトルのためh1タグで囲みます。

❸ YouTube埋め込み

iframeを使ってブログ記事内にYouTubeの埋め込みを行います。YouTubeの埋め込み方法については、「YouTubeの埋め込み方法」で詳しく解説しています（P.301参照）。

❹ aside

サイドバー全体を囲みます。

OnePoint　YouTubeの埋め込み方法

YouTubeをページ内に埋め込む方法について解説していきます。

1）埋め込みたい動画のURLを開く

例　https://www.youtube.com/watch?v=B2D3lGOrdVQ

2）「共有」ボタンをクリックする

3）「コピー」ボタンをクリックしてコードをコピーし、動画を表示したい場所に貼り付ける

CSSのコーディング

CSSのコーディングを行っていきましょう。ブログ一覧と同じ「blog.css」に追記していきます。

☑ 全体

```
blog.css

.blog-post { ❶
  display: flex;
}
```

❶ .blog-post
メインとサイドバーを横並びにします。

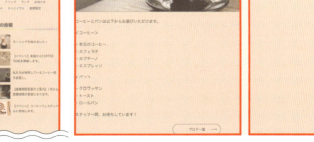

☑ メイン（記事）

blog.css

```css
.blog-post .post { ❷
  width: 100%;
  max-width: 680px;
  margin-right: 40px;
}
.blog-post .post .thumbnail {
  margin-bottom: 40px;
}
.blog-post .post .thumbnail img {
  width: 100%;
  border-radius: 30px;
}
.blog-post .post .info {
  display: flex;
  align-items: center;
  margin-bottom: 40px;
}
.blog-post .post .info time {
  font-size: 12px;
}
.blog-post .post .info .category {
  background-color: #fff;
  border-radius: 4px;
  font-size: 12px;
  padding: 2px 4px;
  margin-left: 10px;
}
.blog-post .post .title {
  font-size: 28px;
  font-weight: bold;
  margin-bottom: 40px;
}
.blog-post .post .content ul {
  margin: 0 0 30px 18px;
}
.blog-post .post .content li { ❸
```

```
    line-height: 1.8;
    list-style-type: disc;
  }
  .blog-post .post .content p {
    line-height: 1.8;
    margin-bottom: 30px;
  }
  .blog-post .post .content .youtube {
    margin-bottom: 30px;
  }
  .blog-post .post .content .youtube iframe { ❹
    width: 100%;
    height: auto;
    aspect-ratio: 16 / 9;
  }
```

❷ .blog-post .post

「max-width: 680px;」で記事エリアの横幅を設定し、「margin-right: 40px;」でサイドバーとの間に余白を設定します。

❸ .blog-post .post .content li

記事内のリストには、「list-style-type: disc;」で黒丸を設定します。list-style-typeの詳細については、「マーカーの種類」で詳しく解説しています（P.306参照）。

❹ .blog-post .post .content .youtube iframe

「width: 100%;」「height: auto;」「aspect-ratio: 16 / 9;」でYouTubeの縦横比を16:9の比率で横幅いっぱいまで広げます。

☑ サイドバー

```
blog.css

.blog-post .sidebar { ⑤
  max-width: 280px;
}
.blog-post .sidebar .title {
  border-bottom: solid 1px #707070;
  font-size: 18px;
  font-weight: bold;
  padding-bottom: 10px;
  margin-bottom: 20px;
}
.blog-post .sidebar .tag-list {
  display: flex;
  flex-wrap: wrap;
  margin-bottom: 40px;
}
.blog-post .sidebar .tag-list li {
  background-color: #fff;
  border-radius: 4px;
  font-size: 12px;
  padding: 2px 4px;
  margin: 0 10px 10px 0;
}
.blog-post .sidebar .post-list li {
  margin-bottom: 10px;
}
.blog-post .sidebar .post-list a {
  display: flex;
  align-items: center;
}
.blog-post .sidebar .post-list .post-thumbnail { ⑥
  max-width: 80px;
  flex-shrink: 0;
  margin-right: 10px;
}
.blog-post .sidebar .post-list .post-title {
  font-size: 12px;
```

```
    }
```

❺ .blog-post .sidebar

「max-width: 280px;」でサイドバーの横幅を設定します。

❻ .blog-post .sidebar .post-list .post-thumbnail

画面幅を狭めた際に画像が縮小されないよう「flex-shrink: 0;」を設定します。親要素に「display: flex」
が設定されている場合、flex-shrinkプロパティにゼロを設定することで、要素が縮小されるのを防ぎ
ます。

☑ ボタン

blog.css

```css
.btn { ❼
  margin: 0 auto 80px;
}
```

❼ .btn

「margin: 0 auto 80px;」でボタンを中央に配置し、下に80pxの余白を設定します。

OnePoint **マーカーの種類**

リストタグ（ul、ol、li）は、リストの先頭にマーカーを設定することができます。ここでは、よく使用するマーカーについてご紹介します。

なし

```
list-style-type: none;
```

リスト1
リスト2
リスト3

黒丸

```
list-style-type: disc;
```

- リスト1
- リスト2
- リスト3

白丸

```
list-style-type: circle;
```

リスト1
リスト2
リスト3

黒四角

```
list-style-type: square;
```

- リスト1
- リスト2
- リスト3

数字

```
list-style-type: decimal;
```

1. リスト1
2. リスト2
3. リスト3

レスポンシブ対応

スマートフォン表示の場合は、ブログ記事とサイドナビを一列に表示します。

blog.css

```css
@media screen and (max-width: 767px) {
  .blog-post {
    flex-direction: column;
    margin-bottom: 40px;
  }
  .blog-post .post {
    margin: 0 0 40px;
  }
  .btn {
    margin: 0 auto 60px;
  }
}
```

以上で、カフェサイトのコーディングはすべて完了です。

ランディングページを作ろう

複雑なHTML&CSS&JavaScript(jQuery)を
使用した動きのある練習サイト

複雑なHTML&CSS&JavaScript(jQuery)を使用した動きのあるLP(ランディングページ)を作ってみましょう。この章では、主にCSSアニメーションやjQueryによる動きのあるWebサイトの作り方について学びます。

SECTION
5-1 | 完成イメージの確認

完成サイトのイメージ

この章で作成するサンプルサイトの完成イメージは、以下の通りです。サイトは1ページで構成されるLP（ランディングページ）で、ページ内の随所にいろいろな動きを入れていきます。

■ トップページ(PC)

ツアー紹介

Tour
01 海を体験する

様々なアクティビティを通して海を体験するプランです。グラスボート、バナナボート、シュノーケリング、イルカウォッチング、ビーチヨガ、海街散策など、お好きなアク

続きを読む ＋

Tour
02 クルーザーで巡る

豪華なクルーザーで終日海をクルージングできます。美しい海を360度見渡せるクルーザーで快適な海の旅を満喫してください。コースは時間に合わせて自由に変更できます

続きを読む ＋

＼ 海遊ツアーで海を満喫しよう！ ／

▶ ご予約はこちら

スキューバダイビング
海の世界を間近で体感！
魚やウミガメと一緒に泳ごう！

水上バイク
海の上を走りまわって
爽快感とスピード感を味わおう！

ビーチヨガ
広々とした海を眺めながら
大自然のエネルギーを感じよう！

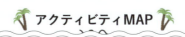
アクティビティMAP

■ トップページ（モバイル）

第5章 ランディングページを作ろう ★★★★★☆

応用編

複雑なHTML&CSS&JavaScript（jQuery）を使用した動きのある練習サイト

実際の完成サイトは、以下のURL内の各章のリンクからご確認いただけます。

完成サイトURL　https://code-jump.com/book-html-css/

SECTION
5-2 | コーディング仕様の確認

コーディング仕様

作成するサンプルサイトの動作などの仕様は下記の通りです。

☑ 追従ボタン

下にスクロールすると画面右下に表示され、スクロール中は右下に固定されたまま追従します。上にスクロールしてトップまで戻るとボタンを非表示にします。

☑ 画像を左右に揺らす

CSSアニメーションを使って、背景の鳥の画像を左右に揺らします。

☑ パララックス

スクロール時に背景画像を固定させたままの状態にします。

☑ クリック時にテキストを表示

「続きを読む」ボタンをクリックすると、隠れているテキストがすべて表示されます。また、そのタイミングでボタンを非表示にします。

☑ テキストを点滅

CSSアニメーションを使って、ボタン上のテキストに繰り返し点滅する動きをつけます。

☑ スライダー

アクティビティの画像とテキストが横にスライドするスライダーを作成します。

☑ マウスオーバー時に画像を表示

ボタンをマウスオーバーした際に、ボタン上に画像を表示します。

SECTION
5-3 ｜ コーディングポイントの確認

コーディングポイント

作成するサンプルサイトのコーディングポイントは、下記の通りです。

☑ CSSアニメーション

CSSアニメーションを使って、画像などの要素に動きをつける方法を解説します。

☑ パララックス

Web上でパララックス（視差効果）を実装する方法について解説します。ここでは、スクロール時に背景を固定させたままにする方法を解説します。

☑ イベントによる要素制御

スクロールやクリック、マウスオーバーなどのイベントを使って要素の表示や動作を制御する方法について解説します。

☑ jQueryのメソッド

jQueryのいろいろなメソッドを使って、要素の表示、非表示を切り替えたり、CSSの変更などを行う方法について解説します。

☑ スライダー

プラグインを使って、画像をスライド表示する方法について解説します。

☑ PCとスマートフォンの画像切り替え

pictureタグを使って、PCとスマートフォンで画像を切り替える方法について解説します。

SECTION
5-4 ｜ コーディングの準備をしよう

コーディング準備

コーディングを始めるための準備を行っていきましょう。

☑ ダウンロード

本章のデザインデータ、素材、完成サイトのソースコードは、P.8を参考にダウンロードしてください。

☑ デザインデータを確認する

「design」フォルダの中のデザインデータを確認しましょう。

☑ 素材を確認する

「img」フォルダの中にある素材を確認しましょう。

☑ 完成サイト

完成サイトのソースコードは「src」フォルダの中にあるデータから確認できます。

☑ フォルダとファイルを作成する

サンプルサイトを作るための、フォルダとファイルを準備します。

❶ 作業用フォルダ	作業用フォルダとして、「kaiyu_tour」という名前のフォルダを作成します。
❷ HTMLファイル	「kaiyu_tour」フォルダの中に「index.html」という名前で作成します。
❸ CSSファイル	「kaiyu_tour」フォルダの中に「css」という名前のフォルダを作成し、その中に任意の名前（今回は「style.css」）で作成します。
❹ JavaScriptファイル	「kaiyu_tour」フォルダの中に「js」という名前のフォルダを作成し、その中に任意の名前（今回は「main.js」）で作成します。
❺ 画像フォルダ	「kaiyu_tour」フォルダの中に「img」という名前のフォルダを作成し、ダウンロードした「img」フォルダの中の画像をまとめて入れます。

フォルダ構成は、下記の通りです。

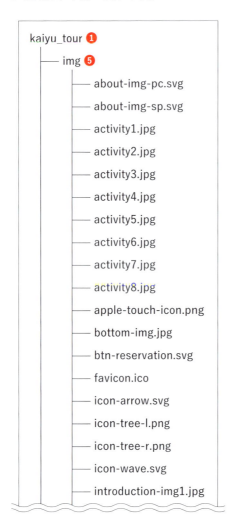
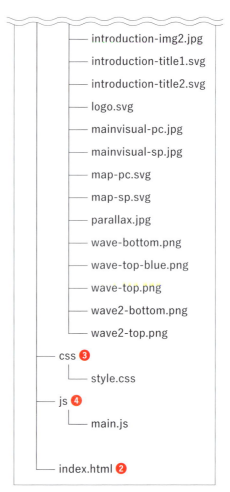

SECTION 5-5 | 全体の枠組みを作ろう

レイアウト構成の確認

サイト全体の枠組みを作成します。ここでの学習の目的は、jQueryのプラグイン「slick」の読み込みとかんたんなCSSアニメーションを作るtransitionプロパティについて学ぶことです。

サイト全体のレイアウト構成は、以下の通りです。大きく分けると、header、main、footerの3つのブロックで構成されます。mainエリアの中に各コンテンツのブロックが入ります。メニューから遷移するブロック（about、introduction、activity、map）は、classではなくidを設定します。

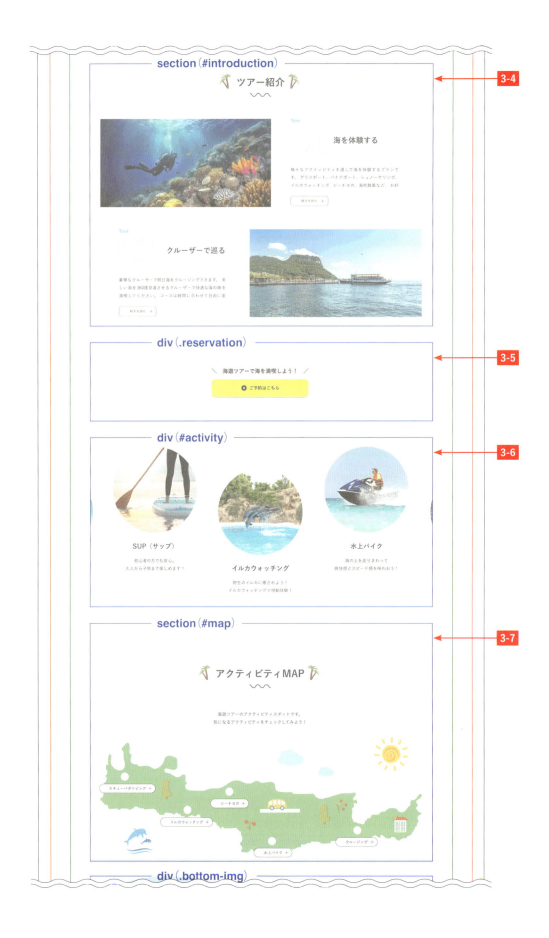

❶ body		Webサイトのヘッダー、フッター含むコンテンツ全体を囲みます。
❷ header		ロゴとハンバーガーメニューを囲みます。
❸ main		コンテンツのメインエリア全体を囲みます。
3-1	div（.mainvisual）	メインビジュアルをdivタグで囲みます。
3-2	div（#about）	サイトの説明エリア全体をdivタグで囲みます。
3-3	div（.parallax）	パララックスのエリア全体をdivタグで囲みます。
3-4	section（#introduction）	ツアー紹介のエリア全体をsectionタグで囲みます。
3-5	div（.reservation）	予約ボタンのエリア全体をdivタグで囲みます。
3-6	div（#activity）	アクティビティのスライダーエリア全体をdivタグで囲みます。
3-7	section（#map）	アクティビティのマップエリア全体をsectionタグで囲みます。
3-8	div（.bottom-img）	フッター上の画像エリアをdivタグで囲みます。
3-9	div（#fixed-btn）	追従ボタンをdivタグで囲みます。
❹ footer		フッターを囲みます。

HTMLのコーディング

全体の枠組みとhead部分のコーディングを行っていきましょう。今回は「slick」というプラグインを使ってスライダーを作るため、slickを使うために必要なCSSとJavaScriptのファイルを読み込みます。

```
index.html

<!DOCTYPE html>
<html lang="ja">
  <head>
    <meta charset="utf-8">
    <title>海遊ツアー</title>
    <meta name="description" content="海遊ツアーでは海の魅力を存分に味わっていただく
    ために、アクティビティを通して海を体験していただくプランとクルーザーで海を満喫して
    いただくプランの2つをご用意しております。家族や仲間と一緒にお楽しみください！">
    <meta name="viewport" content="width=device-width, initial-scale=1">
    <link rel="icon" href="img/favicon.ico">
    <link rel="apple-touch-icon" href="img/apple-touch-icon.png">
    <link rel="stylesheet" href="https://unpkg.com/ress/dist/ress.min.css">
    <link rel="stylesheet" href="https://cdn.jsdelivr.net/npm/slick-
    carousel@1.8.1/slick/slick.min.css"> ❶
    <link rel="stylesheet" href="https://cdn.jsdelivr.net/npm/slick-
    carousel@1.8.1/slick/slick-theme.min.css"> ❶
    <link rel="stylesheet" href="css/style.css">
    <script src="https://ajax.googleapis.com/ajax/libs/jquery/3.7.1/jquery.min.
    js"></script>
    <script src="https://cdn.jsdelivr.net/npm/slick-carousel@1.8.1/slick/slick.
    min.js"></script> ❶
    <script src="js/main.js"></script>
  </head>

  <body>
  </body>
</html>
```

❶ プラグイン「slick」

slickを使うために必要な下記のCSSとJavaScriptのファイルを読み込みます。

```
<link rel="stylesheet" href="https://cdn.jsdelivr.net/npm/slick-carousel@1.8.1/
```

```
slivck/slick.min.css">
<link rel="stylesheet" href="https://cdn.jsdelivr.net/npm/slick-carousel@1.8.1/
slick/slick-theme.min.css">
<script src="https://cdn.jsdelivr.net/npm/slick-carousel@1.8.1/slick/slick.min.
js"></script>
```

CSS のコーディング

CSSのコーディングを行っていきましょう。まずは、html、body、a、imgタグ等、共通のタグに対して基本の設定を行っていきます。今回はかんたんなCSSアニメーションを使って、リンクをマウスオーバーした際にゆっくりと透過させる動きをつけます。

style.css

```
@charset "UTF-8";

html {
  font-size: 100%;
}
body {
  color: #121212;
  font-family: 'YuGothic', 'Yu Gothic', sans-serif;
}
img {
  max-width: 100%;
  vertical-align: bottom;
}
li {
  list-style: none;
}
a { ❶
  color: #121212;
  text-decoration: none;
  transition: all 0.3s ease;
}
a:hover {
  opacity: 0.7;
```

```
}

/*------------------------------------------

スマートフォン

------------------------------------------*/

@media screen and (max-width: 767px) {

}
```

❶ a

「transition: all 0.3s ease;」を設定して、リンクをマウスオーバーした際の透過の動作をゆっくりと行います。transitionについては、以下の「transitionについて」で詳しく解説しています。

OnePoint **transitionについて**

transitionプロパティを使うことで、かんたんなCSSアニメーションを作ることができます。transitionでは、4つのプロパティを指定することができます。4つのプロパティは、それぞれ個別で指定することも、1行でまとめて記載することもできます。

個別で指定する方法

● **transition-property（対象プロパティ）**

アニメーションを適用するプロパティを指定します（初期値は「all」ですべてのプロパティ）。

> **例** `transition-property: color;`

アニメーションはcolorプロパティに対して実行されます。

● **transition-duration（実行時間）**

アニメーションが開始してから終了するまでの秒数を指定します（初期値は0秒）。

> **例** `transition-duration: 3s;`

アニメーションは3秒かけて実行されます。

● **transition-delay（待ち時間）**

アニメーションが開始するまでの秒数を指定します（初期値は0秒）。

> **例** `transition-delay: 0.5s`

アニメーションは0.5秒後に実行されます。

● transition-timing-function（変化速度）

アニメーションの変化速度を指定します。設定できる値は下記の通りです（初期値は「ease」）。

ease	始まりと終わりを滑らかにする。
ease-in	ゆっくりと始まる。
ease-out	ゆっくりと終わる。
ease-in-out	ゆっくりと始まり、ゆっくりと終わる。
linear	一定の速度で変化する。

例 `transition-timing-function: ease-in;`

アニメーションはゆっくりと始まり、終了まで加速し続けます。

1行でまとめて記載する方法

1行で記載する場合は、以下のように指定したいプロパティをまとめて指定します。
transition: プロパティ（transition-property）実行時間（transition-duration）待ち時間（transition-delay）変化速度（transition-timing-function）；

● ボックスの背景色と枠線を変更

ボックスをマウスオーバーした際に、1秒後に3.5秒かけてボックスの色をオレンジからライトグリーン、枠線を1pxから5pxに変更します。変化の速度はゆっくりと始まり、ゆっくりと終わります。

```css
.sample {
  background-color: orange;
  border: solid 1px #000;
}
.sample:hover {
  background-color: lightgreen;
  border: solid 5px #000;
  transition: all 3.5s 1s ease-in-out;
}
```

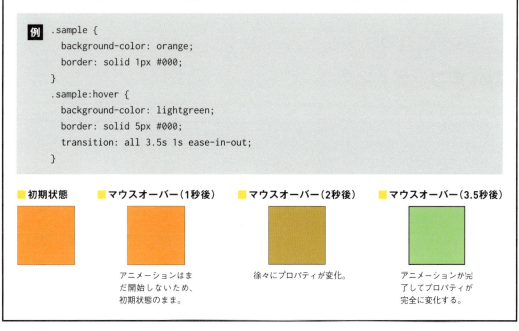

■ 初期状態　　■ マウスオーバー（1秒後）　　■ マウスオーバー（2秒後）　　■ マウスオーバー（3.5秒後）

アニメーションはまだ開始しないため、初期状態のまま。　　徐々にプロパティが変化。　　アニメーションが完了してプロパティが完全に変化する。

以上で、サイト全体のHTML、CSSのコーディングは完了です。

SECTION
5-6 ヘッダーを作ろう

レイアウト構成の確認

ページのヘッダー部分を作成します。ここでの学習の目的は、2本線のハンバーガーメニューの作り方と、ハンバーガーメニューを固定表示させる方法について学ぶことです。今回は、PC表示の場合もハンバーガーメニューを使用します。ヘッダーはロゴとハンバーガーメニューを横並びにして、スクロール時も元の位置で固定させたままにします。

ヘッダーのレイアウト構成は、以下の通りです。全体をheaderタグで囲み、ロゴを左、ハンバーガーメニューを右に配置します。

❶ ロゴ	h1タグで囲みます。
❷ ハンバーガーメニュー	全体をdivタグで囲みます。

HTMLのコーディング

HTMLのコーディングを行っていきましょう。ヘッダー全体をheaderタグで囲みます。ロゴはh1タグ、ハンバーガーメニューはdivタグで囲み、メニューはnavタグで記述します。

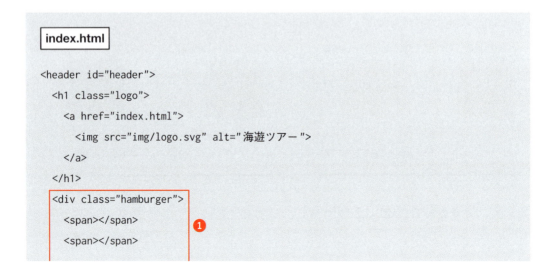

```
    </div>
  <nav class="navi">                                                    ❷
    <div class="menu-area">
      <ul class="menu">
        <li><a href="#about">海遊ツアーとは</a></li>
        <li><a href="#introduction">ツアー紹介</a></li>
        <li><a href="#activity">アクティビティ</a></li>
        <li><a href="#map">マップ</a></li>
      </ul>
      <ul class="btn">
        <li>
          <a href="">
            <img class="arrow" src="img/icon-arrow.svg" alt="">お問い合わせはこちら
          </a>
        </li>
        <li>
          <a href="">
            <img class="arrow" src="img/icon-arrow.svg" alt="">ご予約はこちら
          </a>
        </li>
      </ul>
    </div>
  </nav>
</header>
```

❶ hamburger

ハンバーガーメニューのボタンです。全体をdivタグで囲み、中に2本の横ラインを作るためのspan
タグを記述します。

❷ navi

ハンバーガーメニューを開いた時の中のメニューを記述します。全体をnavタグで囲み、中のメニュ
ーとボタンはul、liタグで記述します。

CSSのコーディング

CSSのコーディングを行っていきましょう。ハンバーガーメニューは第4章と同じくフェードで画面
全体に表示させますが、今回はボタンのラインが2本なので、クリックした時のボタンの設定を少し
変更します。ハンバーガーメニューの完成イメージは、以下の通りです。

■ **メニューが閉じている状態**

メニューが閉じている時は、ヘッダーの右上に2本線のボタンを表示します。

■ **メニューが開いている状態**

ボタンをクリックすると2本線が×に変わり、メニューをフェードで全体に表示します。

☑ ロゴの設定

```
style.css

#header .logo { ❶
  width: 100%;
  max-width: 130px;
  position: fixed;
  top: 15px;
  left: 20px;
  z-index: 30;
}
#header .logo a {
  display: block;
}
#header .logo img {
  width: 100%;
}
```

❶ **#header .logo**（ロゴ）

「position: fixed;」「top: 15px;」「left: 20px;」で、上から15px、左から20pxの位置に固定します。「z-index: 30;」で、スクロール時やハンバーガーメニューを開いた際に最前面に表示されるようにします。

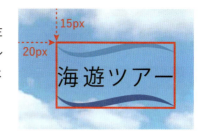

☑ ハンバーガーメニュー（ボタン）の設定

```css
/* style.css */

#header .hamburger { ❷
  width: 60px;
  height: 60px;
  background-color: #fff;
  border-radius: 50%;
  cursor: pointer;
  position: fixed;
  top: 20px;
  right: 20px;
  z-index: 30;
}
#header .hamburger span { ❸
  width: 30px;
  height: 2px;
  background-color: #121212;
  display: inline-block;
  position: absolute;
  left: 15px;
  transition: all 0.4s;
}
#header .hamburger span:nth-of-type(1) { ❸
  top: 25px;
}
#header .hamburger span:nth-of-type(2) { ❸
  top: 35px;
}
#header .hamburger.active span:nth-of-type(1) { ❹
  top: 30px;
  transform: rotate(-30deg);
```

```
}
#header .hamburger.active span:nth-of-type(2) { ❹
    top: 30px;
    transform: rotate(30deg);
}
```

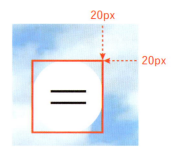

❷ **#header .hamburger**(ハンバーガーメニュー)
「position: fixed;」「top: 20px;」「right: 20px;」で、右上から20pxの位置に固定表示させます。ロゴと同じく「z-index: 30;」で最前面に表示します。

❸ **#header .hamburger span**
　#header .hamburger span:nth-of-type(1)
　#header .hamburger span:nth-of-type(2)
ハンバーガーメニューが閉じている時の2本線を設定します。

❹ **#header .hamburger.active span:nth-of-type(1)**
　#header .hamburger.active span:nth-of-type(2)
ハンバーガーメニューが開いている時の2本線を設定します。transformで1本目の線を-30度、2本目の線を30度傾けて×になるようにします。

☑ ハンバーガーメニュー(中のメニュー)の設定

style.css

```
#header .navi { ❺
    width: 100%;
    height: 100vh;
    background-color: #f2f9fd;
    padding: 100px 20px;
    position: fixed;
    top: 0;
    left: 0;
    z-index: 20;
    transition: all 0.6s;
    opacity: 0;
    visibility: hidden;
}
```

```
#header .navi.active {
  opacity: 1;
  visibility: visible;
}
#header .navi .menu-area {
  width: 100%;
  height: 100vh;
  overflow: auto;
}
#header .navi .menu-area .menu {
  max-width: 640px;
  display: flex;
  flex-wrap: wrap;
  background-color: #fff;
  border-radius: 20px 20px 0 0;
  padding: 80px 80px 20px;
  margin: 0 auto;
}
#header .navi .menu-area .menu li {
  width: 46%;
  border-bottom: dashed 1px #121212;
  margin: 0 2%;
  position: relative;
}
#header .navi .menu-area .menu li::after {
  content: "";
  width: 8px;
  height: 8px;
  border-top: solid 2px #121212;
  border-right: solid 2px #121212;
  transform: rotate(45deg);
  position: absolute;
  top: 38px;
  right: 10px;
}
#header .navi .menu-area .menu li:nth-child(-n+2) {
  border-top: dashed 1px #121212;
}
#header .navi .menu-area .menu li a {
```

```css
  display: block;
  padding: 30px 0;
}
#header .navi .menu-area .btn {
  max-width: 640px;v
  display: flex;
  align-items: center;
  background-color: #fff;
  border-radius: 0 0 20px 20px;
  padding: 20px 80px 80px;
  margin: 0 auto;
}
#header .navi .menu-area .btn li {
  width: 46%;
  background-color: #ffef00;
  border-radius: 20px;
  margin: 0 2%;
}
#header .navi .menu-area .btn li a {
  display: flex;
  align-items: center;
  justify-content: center;
  font-weight: bold;
  padding: 20px 0;
}
#header .navi .menu-area .btn li .arrow {
  width: 20px;
  margin-right: 10px;
}
```

❺ #header .navi

メニューの中身については、第4章の「ハンバーガーメニューのコーディング」で詳しく解説しています（P.230参照）。

JavaScriptのコーディング

ハンバーガーメニューのJavaScriptのコーディングを行っていきます。jQueryで、activeクラスの追加、削除を行う処理をコーディングしていきます。

```javascript
main.js

$(function(){
  $(".hamburger").click(function() {
    $(this).toggleClass("active");
    $("#header .navi").toggleClass("active");
  });

  $(".navi a").click(function() {
    $(".hamburger").removeClass("active");
    $("#header .navi").removeClass("active");
  });
});
```

コードについては、第3章の「ハンバーガーメニューのコーディング」で詳しく解説しています（P.126参照）。

レスポンシブ対応

レスポンシブ用のCSSを設定します。スマートフォン表示の場合は、ハンバーガーメニュー内のリンクとボタンを縦に並べて表示します。

style.css

```css
@media screen and (max-width: 767px) {
  #header .logo {
    max-width: 100px;
    top: 23px;
  }
  #header .navi .menu-area .menu {    ❶
    flex-direction: column;
    padding: 20px;
  }
  #header .navi .menu-area .menu li {    ❷
    width: 100%;
    margin: 0;
  }
  #header .navi .menu-area .menu li::after {
    top: 30px;
  }
  #header .navi .menu-area .menu li:nth-child(-n+2) {    ❸
    border-top: none;
  }
  #header .navi .menu-area .menu li a {
    padding: 20px 0;
  }
  #header .navi .menu-area .btn {    ❹
    flex-direction: column;
    padding: 20px;
  }
  #header .navi .menu-area .btn li {    ❺
    width: 100%;
    margin: 0 0 20px;
  }
}
```

❶ #header .navi .menu-area .menu

「flex-direction: column;」でメニューを縦に並べます。

❷ #header .navi .menu-area .menu li

「width: 100%;」でメニュー項目の横幅をボックス幅いっぱいまで広げます。

❸ #header .navi .menu-area .menu li:nth-child(-n+2)

「nth-child(-n+2)」で、2番目までの要素の上の点線を非表示にします。「nth-child」については、第1章の「擬似クラスについて」で詳しく解説しています（P.50参照）。

❹ #header .navi .menu-area .btn

「flex-direction: column;」でボタンを縦に並べます。

❺ #header .navi .menu-area .btn li

「width: 100%;」でボタンの横幅をボックス幅いっぱいまで広げます。

以上で、ヘッダーのHTML、CSS、JavaScriptのコーディングは完了です。

SECTION
5-7 | メインビジュアルを作ろう

レイアウト構成の確認

メインビジュアルを作成します。ここでの学習の目的は、画像の境界線のデザインを変更したり、PCとスマートフォンで画像を切り替える方法について学ぶことです。メインビジュアルを画面幅いっぱいに広がるように配置し、下は波のデザインにします。PCとスマートフォンで、メインビジュアルの画像を切り替えます。

メインビジュアルのレイアウト構成は、以下の通りです。全体をdivタグで囲み、さらにメインビジュアル下の波の画像もdivタグで囲みます。

HTMLのコーディング

HTMLのコーディングを行っていきましょう。ページのメインコンテンツ全体を、mainタグで囲みます。メインビジュアル（mainvisual）のブロックをdivタグで作り、その中にメインビジュアルの画像をpictureタグを使って記述します。メインビジュアル下の波の画像もdivタグで囲みます。

index.html

```
<main>
  <div class="mainvisual">
```

```
  <picture>
    <source srcset="img/mainvisual-sp.jpg" media="(max-width: 767px)">
    <img src="img/mainvisual-pc.jpg" alt="">
  </picture>

    <div class="wave">
      <img src="img/wave-bottom.png" alt="">
    </div>
  </div>
</main>
```

❶ **メインビジュアル**

pictureタグを使って、PC用とスマートフォン用の画像を指定します。pictureタグについては、以下の「pictureタグについて」で詳しく解説しています。

OnePoint pictureタグについて

pictureタグは、sourceタグとimgタグを使って複数の画像指定を行うことで、画像の切り替えを便利に行うことができます。pictureタグを記述する際は、「source」「img」の順に記述します。「source」を複数記述した場合は上から順に読み込まれ、条件に一致した画像が表示されます。どれにも一致しなかった場合は、imgタグに記述した画像が表示されます。sourceタグ内の「media」には、表示させたい条件のメディアクエリを記述します。ここでは、pictureタグの主な使い方をご紹介します。なお画像に対してCSSでスタイルを設定する場合は、pictureタグやsourceタグではなくimgタグに対して設定を行います。

● 画面幅で切り替え

```
例  <picture>
      <source srcset="img/sp.jpg" media="(max-width: 767px)">
      <img src="img/pc.jpg" alt="">
    </picture>
```

画面幅が767px以下の場合は「sp.jpg」を表示し、それ以外の場合は「pc.jpg」を表示します。

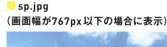

■ pc.jpg
（画面幅が768px以上の場合に表示）

■ sp.jpg
（画面幅が767px以下の場合に表示）

● 画面幅で切り替え（複数）

```
例  <picture>
      <source srcset="img/sp.jpg" media="(max-width: 767px)">
      <source srcset="img/tb.jpg" media="(max-width: 1024px)">
      <img src="img/pc.jpg" alt="">
    </picture>
```

画面幅が767px以下の場合は「sp.jpg」を表示し、768px以上、1024px以下の場合は「tb.jpg」、それ以外の場合は「pc.jpg」を表示します。

● 画像形式で切り替え

```
例  <picture>
      <source srcset="img/sample.webp" type="image/webp">
      <img src="img/sample.jpg" alt="">
    </picture>
```

ブラウザがWebPに対応している場合は「sample.webp」を表示し、対応していない場合は「sample.jpg」を表示します。

● 解像度で切り替え

```
例  <picture>
      <source srcset="img/sample.jpg 1x, img/sample@2x.jpg 2x">
      <img src="img/sample.jpg" alt="">
    </picture>
```

ディスプレイの解像度によって画像を切り替えます。通常は「sample.jpg」を表示し、高解像度のディスプレイ（Retinaディスプレイ等）では「sample@2x.jpg」を表示します。

CSSのコーディング

CSSのコーディングを行っていきましょう。positionを使って、メインビジュアルの下に波の画像を配置します。

```
style.css

.mainvisual { ❶
  position: relative;
}
.mainvisual .wave { ❷
  position: absolute;
  bottom: -2px;
```

```
        }
```

❶ .mainvisual

「position: relative;」を設定して、波の画像を配置する際の基準位置とします。

❷ .mainvisual .wave

「position: absolute;」「bottom: -2px;」で、波画像をメインビジュアルとの境界線が隠れるよう2px下に下げて配置します。

レスポンシブ対応

スマートフォン表示の場合は、pictureタグに記述した「mainvisual-sp.jpg」が表示されます。デザインについてはPC表示と変わらないため、レスポンシブ用のCSS設定は不要です。

以上で、メインビジュアルのHTML、CSSのコーディングは完了です。

SECTION 5-8 「About」を作ろう

レイアウト構成の確認

「About」を作成します。ここでの学習の目的は、CSSアニメーションを利用して要素に動きをつける方法を学ぶことです。CSSアニメーションを使って、背景の鳥の画像に動きをつけてみましょう。
「About」のレイアウト構成は、以下の通りです。全体をdivタグで囲み、さらにその中のテキストをpタグ、背景画像をdivタグで囲みます。

❶ 背景画像	メインビジュアルと同じく、pictureタグを使用してPCとスマートフォンで画像を切り替えます。

HTMLのコーディング

HTMLのコーディングを行っていきましょう。エリア全体をdivタグで囲みます。背景画像はPCとスマートフォンで表示を切り替えるため、pictureタグで記述します。

index.html

```
<div id="about">
    <p class="title">海で遊ぼう！</p>
    <p class="text">海には魅力がたくさんあります。<br>
        海遊ツアーでは、<br>
        そんな海の魅力をみな様に体験してもらうために、<br>
        2つのプランをご用意いたしました。<br>
```

```html
        アクティビティを通して海を体験していただくプランと<br>
        クルーザーに乗って海を満喫していただくプランです。<br>
        家族や仲間と一緒に、<br>
        海遊ツアーを楽しんでください！</p>
      <div class="img">
        <picture>
          <source srcset="img/about-img-sp.svg" media="(max-width: 767px)">
          <img src="img/about-img-pc.svg" alt="">
        </picture>                                                                    ①
      </div>
    </div>
```

① 背景画像

pictureタグで記述し、画面幅が767px以下の場合は「about-img-sp.svg」、それ以外の場合は「about-img-pc.svg」を表示します。

■ about-img-pc.svg　　　　　　　　　　　　　■ about-img-sp.svg

CSSのコーディング

CSSのコーディングを行っていきましょう。背景画像は、CSSアニメーションを使って少しだけ左右に動かします。

style.css

```css
#about {
  padding: 80px 0;
  position: relative;
  text-align: center;
}
#about .title {
  font-size: 48px;
```

```
    font-weight: bold;
    margin-bottom: 50px;
}
#about .text {
    line-height: 2.5;
}
#about .img { ❶
    width: 95%;
    animation: swing 3s ease infinite;
    margin: 0 auto;
    position: absolute;
    top: 120px;
    left: 0;
    right: 0;
    z-index: -10;
}
@keyframes swing { ❷
    0% {
        transform: rotate(0);
    }
    25% {
        transform: rotate(2deg);
    }
    50% {
        transform: rotate(0);
    }
    75% {
        transform: rotate(2deg);
    }
    100% {
        transform: rotate(0);
    }
}
```

❶ **#about .img（背景画像）**

「animation: swing 3s ease infinite;」で、「swing」という名前のキーフレームを3秒間かけて実行します（キーフレーム「swing」は、下で定義しています）。また、「ease」で開始と終了の動作を滑らかにし、「infinite」で動作をストップさせずに無限にループさせます。

❷ **@keyframes swing**（画像の動き）

アニメーションの動作を、「swing」という名前で定義します。定義名は任意です。transformプロパティの「rotate」を使って、画像に角度をつけることで鳥が揺れているように表現します。3秒かけて以下の動作を実行し、この動作を無限に繰り返します。

■ **0%（0秒）：**
「transform: rotate(0);」で画像は元の状態

■ **25%（0.75秒）：**
「transform: rotate(2deg);」で2度傾ける

■ **50%（1.5秒）：**
「transform: rotate(0);」で元に戻す

■ **75%（2.25秒）：**
「transform: rotate(2deg);」で2度傾ける

■ **100%（3秒）：**
「transform: rotate(0);」で元に戻す

animationとkeyframesについては、以下の「CSSアニメーションについて」で詳しく解説しています。

OnePoint　CSSアニメーションについて

CSSアニメーションを使うことで、Webサイトにいろいろな動きをつけることができます。CSSアニメーションは、animationとkeyframesの2つを使って設定を行います。animationは8つのプロパティを指定することができます。8つのプロパティは、それぞれ個別に指定することも、1行でまとめて記載することもできます。

個別で指定する方法

● **animation-name（名前）**

アニメーションの定義名を指定します（初期値は「none」）。ここで指定した定義名に対して、keyframesでアニメーションの変化を設定します。keyframesの設定方法については、「keyframesの設定」（P.346）を参照してください。

```
例   animation-name: fadein;
```

アニメーションの定義名に「fadein」という名前を指定します。アニメーションの定義名は、任意の名前を設定します。処理を表すような、わかりやすい名前を設定しましょう。

● animation-duration（実行時間）

アニメーションが開始してから終了するまでの秒数を指定します（初期値は0秒）。

```
例  animation-duration: 3s;
```

アニメーションは3秒かけて実行されます。

● animation-timing-function（変化速度）

アニメーションの変化速度を指定します（初期値は「ease」）。設定できる値は下記の通りです。

ease	始まりと終わりを滑らかにする
ease-in	ゆっくりと始まる
ease-out	ゆっくりと終わる
ease-in-out	ゆっくりと始まり、ゆっくりと終わる
linear	一定の速度で変化する
steps(数値, start または end)	コマ送りのように変化する
cubic-bezier(x座標, y座標, x座標, y座標)	3次ベジェ曲線で変化を細かく指定する

```
例  animation-timing-function: ease-in;
```

アニメーションはゆっくりと始まり、終了まで加速し続けます。

● animation-delay（待ち時間）

アニメーションが開始するまでの秒数を指定します（初期値は0秒）。

```
例  animation-delay: 0.5s;
```

アニメーションは0.5秒後に実行されます。

● animation-iteration-count（実行回数）

アニメーションを実行する回数を指定します（初期値は1回）。設定できる値は下記の通りです。

数値	指定した回数だけ繰り返す
infinite	無限に繰り返す

```
例  animation-iteration-count: 3;
```

アニメーションを3回繰り返します。

● animation-direction（再生方向）

アニメーションの再生方向を指定します（初期値は「normal」）。設定できる値は下記の通りです。

normal	通常再生する
reverse	逆再生する
alternate	通常再生するが、ループする際は逆再生する
alternate-reverse	逆再生するが、ループする際は通常再生する

例 `animation-direction: alternate;`

アニメーションを通常再生し、ループの際は逆再生します。

● animation-fill-mode（開始前後のスタイル）

アニメーションを開始する前と終了した後のスタイルを指定します（初期値は「none」）。設定できる値は下記の通りです。

none	指定なし
forwards	終了後のスタイルを維持する
backwards	開始前のスタイルに戻る
both	開始前は「backwards」、終了後は「forwards」と同じスタイルが適用される

例 `animation-fill-mode: forwards;`

アニメーションが終了した後、終了後のスタイルを維持します。

● animation-play-state（実行状態）

アニメーションを実行中か一時停止かを指定します（初期値は「running」）。設定できる値は下記の通りです。

running	再生中の状態にする
paused	一時停止の状態にする

例 `animation-play-state: paused;`

アニメーションを一時停止の状態にします。

1行でまとめて記載する方法

1行で記載する場合は、以下のように指定したいプロパティをまとめて指定します。
animation: 名前（animation-name）実行時間（animation-duration）待ち時間（animation-delay）変化速度（animation-timing-function）実行回数（animation-iteration-count）再生方向（animation-direction）開始前後のスタイル（animation-fill-mode）実行状態（animation-play-state）;

例 `animation: fadein 3s 1s ease 5 alternate forwards running;`

第5章 ランディングページを作ろう ☆☆☆☆☆

応用編

複雑なHTML&CSS&JavaScript（jQuery）を使用した動きのある練習サイト

345

「fadein」という名前でアニメーションを定義し、1秒後にゆっくりと始まり3秒間かけてゆっくりと終わります。アニメーションは5回繰り返しループ時は逆再生を行います。終了後は終了時のスタイルをそのまま維持します。

keyframesの設定

「animation-name」で指定した定義名に対して、keyframesでアニメーションの変化を指定します。アニメーションの変化は、「animation-duration」で指定した秒数に対して0%～100%の間の数値を指定して記述します。例えば「animation-duration」で3秒を設定した場合、0%が0秒、50%が1.5秒、100%が3秒を表します。

```
@keyframes アニメーション名 {
  0% {
    開始時の状態を記述
  }

  50% {
    50%時点の状態を記述
  }

  100% {
    終了時の状態を記述
  }
}
```

例 要素をフェード表示する

```
@keyframes fadein {
  0% {
    opacity: 0;
  }

  80% {
    opacity: 0.5;
  }

  100% {
    opacity: 1;
  }
}
```

0%	アニメーション開始前は透明度を0に設定して非表示の状態にする。
80%	アニメーションを80%実行した時点で透明度を0.5に設定して半分表示されている状態にする。
100%	アニメーション終了時は透明度を1に設定してすべて表示されている状態にする。

レスポンシブ対応

レスポンシブ用のCSSを設定します。スマートフォン用の表示に合わせて、余白とフォントサイズを調整します。

```css
style.css

@media screen and (max-width: 767px) {
  #about {
    padding: 40px 0;
  }
  #about .title {
    font-size: 34px;
    margin-bottom: 20px;
  }
  #about .text {
    font-size: 14px;
  }
}
```

ここでは、解説の必要な新しい書き方はありません。

以上で、「About」のHTML、CSSのコーディングは完了です。

SECTION 5-9 | パララックスを作ろう

レイアウト構成の確認

パララックスを作成します。ここでの学習の目的は、Webデザイン上で「視差効果」を表現する「パララックス」という手法について学ぶことです。パララックスにはいろいろな種類がありますが、今回はCSSを使ってスクロール時に背景画像を固定させたままにする動きを実装してみます。

パララックスのレイアウト構成は、以下の通りです。全体をdivタグで囲みます。また、上下の波の画像もdivタグで囲みます。

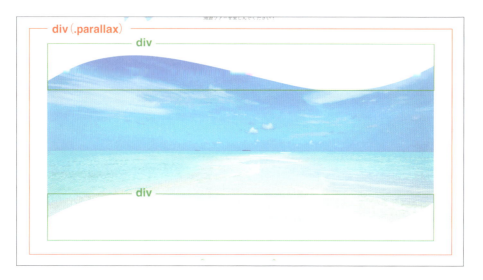

■ 上の波

■ 下の波

● スクロール時の表示

スクロールした際の背景画像の見え方は、以下の通りです。

❶

❷

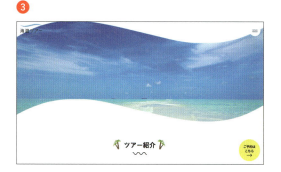 

HTMLのコーディング

HTMLのコーディングを行っていきましょう。全体をdivタグで囲みます。また、上下の波の画像もdivタグで囲みます。

```html
index.html

<div class="parallax">
  <div class="wave-top">
    <img src="img/wave-top.png" alt="">   ①
  </div>
  <div class="wave-bottom">
    <img src="img/wave-bottom.png" alt="">   ②
  </div>
</div>
```

❶ wave-top
上の波画像を設定します。

❷ wave-bottom
下の波画像を設定します。

CSSのコーディング

CSSのコーディングを行っていきましょう。backgroundプロパティを使って、スクロール時も背景画像が固定されたままの状態になるようにします。

```css
/* style.css */

.parallax { /* ❶ */
    height: 600px;
    background-image: url(../img/parallax.jpg);
    background-attachment: fixed;
    background-size: cover;
    background-position: center;
    position: relative;
}
.parallax .wave-top { /* ❷ */
    position: absolute;
    top: -2px;
}
.parallax .wave-bottom { /* ❸ */
    position: absolute;
    bottom: -2px;
}
```

❶ .parallax

「height: 600px;」で、背景画像の高さを設定します。「background-image」で背景画像を設定し、「background-attachment: fixed;」で固定表示させます。固定表示した背景画像を「background-size: cover;」でトリミングして（P.100）、「background-position: center;」で表示位置を中央に設定します。執筆時点では、「background-attachment: fixed;」と「background-size: cover;」を同時に指定した場合、iOSでは正しく動作しません。background-attachmentについては、「background-attachmentについて」で詳しく解説しています（P.351参照）。

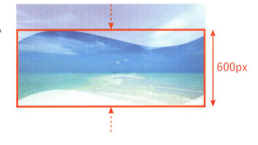

❷ .parallax .wave-top

「position: absolute;」「top: -2px;」で、背景との境界線が隠れるように上の波画像を配置します。

❸ .parallax .wave-bottom

「position: absolute;」「bottom: -2px;」で、背景との境界線が隠れるように下の波画像を配置します。

> **OnePoint** **background-attachmentについて**
>
> background-attachmentプロパティは、画面をスクロールする際に背景を固定させるかスクロールさせるかを設定できるプロパティです。
>
> ● scroll（初期値）
> 背景を要素に固定させるため要素内をスクロールしても背景は固定されたままになりますが、ページをスクロールした際は背景も一緒にスクロールします。
>
> ● fixed
> 背景を表示領域に固定させるため、ページをスクロールした際も背景はスクロールしません。
>
> ● local
> 要素内のスクロール、ページのスクロールともに背景は一緒にスクロールします。

レスポンシブ対応

レスポンシブ用のCSSを設定します。スマートフォンでは、背景画像の固定表示を解除して通常の表示に戻します。

style.css

```css
@media screen and (max-width: 767px) {
  .parallax { ❶
    height: 400px;
    background-attachment: scroll;
  }
}
```

❶ **.parallax**
「background-attachment: scroll;」で、背景画像の固定表示を解除して通常の表示に戻します。

以上で、パララックスのHTML、CSSのコーディングは完了です。

SECTION
5-10 | 「ツアー紹介」を作ろう

レイアウト構成の確認

「ツアー紹介」のセクションを作成します。ここでの学習の目的は、クリックイベントを使って要素の制御を行う方法について学ぶことです。中のコンテンツの説明テキストは3行だけ表示して、ボタンをクリックしたタイミングですべての行を表示します。すべての行を表示した後は、ボタンを非表示にします。また、セクションタイトルの横にヤシの木の画像を配置します。

「ツアー紹介」のレイアウト構成は、以下の通りです。全体をsectionタグで囲みます。タイトル横にヤシの木の画像、下に波の画像を配置します。「続きを読む」ボタンはリンク先を設定しないので、divタグで作ります。

HTMLのコーディング

HTMLのコーディングを行っていきましょう。全体をsectionタグで囲み、コンテンツの横幅を設定するための共通クラスとして「wrapper」クラスを設定します。セクション全体のタイトルはh2タグで囲み、中のコンテンツのタイトルをh3タグで囲みます。h3タイトルの数字の部分は、SVG画像を使ってコーディングしていきます。

index.html

```html
<section id="introduction" class="wrapper">

  <h2 class="section-title">
    <span class="text">ツアー紹介</span>
    <span class="img"><img src="img/icon-wave.svg" alt=""></span>
  </h2>


  <div class="item tour1">
    <div class="img">

      <img src="img/introduction-img1.jpg" alt="">

    </div>
    <div class="text">

      <h3 class="content-title">
        <img class="title-img" src="img/introduction-title1.svg" alt="Tour01">
        <span class="title-text">海を体験する</span>
      </h3>

      <p class="description">様々なアクティビティを通して海を体験するプランです。グラ
      スボート、バナナボート、シュノーケリング、イルカウォッチング、ビーチヨガ、海街散
      策など、お好きなアクティビティからお選びいただけます。海と触れ合い素敵な休日を満
      喫してください！</p>
      <div class="btn">続きを読む</div>

    </div>

  </div>


  <div class="item tour2">
    <div class="text">

      <h3 class="content-title">
        <img class="title-img" src="img/introduction-title2.svg" alt="Tour02">
        <span class="title-text">クルーザーで巡る</span>
      </h3>

      <p class="description">豪華なクルーザーで終日海をクルージングできます。美しい海
      を360度見渡させるクルーザーで快適な海の旅を満喫してください。コースは時間に合わ
      せて自由に変更できますのでご予約時にお申し付けください。</p>
      <div class="btn">続きを読む</div>

    </div>
    <div class="img">

      <img src="img/introduction-img2.jpg" alt="">

    </div>
```

```
        </div>
    </section>
```

❶ h2（セクションタイトル）
全体をh2タグで囲み、テキストとテキスト下の波画像をそれぞれspanタグで記述します。両サイドのヤシの木の画像は、CSSで擬似要素を使って配置します。

❷ h3（コンテンツタイトル）
全体をh3タグで囲み、数字の部分をSVG画像、テキスト部分をspanタグで記述します。

CSSのコーディング

CSSのコーディングを行っていきましょう。ここでのポイントは、ツアーの説明テキストを3行だけ表示させて「続きを読む」ボタンを押した際にすべての行を表示させる動きを入れるところです。「続きを読む」ボタンを押した際の動作についてはJavaScript（jQuery）でコーディングしていきます。

■ ボタンをクリックする前　　　　　　■ ボタンをクリックした後

☑ 共通クラスとセクションタイトルの設定

style.css

```css
.wrapper { ❶
    max-width: 1240px;
    padding: 0 20px;
    margin: 0 auto;
}

.section-title {
```

```
    margin-bottom: 60px;

    text-align: center;

}
.section-title .text {

    font-size: 36px;

    font-weight: bold;

    display: inline-block;

    position: relative;

}
.section-title .text::before,
.section-title .text::after { ❷

    content: "";

    width: 50px;

    height: 100%;

    position: absolute;

    top: -3px;

}
.section-title .text::before {

    background-image: url(../img/icon-tree-l.png);

    background-size: contain;

    left: -60px;

}
.section-title .text::after {

    background-image: url(../img/icon-tree-r.png);

    background-size: contain;

    right: -60px;

}
.section-title .img {

    max-width: 80px;

    display: block;

    margin: -10px auto 0;

}
```

❶ .wrapper

共通クラスとしてコンテンツの横幅と両サイドの余白などを設定します。

❷ .section-title .text::before（**セクションタイトル左側の画像**）
  .section-title .text::after（**セクションタイトル右側の画像**）

「width: 50px;」「height: 100%;」でサイズを設定し、position を使って画像をそれぞれタイトルの左側
と右側に配置します。

355

☑ ツアー紹介のコンテンツ

style.css

```css
#introduction {
  padding-top: 80px;
}
#introduction .item {
  display: flex;
  margin-bottom: 80px;
}
#introduction .item .img {
  max-width: 640px;
}
#introduction .item .text {
  max-width: 560px;
  padding: 0 6%;
}
#introduction .item .text .content-title {
  display: flex;
  align-items: center;
  margin-bottom: 40px;
}
#introduction .item .text .content-title .title-img { 3
  width: auto;
  height: 130px;
  margin-right: 30px;
}
#introduction .item .text .content-title .title-text {
  font-size: 28px;
  margin-top: 25px;
}
#introduction .item .text .description { 4
  height: 80px;
  line-height: 1.8;
  margin-bottom: 30px;
  overflow: hidden;
  text-align: justify;
}
```

```css
#introduction .item .text .btn {  ⑤
  max-width: 140px;
  border: solid 1px #121212;
  border-radius: 10px;
  cursor: pointer;
  display: block;
  font-size: 12px;
  padding: 8px 0;
  position: relative;
  text-align: center;
}
#introduction .item .text .btn::before {
  content: "";
  width: 11px;
  height: 1px;
  background-color: #121212;
  position: absolute;
  top: 17px;
  right: 14px;
}
#introduction .item .text .btn::after {
  content: "";
  width: 1px;
  height: 11px;
  background-color: #121212;
  position: absolute;
  top: 12px;
  right: 19px;
}
```

❸ #introduction .item .text .content-title .title-img（コンテンツタイトルの画像）

「width: auto;」「height: 130px;」で、Tour01とTour02の画像の高さを揃えます。

❹ #introduction .item .text .description（ツアー説明テキスト）

「height: 80px;」でテキスト3行分の高さを設定し、「overflow: hidden;」で残りの行が隠れるようにします。

❺ #introduction .item .text .btn（続きを読むボタン）

「続きを読む」ボタンを作ります。右側の＋は擬似要素を使って作ります。

JavaScriptのコーディング

JavaScript（jQuery）のコーディングを行っていきましょう。ボタンを押した際に、説明テキストを表示してボタンを消します。

```javascript
main.js

$(function(){
  $("#introduction .tour1 .btn").click(function() {   ①
    $(this).hide();   ②
    $("#introduction .tour1 .description").css({   ③
      "height": "auto",
      "overflow": "visible"
    });
  });


  $("#introduction .tour2 .btn").click(function() {   ④
    $(this).hide();
    $("#introduction .tour2 .description").css({
      "height": "auto",
      "overflow": "visible"
    });
  });
});
```

❶ **$("#introduction .tour1 .btn").click(function() {});**
ツアー1の「続きを読む」ボタンをクリックした際に、この中の処理を実行します。

❷ **$(this).hide();**
ツアー1の「続きを読む」ボタンを非表示にする処理です。ここでの「$(this)」は、クリックされた要素「$("#introduction .tour2 .btn")」を表します。hide()はjQueryのメソッドで、指定した要素を非表示にします。jQueryで要素を表示、非表示にする方法については、「jQueryで要素を表示、非表示」で詳しく解説しています（P.359参照）。

❸ **$("#introduction .tour1 .description").css({});**
jQueryのcss()メソッドを使って、ツアー説明のテキストのCSSを変更します。「"height": "auto"」と「"overflow": "visible"」を設定して、ツアー説明テキストのすべての行を表示します。jQueryでCSSを操作する方法については、「jQueryでCSSを追加、変更、削除」で詳しく解説しています（P.360参照）。

❹ **$("#introduction .tour2 .btn").click(function() {});**

ツアー2の「続きを読む」ボタンをクリックした際の処理です。処理の内容についてはツアー1と同様です。

OnePoint **jQueryで要素を表示、非表示**

jQueryのshow()、hide()、toggle()、fadeIn()、fadeOut()メソッドを使うことで、要素の表示、非表示をかんたんに行うことができます。それぞれのメソッドについて解説していきます。

● **show()**

特定の要素を表示します。引数に速度の秒数を指定することができます。

> **例1** **testクラスの要素を表示する**
>
> ```
> $(".test").show();
> ```

> **例2** **testクラスの要素を3秒かけて表示する**
>
> ```
> $(".test").show(3000);
> ```

● **hide()**

特定の要素を非表示にします。引数に速度の秒数を指定することができます。

> **例1** **testクラスの要素を非表示にする**
>
> ```
> $(".test").hide();
> ```

> **例2** **testクラスの要素を3秒かけて非表示にする**
>
> ```
> $(".test").hide(3000);
> ```

● **toggle()**

特定の要素の表示、非表示を切り替えることができます。実行するごとに、表示と非表示を交互に行います。引数に速度の秒数を指定することができます。

> **例1** **testクラスの要素の表示、非表示を切り替える**
>
> ```
> $(".test").toggle();
> ```

> **例2** **testクラスの要素の表示、非表示を3秒かけて切り替える**
>
> ```
> $(".test").toggle(3000);
> ```

● fadeIn()

特定の要素をフェードで表示します。引数に速度の秒数を指定することができます。

例1 **test クラスの要素をフェードで表示する**

```
$(".test").fadeIn();
```

例2 **test クラスの要素を3秒かけてフェードで表示する**

```
$(".test").fadeIn(3000);
```

● fadeOut()

特定の要素をフェードで非表示にします。引数に速度の秒数を指定することができます。

例1 **test クラスの要素をフェードで非表示にする**

```
$(".test").fadeOut();
```

例2 **test クラスの要素を3秒かけてフェードで非表示にする**

```
$(".test").fadeOut(3000);
```

OnePoint **jQuery で CSS を追加、変更、削除**

jQuery の css() メソッドを使って、CSS のプロパティを追加、変更、削除することができます。

● CSS のプロパティを追加、変更する

指定した要素に対して、追加や変更を行いたいプロパティと値をセットします。

例1 **1つのプロパティを追加、変更する場合**

```
$(".test").css("color": "#000");
```

例2 **複数のプロパティを追加、変更する場合**

```
$(".test").css({
  "color": "#000",
  "font-size": "16px",
  "font-weight": "bold"
});
```

● CSS のプロパティを削除する

指定した要素に対して、削除を行いたいプロパティに空をセットします。

| 例1 | 1つのプロパティを削除する場合 |

```
$(".test").css("color": "");
```

| 例2 | 複数のプロパティを削除する場合 |

```
$(".test").css({
  "color": "",
  "font-size": "",
  "font-weight": ""
});
```

レスポンシブ対応

レスポンシブ用のCSSを設定します。スマートフォン表示の場合は、画像とテキストのコンテンツを縦に並べ、フォントサイズや余白を調整します。ボタンを押した際の動作はPCの場合と同様です。

☑ セクションタイトル

スマートフォン表示の場合は、フォントサイズを小さくして両サイドのヤシの木の位置を調整します。

```
style.css

@media screen and (max-width: 767px) {
  .section-title {
    margin-bottom: 30px;
  }
  .section-title .text {
    font-size: 26px;
  }
  .section-title .text::before,
  .section-title .text::after {
    width: 25px;
    top: 3px;
  }
  .section-title .text::before {
    left: -35px;
  }
  .section-title .text::after {
    right: -35px;
  }
}
```

ここでは、解説の必要な新しい書き方はありません。

☑ ツアー紹介のコンテンツ

スマートフォン表示の場合は、画像、ツアータイトル、説明テキストの順で縦に並べます。
Tour2の場合は、画像とツアータイトル・説明テキストの配置が逆になるので、「flex-direction: column-reverse;」で並び順を入れ替えます。

```
style.css

@media screen and (max-width: 767px) {
  #introduction {
    padding-top: 40px;
```

```
  }
  #introduction .item.tour1 {

    flex-direction: column;

    margin-bottom: 60px;

  }
  #introduction .item.tour2 {

    flex-direction: column-reverse;

    margin-bottom: 60px;

  }
  #introduction .item .img {

    max-width: 100%;

    margin-bottom: 20px;

  }
  #introduction .item .text {

    max-width: 100%;

    padding: 0;

  }
  #introduction .item .text .content-title {

    margin-bottom: 20px;

  }
  #introduction .item .text .content-title .title-img {

    height: 80px;

    margin-right: 20px;

  }
  #introduction .item .text .content-title .title-text {

    font-size: 22px;

    margin-top: 20px;

  }
}
```

ここでは、解説の必要な新しい書き方はありません。

以上で、「ツアー紹介」のHTML、CSSのコーディングは完了です。

SECTION
5-11 | 「reservation」を作ろう

レイアウト構成の確認

「reservation」を作成します。ここでの学習の目的は、マウスオーバー時に要素に動きをつける方法と、要素に影をつける「box-shadow」について学ぶことです。「About」の章で学習したCSSアニメーション（P.343参照）を使って、ボタン上のテキストに点滅する動きを入れます。また、影をつけたボタンを作り、マウスオーバー時にボタンを押したような動作を入れてみましょう。

「reservation」のレイアウト構成は、以下の通りです。全体をdivタグで囲み、中の上下の波の画像もdivタグで囲みます。テキストはpタグ、ボタンはaタグで記述します。

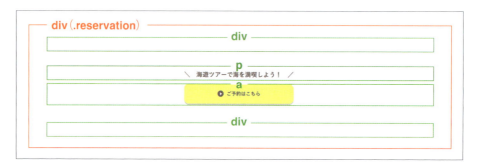

HTMLのコーディング

HTMLのコーディングを行っていきましょう。全体をdivタグで囲みます。上と下の波画像もそれぞれdivタグで囲み、テキストはpタグ、ボタンはaタグで記述します。

```
index.html

<div class="reservation">
  <div class="wave-top">
    <img src="img/wave2-top.png" alt="">
  </div>

  <p class="text">＼　海遊ツアーで海を満喫しよう！　／</p>
  <a class="btn" href="">
    <img class="arrow" src="img/icon-arrow.svg" alt="">ご予約はこちら    ❶
  </a>

  <div class="wave-bottom">
```

```
      <img src="img/wave2-bottom.png" alt="">
    </div>
  </div>
```

❶ ボタン

ボタンをaタグで作成します。中のアイコンは画像を使用します。

CSSのコーディング

CSSのコーディングを行っていきましょう。CSSアニメーションを使って、ボタン上のテキストにゆっくりと点滅する動きを設定します。また、下側に影をつけたボタンを作り、マウスオーバー時にボタンを押したような動作を設定します。

style.css

```
.reservation {
  background-color: #f2f9fd;
  padding: 100px 0;
  position: relative;
  text-align: center;
}
.reservation .text { ❶
  animation: blink 1.3s ease-in-out infinite alternate;
  font-size: 20px;
  font-weight: bold;
  margin-bottom: 15px;
}
@keyframes blink { ❷
  0% {
    opacity: 0;
  }
  100% {
    opacity: 1;
  }
}
.reservation .btn { ❸
  max-width: 360px;
  display: flex;
```

```
    align-items: center;
    justify-content: center;
    background-color: #ffef00;
    border-radius: 15px;
    box-shadow: 0px 4px 0px 0px #aaa;
    font-weight: bold;
    padding: 20px 0;
    margin: 0 auto;
  }
  .reservation .btn .arrow {
    width: 20px;
    margin-right: 10px;
  }
  .reservation .btn:hover { ❶
    transform: translateY(5px);
    box-shadow: none;
  }
  .reservation .wave-top img {
    width: 100%;
    height: 34px;
    object-fit: cover;
    position: absolute;
    top: -2px;
    left: 0;
  }
  .reservation .wave-bottom img {
    width: 100%;
    height: 34px;
    object-fit: cover;
    position: absolute;
    bottom: -2px;
    left: 0;
  }
```

❶ .reservation .text（ボタン上テキスト）

「animation: blink 1.3s ease-in-out infinite alternate;」でCSSアニメーションを設定し、ボタン上の
テキストを点滅させます。設定内容は以下の通りです。

blink	アニメーションの定義名

1.3s	アニメーションが開始してから終了するまでの秒数
ease-in-out	アニメーションはゆっくりと始まりゆっくりと終わる
infinite	動作を無限に繰り返す
alternate	ループする際に逆再生する

❷ @keyframes blink（点滅する動き）

アニメーションの動作を「blink」という名前で定義します。1.3秒かけて表示と非表示を無限に繰り返します。

0%（0秒）	「opacity: 0;」で非表示
100%（1.3秒）	「opacity: 1;」で表示

❸ .reservation .btn（ボタン）

「box-shadow: 0px 4px 0px 0px #aaa;」でボタンの下に影を設定します。「box-shadow」については、「box-shadowについて」で詳しく解説しています（P.368参照）。

❹ .reservation .btn:hover（ボタンのマウスオーバー）

マウスオーバー時にゆっくりとボタンを押したような動作を設定します。「transform: translateY(5px);」で5px下にずらして「box-shadow: none;」で影を消すことで、ボタンを押しているような動きを表現します。また、aタグ全体に対して「transition: all 0.3s ease;」を設定しているため（P.324）、上記の動作をゆっくりと行います。

■ ボタンを押す前　　　　　　　　　　　　■ ボタンを押した後

OnePoint box-shadowについて

box-shadowプロパティを使うことで、要素に対して影を設定することができます。ここでは、box-shadowプロパティの設定方法と主な使い方についてご紹介します。

● 設定方法

box-shadow：左右の位置 上下の位置 ぼかし 広がり 色 内側；

左右の位置	影の左右の位置を指定（必須）
上下の位置	影の上下の位置を指定（必須）
ぼかし	影をどのくらいぼかすかを指定
広がり	影をどのくらいの距離まで広げるかを指定
色	影の色を指定
内側	影を内側につける場合は「inset」を指定

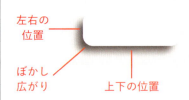

● 使い方の例

例1　上下左右に影をつける

box-shadow: 0 0 20px #000;

左右と上下の位置に0を設定し、ぼかしを20pxに設定します。

例2　右下に影をつけて広がりを小さくする

box-shadow: 10px 10px 30px -10px #000;

右下に10pxずらし、ぼかしを30pxに設定します。影の広がりを-10pxにすることで広がりを抑えて影を小さくします。

例3　右下の内側に影をつける

box-shadow: -10px -10px 20px #000 inset;

insetで右下の内側に10pxずらし、ぼかしを20pxに設定します。

レスポンシブ対応

レスポンシブ用のCSSを設定します。スマートフォン用に、余白とフォントサイズ、ボタンサイズを調整します。

style.css

```css
@media screen and (max-width: 767px) {
  .reservation {
    padding: 80px 0;
  }
  .reservation .text {
    font-size: 18px;
  }
  .reservation .btn {
    max-width: 320px;
  }
}
```

ここでは、解説の必要な新しい書き方はありません。

以上で、「reservation」のHTML、CSSのコーディングは完了です。

SECTION 5-12 | 「アクティビティ」を作ろう

レイアウト構成の確認

「アクティビティ」を作成します。ここでの学習の目的は、画像をスライドさせるスライダーの実装方法について学ぶことです。jQueryのプラグイン「slick」を使って、スライダーを作成してみましょう。「アクティビティ」のレイアウト構成は、以下の通りです。全体をdivタグで囲みます。さらにスライダーエリア全体と中のスライドを、それぞれdivタグで囲みます。画像とテキストは、それぞれdivタグとpタグで記述します。

HTMLのコーディング

HTMLのコーディングを行っていきましょう。全体をdivタグで囲みます。スライダーエリア全体とスライダーの中をそれぞれdivタグで囲み、中の画像とテキストもそれぞれdivタグとpタグで記述します。スライドは全部で8枚分作成します。

index.html

```
<div id="activity">
  <div class="slider">  ❶
    <div class="slider-item">  ❷
      <div class="img">
        <img src="img/activity1.jpg" alt="">
      </div>
```

```html
      <p class="title">スキューバダイビング</p>
      <p class="text">海の世界を間近で体感！<br>魚やウミガメと一緒に泳ごう！</p>
    </div>
    中略
    <div class="slider-item">
      <div class="img">
        <img src="img/activity8.jpg" alt="">
      </div>
      <p class="title">水上バイク</p>
      <p class="text">海の上を走りまわって<br>爽快感とスピード感を味わおう！</p>
    </div>
  </div>
</div>
```

❶ スライダー

JavaScriptでスライドの動作を設定するため、スライダーエリア全体を囲んだdivタグに対して任意の
クラス名を設定します。ここでは「slider」というクラス名で設定します。

❷ 中のスライド

中のスライドに対してCSSでレイアウト調整を行うため、任意のクラス名を設定します。ここでは
「slider-item」というクラス名で設定します。

CSSのコーディング

CSSのコーディングを行っていきましょう。スライダーのデザイン周りの設定を行っていきます。ス
ライダーの動作については、JavaScript（jQuery）にて行います。

```css
style.css

#activity {
  padding: 80px 0;
}
#activity .slider .slider-item { ❶
  max-width: 400px;
  margin: 0 40px;
  text-align: center;
}
#activity .slider .slider-item:nth-child(even) { ❷
```

```
    margin-top: 80px;
  }
  #activity .slider .slider-item .img img { ❸
    border-radius: 50%;
  }
  #activity .slider .slider-item .title {
    font-size: 24px;
    font-weight: bold;
    margin: 30px 0 20px;
  }
  #activity .slider .slider-item .text {
    line-height: 1.8;
  }
```

❶ **#activity .slider .slider-item（スライド）**

「max-width: 400px;」で各スライドの最大幅を400pxに設定し、「margin: 0 40px;」でスライドの両サイドに40pxの余白を設定します。

❷ **#activity .slider .slider-item:nth-child(even)（偶数番のスライド）**

スライドの高さを交互に変えるため、偶数番のスライドに対して「margin-top: 80px;」で80px下に下げます。「nth-child」については、第1章の「擬似クラスについて」で詳しく解説しています（P.50参照）。

❸ **#activity .slider .slider-item .img img**
「border-radius: 50%;」でスライドの画像を丸くします。

JavaScriptのコーディング

JavaScript（jQuery）のコーディングを行っていきましょう。jQueryのプラグイン「slick」を使って、スライダーの動作を設定します。slickを動かすためには、前提として「5-5全体の枠組みを作ろう」で行ったslickのCSSとJavaScriptの読み込みが必要になります。

```
main.js

$(function(){
  $("#activity .slider").slick({ ❶
    autoplay: true,
    autoplaySpeed: 3000,
    arrows: false,
    centerMode: true,
    slidesToShow: 3,
    pauseOnFocus: false,
    pauseOnHover: false,
    responsive: [
      {
        breakpoint: 768,
        settings: {
          slidesToShow: 1
        }
      }
    ]
  });
});
```

❶ **$("#activity .slider").slick({});**
「$("#activity .slider")」でスライダーにしたい要素を指定し、「slick({})」の中に動作の設定を記述します。今回は、以下の設定を行います。

autoplay: true	自動再生をオンにする。
autoplaySpeed: 3000	自動再生の切り替わり速度を3秒にする（3秒ごとに次の画像に切り替わる）。
arrows: false	前と次の矢印を表示しない。
centerMode: true	スライドを中央に配置して、両端のスライドが見切れるようにする。
slidesToShow: 3	表示するスライドの数を3枚に設定する。
pauseOnFocus: false	スライダーをフォーカスした際に自動再生を停止しない。
pauseOnHover: false	スライダーをマウスオーバーした際に自動再生を停止しない。
responsive	レスポンシブの設定を行う。「breakpoint: 768」で画面幅が768px未満の時、「slidesToShow: 1」で表示するスライドの数を1枚にする。

> **OnePoint　スライダーのプラグインについて**
>
> 実務でよく使われるスライダーのプラグインに、「slick」と「Swiper」の2つがあります。今回は、比較的かんたんに実装できる「slick」を使用しました。slickには今回使用した設定以外にも様々なオプションが用意されていて、いろいろなスライダーを作ることができます。詳しくは、slickの公式サイト（https://kenwheeler.github.io/slick/）をご参照ください。
> Swiperは、jQueryを使わずにスライダーを作ることができるプラグインです。より細かな設定ができますので、気になる方は公式サイト（https://swiperjs.com/）をチェックしてみてください。

レスポンシブ対応

レスポンシブ用のCSSを設定します。スマートフォン用に、スライダーの余白とフォントサイズの調整を行います。

style.css

```css
@media screen and (max-width: 767px) {
  #activity {
    padding: 40px 0;
  }
  #activity .slider .slider-item {
    margin: 0 10px;
  }
  #activity .slider .slider-item .title {
    font-size: 18px;
    margin: 20px 0 10px;
  }
  #activity .slider .slider-item .text {
    font-size: 14px;
  }
}
```

ここでは、解説の必要な新しい書き方はありません。

以上で、「アクティビティ」のHTML、CSSのコーディングは完了です。

SECTION 5-13 | 「アクティビティMAP」を作ろう

レイアウト構成の確認

「アクティビティMAP」を作成します。ここでの学習の目的は、マウスオーバー時にJavaScript（jQuery）を使って要素を表示する方法について学ぶことです。MAP上のボタンの上にマウスを乗せた際に、JavaScript（jQuery）を使って対象のアクティビティの写真を表示します。スマートフォンの場合は、マウスオーバーの処理は行わずにMAPの下にアクティビティのコンテンツ一覧を表示します。「アクティビティMAP」のレイアウト構成は、以下の通りです。全体をsectionタグで囲み、タイトルをh2タグで記述します。また、MAP全体をdivタグで囲み、各アクティビティのボタンもdivタグで囲みます。エリア上下の波画像も、前章と同じくdivタグで囲んでそれぞれ上下に配置します。

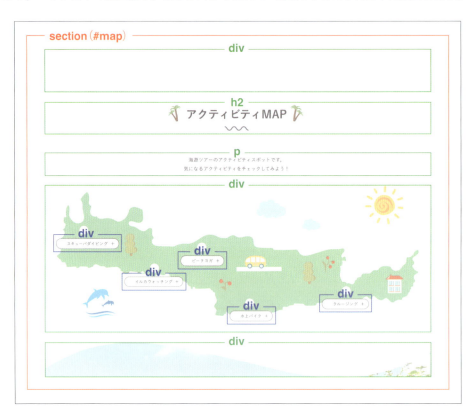

HTMLのコーディング

HTMLのコーディングを行っていきましょう。全体をsectionタグで囲みます。タイトルはh2タグで囲み、共通の「section-title」クラスを設定します。MAP全体をdivタグで囲み、MAPの画像はPCとスマートフォンで切り替えるためpictureタグで記述します。各アクティビティのボタンとマウスオーバー時に表示する画像は、それぞれdivタグで囲みます。スマートフォンの場合は、MAPの下にアクティビティ一覧を表示するため、ul、liタグでアクティビティの一覧を記述しておきます。

index.html

```html
<section id="map">
  <div class="wave-top">
    <img src="img/wave-top.png" alt="">
  </div>

  <h2 class="section-title">
    <span class="text">アクティビティMAP</span>
    <span class="img"><img src="img/icon-wave.svg" alt=""></span>
  </h2>

  <p class="head-text">海遊ツアーのアクティビティスポットです。<br>
    気になるアクティビティをチェックしてみよう！</p>

  <div class="activity-map wrapper">
    <picture>
      <source srcset="img/map-sp.svg" media="(max-width: 767px)">
      <img src="img/map-pc.svg" alt="">
    </picture>


    <div class="spot spot1">
      <div class="spot-btn">スキューバダイビング</div>
      <div class="spot-img">
        <img src="img/activity1.jpg" alt="">
      </div>
    </div>
```

中略

```html
    <div class="spot spot5">
      <div class="spot-btn">クルージング</div>
      <div class="spot-img">
        <img src="img/activity3.jpg" alt="">
      </div>
    </div>


    <ul class="spot-list">
      <li>
        <p class="title"><span class="no">1</span>スキューバダイビング</p>
        <img src="img/activity1.jpg" alt="">
```

①

②

③

```
      </li>
    中略
      <li>
        <p class="title"><span class="no">5</span>クルージング</p>
        <img src="img/activity3.jpg" alt="">
      </li>
    </ul>
  </div>


  <div class="wave-bottom">
    <img src="img/wave-top-blue.png" alt="">
  </div>
</section>
```

❶ アクティビティのマップ

pictureタグを使ってPCとスマートフォンで画像を切り替えます。

❷ 各アクティビティのボタンとマウスオーバー時の表示画像

ボタンと画像をdivタグで囲み、レイアウトを調整するためのクラス「spot」を設定します。また、表示位置の調整とマウスオーバー時の処理で使用するため、各アクティビティに個別のクラス名を「spot1」から連番で設定します。

❸ スマートフォン用のアクティビティ一覧

スマートフォンの場合に表示するアクティビティ一覧をul、liタグで記述します。PC表示の場合は、CSSで非表示にしておきます。

CSSのコーディング

CSSのコーディングを行っていきましょう。MAPの上に、各アクティビティのボタンと画像を配置します。画面幅を狭めて、MAPが縮小した際にボタンの位置がずれないよう注意します。画像はボタンをマウスオーバーした際に表示するので、初期状態は非表示にしておきます。

☑ 全体の枠と波画像、タイトル下テキスト

```
style.css

#map {
  background-color: #f2f9fd;
```

```
    padding: 200px 0 60px;
    position: relative;
}
#map .wave-top {  ❶
    position: absolute;
    top: -2px;
}
#map .wave-bottom {  ❷
    position: absolute;
    top: calc(100% - 2px);
}
#map .head-text {
    line-height: 1.8;
    margin-bottom: 40px;
    text-align: center;
}
```

❶ #map .wave-top（上の波画像）

「position: absolute;」「top: -2px;」で、エリアの境界線が隠れるように上に2pxずらして配置します。

❷ #map .wave-bottom（下の波画像）

下の波画像はエリアの外側に配置するため、画面幅を変更して高さが変わった際に位置がずれないよう「top: calc(100% - 2px);」でトップからの位置を％で指定します。「calc」を使うことで、プロパティに計算結果の値を設定することができます。「calc」の詳細については、「calcについて」で詳しく解説しています（P.382参照）。

☑ アクティビティ MAP

style.css

```css
#map .activity-map { ③
  position: relative;
}
#map .activity-map .spot1 { ④
  position: absolute;
  top: 40%;
  left: 1%;
}
#map .activity-map .spot2 { ④
  position: absolute;
  top: 69%;
  left: 19%;
}
#map .activity-map .spot3 { ④
  position: absolute;
  top: 53%;
  left: 32%;
}
#map .activity-map .spot4 { ④
  position: absolute;
  top: 95%;
  left: 45%;
}
#map .activity-map .spot5 { ④
  position: absolute;
  top: 86%;
  left: 70%;
}
#map .activity-map .spot {
  width: 100%;
  max-width: 220px;
  text-align: center;
}
#map .activity-map .spot .spot-btn {
  background-color: #fff;
```

```
    border: solid 1px #121212;
    border-radius: 30px;
    cursor: pointer;
    display: inline-block;
    font-size: 14px;
    padding: 5px 35px;
    position: relative;
}
#map .activity-map .spot .spot-btn::before { ⑤
    content: "";
    width: 11px;
    height: 1px;
    background-color: #121212;
    position: absolute;
    top: 15px;
    right: 14px;
}
#map .activity-map .spot .spot-btn::after { ⑤
    content: "";
    width: 1px;
    height: 11px;
    background-color: #121212;
    position: absolute;
    top: 10px;
    right: 19px;
}
#map .activity-map .spot .spot-img { ⑥
    max-width: 180px;
    display: none;
    margin: 0 auto;
    position: absolute;
    top: -190px;
    left: 0;
    right: 0;
    z-index: 10;
}
#map .activity-map .spot .spot-img img {
    border-radius: 50%;
}
```

❸ #map .activity-map（MAP全体）

「position: relative;」を設定して、各アクティビティのボタンと画像を配置するための基準位置とします。

❹ #map .activity-map .spot1 ～ #map .activity-map .spot5
　　（アクティビティのボタンと画像）

「position: absolute;」「top」「left」を設定して、アクティビティのボタンの位置を指定します。「top」と「left」は画面幅を変更した際に位置がずれないよう％で指定します。

❺ #map .activity-map .spot .spot-btn::before（ボタンの＋）
　　#map .activity-map .spot .spot-btn::after

ボタンの中の＋は、擬似要素を使って作成します。横線をbefore、縦線をafterで作り、positionを使って＋になるよう2つを重ねます。

❻ #map .activity-map .spot .spot-img（アクティビティの画像）

小タブをマウスオーバーした際に表示します。初期状態は「display: none;」を設定して非表示にしておき、ボタンをマウスオーバーした際にJavaScriptのマウスオーバーイベントを使って表示させます。表示位置は「top: -190px;」「left: 0;」「right: 0;」で、ボタンの190px上に表示します。

☑ アクティビティ一覧（スマートフォン用）

---

style.css

```
#map .activity-map .spot-list { ❼
  display: none;
}
```

---

❼ #map .activity-map .spot-list（スマートフォン用のアクティビティ一覧）

アクティビティ一覧はスマートフォンの場合のみ表示するため、「display: none;」で非表示にします。

OnePoint　calcについて

calcを使うことで、プロパティの値に計算式を設定することができます。これにより、画面幅に応じて値を変えるなど、動的な値の設定が可能となります。

● **calcが使えるプロパティ**

calcは「長さ」「周波数」「角度」「時間」「数量」「整数値」などの値を設定するプロパティに対して使用できます。例えば以下のようなプロパティです。

width	padding	top	left	font-size	transform	text-shadow
height	margin	bottom	right	animation	transition	

● **calcで使える演算子**

calcの計算式では、以下の演算子が使用できます。

```
+（足し算）　　－（引き算）　　＊（掛け算）　　／（割り算）
```

● **使用例**

例1 横幅を3等分する

```
width: calc(100% / 3);
```

例2 左を基準として、中央から10px左の位置を指定する

```
left: calc(50% - 10px);
```

例3 ビューポートに合わせて可変のフォントサイズにする

15pxを最小として、画面幅の0.3%を加算した値を指定します。vwについては、第4章の「vw、vhについて」で詳しく解説しています（P.278参照）。

```
font-size: calc(15px + 0.3vw)
```

JavaScriptのコーディング

JavaScript（jQuery）のコーディングを行っていきましょう。各アクティビティのボタンをマウスオーバーした際に、対象のアクティビティの画像を表示します。また、マウスをボタンから外した際には画像を非表示にします。

main.js

```
$(function(){

  $("#map .spot1 .spot-btn").mouseover(function() {
    $("#map .spot1 .spot-img").show();
  }).mouseout(function() {
    $("#map .spot1 .spot-img").hide();
  });

  中略

});
```

①

❶ ```
$("#map .spot1 .spot-btn").mouseover(function() {
  $("#map .spot1 .spot-img").show();
}).mouseout(function() {
  $("#map .spot1 .spot-img").hide();
});
```

「$("#map .spot1 .spot-btn").mouseover」で「スキューバダイビング」のボタンにマウスを乗せた際に、「$("#map .spot1 .spot-img").show();」でスキューバダイビングの画像を表示します。また、「mouseout」でボタンからマウスを外した際に「$("#map .spot1 .spot-img").hide();」で画像を非表示にします。
show()メソッドとhide()メソッドについては、「jQueryで要素を表示、非表示」で詳しく解説しています（P.359参照）。

2～5番目のボタンも、同様にコーディングしていきます。

## レスポンシブ対応

レスポンシブ用のCSSを設定します。スマートフォンの場合はMAP上のボタンを非表示にし、MAPの下にアクティビティの一覧を表示します。

```

style.css

```
@media screen and (max-width: 767px) {
  #map {
    padding: 100px 0 40px;
  }
  #map .head-text {
    font-size: 14px;
    margin-bottom: 30px;
  }
  #map .activity-map .spot .spot-btn { ❶
    display: none;
  }
  #map .activity-map .spot-list { ❷
    display: flex;
    flex-wrap: wrap;
    justify-content: center;
    gap: 30px 20px;
    margin-top: 40px;
  }
  #map .activity-map .spot-list li { ❸
    width: calc(50% - 10px);
  }
  #map .activity-map .spot-list li img {
    border-radius: 50%;
  }
  #map .activity-map .spot-list li .title {
    display: flex;
    align-items: center;
    font-size: 15px;
    font-weight: bold;
    margin-bottom: 5px;
  }
  #map .activity-map .spot-list li .title .no { ❹
    width: 35px;
    height: 35px;
    background-color: #fff;
    border: solid 1px #707070;
    border-radius: 50%;
```

```
        display: flex;
        align-items: center;
        justify-content: center;
        flex-shrink: 0;
        font-size: 17px;
        margin-right: 10px;
    }
}
```

❶ **#map .activity-map .spot .spot-btn（ボタン）**
「display: none;」で、ボタンを非表示にします。

❷ **#map .activity-map .spot-list（アクティビティ一覧）**
「display: flex;」で、横並びにします。リスト間の余白は、「gap: 30px 20px;」で行間30px、列間20pxに設定します。

❸ **#map .activity-map .spot-list li**
アクティビティのリストを2列で表示するため、「width: calc(50% - 10px);」で横幅の50%から列間の余白の分だけ-10pxします。

❹ **#map .activity-map .spot-list li .title .no（タイトルの番号）**
「width: 35px;」「height: 35px;」「border-radius: 50%;」で縦横35pxの円を作ります。「display: flex;」「align-items: center;」「justify-content: center;」で中のテキストを縦横の中央に配置し、「flex-shrink: 0;」で画面幅を変更した際に縮小されないようにします。

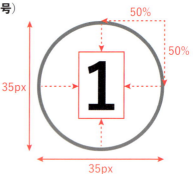

以上で、「アクティビティMAP」のHTML、CSSのコーディングは完了です。

SECTION 5-14 | フッター上の背景を作ろう

レイアウト構成の確認

フッター上の背景を作成します。レイアウト構成は、以下の通りです。全体をdivタグで囲み、「アクティビティMAP」で作成した波画像の下に重なるように配置します。

HTMLのコーディング

HTMLのコーディングを行っていきましょう。全体をdivタグで囲み、背景画像をimgタグで記述します。

```
index.html

<div class="bottom-img">
  <img src="img/bottom-img.jpg" alt="">
</div>
```

ここでは、解説の必要な新しい書き方はありません。

CSSのコーディング

CSSのコーディングを行っていきましょう。高さを設定して画面幅いっぱいに表示し、はみ出た部分はトリミングします。画像は下寄せで配置します。

```css
style.css

.bottom-img img {
  width: 100%;
  height: 700px;
  object-fit: cover;
  object-position: bottom;
}
```

ここでは、解説の必要な新しい書き方はありません。

レスポンシブ対応

レスポンシブ用のCSSを設定します。スマートフォン用に画像の高さを調整します。

```css
style.css

@media screen and (max-width: 767px) {
  .bottom-img img {
    height: 300px;
  }
}
```

ここでは、解説の必要な新しい書き方はありません。

以上で、フッター上の背景のHTML、CSSのコーディングは完了です。

SECTION 5-15 | 追従ボタンを作ろう

レイアウト構成の確認

追従ボタンを作成します。下にスクロールをすると画面右下に表示され、スクロール中は右下に固定されたまま追従します。上にスクロールしてトップまで戻ると、またボタンを非表示にします。
追従ボタンのレイアウト構成は、以下の通りです。全体をdivタグで囲み、ボタンをaタグで記述します。

■ スクロール開始前

■ スクロール開始後

右下にボタンが表示される

HTMLのコーディング

HTMLのコーディングを行っていきましょう。全体をdivタグで囲み、ボタンをaタグで記述します。

```html
index.html

<div id="fixed-btn">
  <a href="">
    <img src="img/btn-reservation.svg" alt="ご予約はこちら">
  </a>
</div>
```

ここでは、解説の必要な新しい書き方はありません。

CSSのコーディング

CSSのコーディングを行っていきましょう。初期状態は非表示にしておき、JavaScriptを使ってスクロールをしたらボタンを表示します。

```
style.css

#fixed-btn { ❶
  width: 120px;
  display: none;
  position: fixed;
  bottom: 20px;
  right: 20px;
  z-index: 10;
}
```

❶ #fixed-btn

「position: fixed;」「bottom: 20px;」「right: 20px; 」で右下20pxの位置に固定で配置し、初期状態は「display: none;」で非表示にしておきます。

JavaScriptのコーディング

JavaScript（jQuery）のコーディングを行っていきましょう。スクロールを始めたタイミングでボタンを表示し、トップに戻った時はボタンを非表示にします。

```
main.js

$(function(){
  $(window).scroll(function() { ❶
    if ($(this).scrollTop() > 300) {
      $("#fixed-btn").fadeIn();
    } else {                              ❷
      $("#fixed-btn").fadeOut();
    }
  });
});
```

❶ **$(window).scroll(function() {});**
スクロールを開始したタイミングで、この中に記述された処理を実行します。

❷ **if ($(this).scrollTop() > 300) {**
　　$("#fixed-btn").fadeIn();
　} else {
　　$("#fixed-btn").fadeOut();
　}
「$(this).scrollTop()」でスクロール位置を取得し、スクロール位置が300pxを超えたタイミングで「$("#fixed-btn").fadeIn();」を実行してボタンをゆっくりと表示します。また、スクロール位置が300px以下の場合は「$("#fixed-btn").fadeOut();」でボタンをゆっくりと非表示にします。fadeIn()とfadeOut()については、「jQueryで要素を表示、非表示」で詳しく解説しています（P.359参照）。

レスポンシブ対応

レスポンシブ用のCSSを設定します。スマートフォン表示の場合は、ボタンのサイズを小さくして、右下10pxの位置に固定表示します。

```css
style.css

@media screen and (max-width: 767px) {
  #fixed-btn {
    width: 80px;
    bottom: 10px;
    right: 10px;
  }
}
```

ここでは、解説の必要な新しい書き方はありません。

以上で、追従ボタンのHTML、CSSのコーディングは完了です。

SECTION
5-16 フッターを作ろう

レイアウト構成の確認

フッターを作成します。住所やメニュー、ボタンなどを作成して、フッター上の背景画像に重ねて配置します。ここでの学習の目的は、borderプロパティで設定できる線の種類について学ぶことです。フッターのレイアウト構成は、以下の通りです。全体をfooterタグで囲み、さらにその中のメニューやボタンなどのエリアをdivタグで囲みます。メニューはul、liタグ、ボタンはaタグで囲みます。

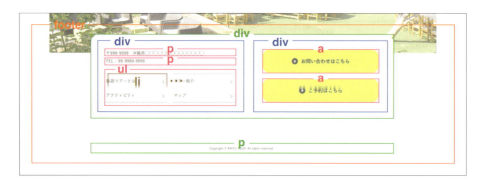

HTMLのコーディング

HTMLのコーディングを行っていきましょう。全体をfooterタグで囲みます。footerタグの中にdivタグを作り、住所と電話番号はpタグ、メニューをul、liタグ、ボタンをaタグで記述します。一番下には、コピーライトをpタグで記述します。

index.html

```html
<footer id="footer">
  <div class="content">
    <div class="info-area">
      <p class="address">〒999-9999　沖縄県○○○○○○○○○○○</p>
      <p class="tel">TEL：99-9999-9999</p>
      <ul class="menu">
        <li><a href="#about">海遊ツアーとは</a></li>
        <li><a href="#introduction">ツアー紹介</a></li>
        <li><a href="#activity">アクティビティ</a></li>
        <li><a href="#map">マップ</a></li>
      </ul>
```

```
      </div>

      <div class="btn-area">
        <a class="btn" href="">
          <img class="arrow" src="img/icon-arrow.svg" alt="">お問い合わせはこちら
        </a>
        <a class="btn" href="">
          <img class="arrow" src="img/icon-arrow.svg" alt="">ご予約はこちら
        </a>
      </div>
    </div>

    <p class="copyright">Copyright © KAIYU TOUR. All rights reserved.</p>
  </footer>
```

ここでは、解説の必要な新しい書き方はありません。

CSSのコーディング

CSSのコーディングを行っていきましょう。フッター全体に背景カラーを設定します。フッター内の
メニューやボタンを含むコンテンツは、フッター上の背景画像に重ねて配置します。

☑ 全体

style.css

```
#footer { ❶
  background-color: #f2f9fd;
  padding: 0 20px 40px;
}
#footer .content { ❷
  max-width: 1000px;
  display: flex;
  justify-content: space-between;
  background-color: #fff;
  border-radius: 30px;
  padding: 5%;
  margin: 0 auto 30px;
```

第5章 ランディングページを作ろう ☆☆☆☆☆

応用編

複雑なHTML&CSS&JavaScript（jQuery）を使用した動きのある練習サイト

393

```
      position: relative;
      top: -60px;
    }
```

❶ #footer

「background-color: #f2f9fd;」で、フッター全体に背景色を設定します。

❷ #footer .content

「max-width: 1000px;」でコンテンツ幅を設定し、「background-color: #fff;」で背景を白に設定します。「position: relative;」「top: -60px;」で60px上にずらして、フッター上の背景画像に重なるように配置します。コンテンツ内側の余白を「padding: 5%;」と％で指定することで、画面幅に応じて可変になるように設定します。

☑ コンテンツ左側（住所、メニュー）

style.css

```css
#footer .content .info-area { ❸
  width: 50%;
  font-size: 14px;
}
#footer .content .info-area .address {
  margin-bottom: 5px;
}
#footer .content .info-area .tel {
  margin-bottom: 30px;
}
#footer .content .info-area .menu {
  display: flex;
```

```
    flex-wrap: wrap;
  }
  #footer .content .info-area .menu li { ④
    width: 45%;
    border-bottom: dashed 1px #121212;
    position: relative;
    margin-right: 5%;
  }
  #footer .content .info-area .menu li::after {
    content: "";
    width: 8px;
    height: 8px;
    border-top: solid 1px #121212;
    border-right: solid 1px #121212;
    transform: rotate(45deg);
    position: absolute;
    top: 20px;
    right: 10px;
  }
  #footer .content .info-area .menu li:nth-child(-n+2) { ⑤
    border-top: dashed 1px #121212;
  }
  #footer .content .info-area .menu li a {
    display: block;
    padding: 12px 0;
  }
```

❸ #footer .content .info-area

「width: 50%;」で、コンテンツの横幅を左側半分に設定します。

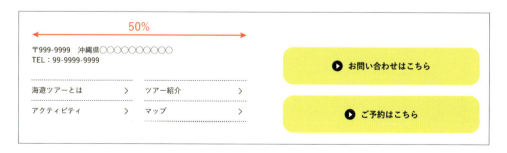

❹ **#footer .content .info-area .menu li**

「border-bottom: dashed 1px #121212;」で、各メニューの下に破線を引きます。borderの種類については、「borderの種類」で詳しく解説しています（P.397参照）。

❺ **#footer .content .info-area .menu li:nth-child(-n+2)**

2番目までのメニューは、上にも破線を引きます。

「nth-child」については、第1章の「擬似クラスについて」で詳しく解説しています（P.50参照）。

☑ コンテンツ右側（ボタン）

```
style.css

#footer .content .btn-area { ❻
  width: 45%;
  max-width: 380px;
  margin-left: 5%;
}
#footer .content .btn-area .btn {
  display: flex;
  align-items: center;
  justify-content: center;
  background-color: #ffef00;
  border-radius: 20px;
  font-weight: bold;
  padding: 25px 0;
}
#footer .content .btn-area .btn:first-child { ❼
  margin-bottom: 20px;
}
#footer .content .btn-area .btn .arrow {
  width: 20px;
  margin-right: 10px;
}
```

❻ **#footer .content .btn-area**

「width: 45%;」で、コンテンツ右側の横幅を設定し、「margin-left: 5%;」で左側に余白を設定します。

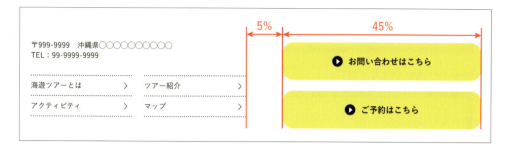

❼ **#footer .content .btn-area .btn:first-child**

最初のボタンだけ下に余白を設定します。

「first-child」については、第1章の「擬似クラスについて」で詳しく解説しています（P.50参照）。

☑ コピーライト

```
style.css

#footer .copyright {
  font-size: 10px;
  text-align: center;
}
```

OnePoint　borderの種類

borderプロパティでは、実線以外にもいろいろな線を引くことができます。ここでは、borderプロパティで設定できる主な線についてご紹介します。

- none（非表示）
- hidden（非表示）
  ※表などで線が重なりあう場合はhiddenが優先され非表示になります
- solid（実線）
- dotted（点線）
- dashed（破線）
- double（二重線）

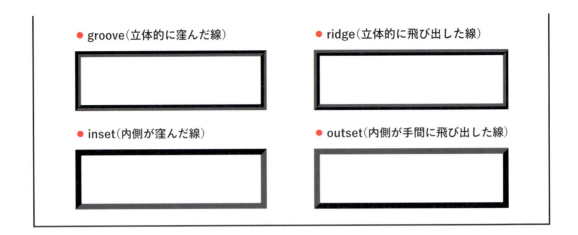

レスポンシブ対応

レスポンシブ用のCSSを設定します。スマートフォンの場合は、メニューとボタンを縦に並べます。

style.css

```
@media screen and (max-width: 767px) {
  #footer .content {
    flex-direction: column;
    padding: 40px 20px;
    margin: 0 auto;
  }
  #footer .content .info-area {
    width: 100%;
    margin-bottom: 30px;
  }
  #footer .content .btn-area {
    width: 100%;
    margin: 0 auto;
  }
}
```

ここでは、解説の必要な新しい書き方はありません。

以上で、ランディングページのコーディングはすべて完了です。

第 **6** 章
―
実践編

コーポレート
サイトを作ろう

―――― 難易度 ――――
⭐ ⭐ ⭐ ⭐ ⭐

実務のサイトを想定した実践的なデモサイト

第1章～第5章までの内容をすべて網羅した、実務レベル
のWebサイトを作ってみましょう。この章では、Flexbox、
ポジション、複数ページ、CSSアニメーション、JavaScript
（jQuery）を使った動きのつけ方など、第1章～第5章で
学んだ技術を復習するとともに、ドロップダウンメニュー
やアコーディオン、モーダルウィンドウといったより実践的
なテクニックについて学びます。

SECTION
6-1 | 完成イメージの確認

完成サイトのイメージ

作成するサンプルサイトの完成イメージは、以下の通りです。「トップ」「会社情報」「商品一覧」「実績紹介」「よくある質問」「お問い合わせ」の6ページで構成されるサイトです。実績紹介ページでは、クリックすると画面上に表示されるモーダルウィンドウを作成します。

■ トップページ（PC）

PRODUCTS

私たちがデザインするインテリアをご紹介します。
ソファやデスク、チェア、ダイニングまわりを中心にオリジナルのインテリアをご提案いたします。

VIEW MORE

WORKS

住空間及び商業空間のデザインを行なっています。
住む人やその空間を利用されるお客様が笑顔になるような空間創りを心掛けています。

私たちがこれまでに手がけてきた住居と店舗デザインの一部をご紹介いたします。

VIEW MORE

FAQ
よくある質問

CONTACT
お問い合わせ

Interior Design

〒999-9999
東京都○○○○○○○○○○
TEL: 03-9999-9999

Copyright © Interior Design. All rights reserved.

会社情報
- 企業理念
- 事業紹介
- 会社概要
- アクセス

商品一覧
- 実績紹介

よくある質問
- お問い合わせ

■ トップページ（モバイル）

COMPANY

新たな価値を創造する

私たちはインテリアを通して住居や店舗の空間をデザインし、その空間の中に新たな価値を創造します。

VIEW MORE

PRODUCTS

私たちがデザインするインテリアをご紹介します。ソファやデスク、チェア、ダイニングまわりを中心にオリジナルのインテリアをご提案いたします。

VIEW MORE

WORKS

住空間及び商業空間のデザインを行なっています。住む人やその空間を利用されるお客様が笑顔になるような空間創りを心掛けています。

私たちがこれまでに手がけてきた住居と店舗デザイ

WORKS

住空間及び商業空間のデザインを行なっています。住む人やその空間を利用されるお客様が笑顔になるような空間創りを心掛けています。

私たちがこれまでに手がけてきた住居と店舗デザインの一部をご紹介いたします。

VIEW MORE

FAQ
よくある質問

CONTACT
お問い合わせ

会社情報	商品一覧	よくある質問
- 企業理念	実績紹介	お問い合わせ
- 事業紹介		
- 会社概要		
- アクセス		

Interior Design

〒999-9999
東京都〇〇〇〇〇〇〇〇〇〇〇
TEL: 03-9999-9999

Copyright © Interior Design. All rights reserved.

■ 会社情報ページ（PC）

| 企業理念 | 事業紹介 | 会社概要 | アクセス |

── 企業理念

空間デザインで
新たな価値を創造する

私たちはインテリアをデザインするだけでなく、空間全体をデザインすることでその空間に新たな価値を創造します。

人が喜び感動し、そして心を通い合わせるようなそんな空間創りのお手伝いをいたします。

── 事業紹介

インテリアデザイン
Interior Design
ソファ、デスク、チェア、ダイニングを中心に、オリジナルのインテリアをデザインしています。
VIEW MORE

住空間・商業空間のデザイン
Store Design
住む人やその空間を利用されるお客様が笑顔になるような空間のデザインを行なっています。
VIEW MORE

■ 会社情報ページ（モバイル）

企業理念

空間デザインで
新たな価値を創造する

私たちはインテリアをデザインするだけでなく、空間全体をデザインすることでその空間に新たな価値を創造します。

人が喜び感動し、そして心を通い合わせるようなそんな空間創りのお手伝いをいたします。

事業紹介

インテリアデザイン
Interior Design

ソファ、デスク、チェア、ダイニングを中心に、オリジナルのインテリアをデザインしています。

VIEW MORE

405

■ 商品一覧ページ（PC）

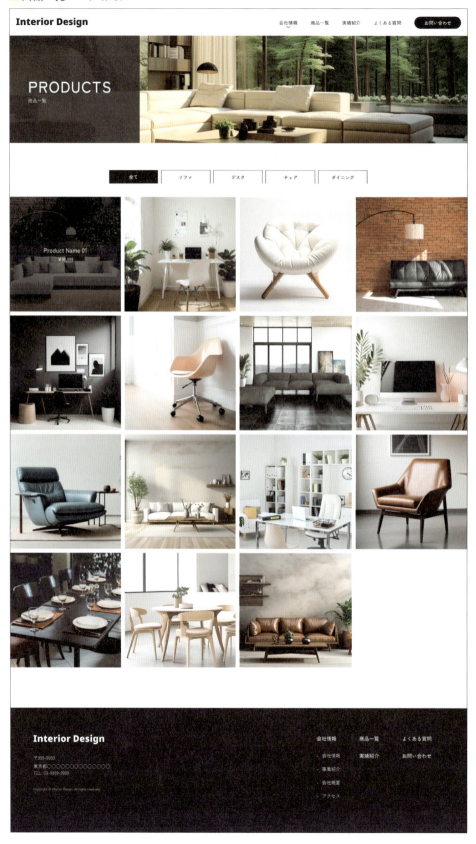

■ 商品一覧ページ（モバイル）

■ 実績紹介ページ（PC）

PROJECT NAME NO.001

Category: Cafe
Location: Tokyo
Detail: 東京都渋谷区にあるカフェの店舗デザインを担当させていただきました。

PROJECT NAME NO.002

Category: Apparel
Location: Osaka
Detail: 大阪府大阪市にあるアパレルブランドの店舗デザインを担当させていただきました。

PROJECT NAME NO.003

Category: Residence
Location: Fukuoka
Detail: 福岡県福岡市にある邸宅のインテリアデザインを担当させていただきました。

■ 実績紹介ページ（モバイル）

PROJECT NAME NO.001

Category: Cafe
Location: Tokyo
Detail: 東京都渋谷区にあるカフェの店舗デザインを担当させていただきました。

More Images

■よくある質問ページ(PC)

■よくある質問ページ(モバイル)

■お問い合わせページ（PC）

Interior Design

会社情報　商品一覧　実績紹介　よくある質問　お問い合わせ

CONTACT
お問い合わせ

ご不明点やご質問などございましたら、
下記のフォームからお気軽にお問い合わせください。

お問い合わせフォーム

お問い合わせ種別　[必須]　選択してください

お名前　[必須]

メールアドレス　[必須]

どこでお知りになりましたか？　□SNS　□Google検索　□紹介・口コミ　□その他

お問い合わせ内容　[必須]

個人情報の取り扱いについて

当社は、お客様等の個人情報について、個人情報保護に関する法令およびその他の規範
を遵守します。

1.個人情報の取り扱いに関するテキストが入ります個人情報の取り扱いに関するテキス

□個人情報の取り扱いに同意する

送信

Interior Design

〒999-9999
東京都○○○○○○○○○○○○○○○
TEL：03-9999-9999

Copyright Interior Design. All rights reserved.

会社情報　商品一覧　よくある質問

会社情報　実績紹介　お問い合わせ
事業紹介
会社概要
アクセス

第6章　コーポレートサイトを作ろう

実践編

実務のサイトを想定した実践的なデモサイト

■ お問い合わせページ（モバイル）

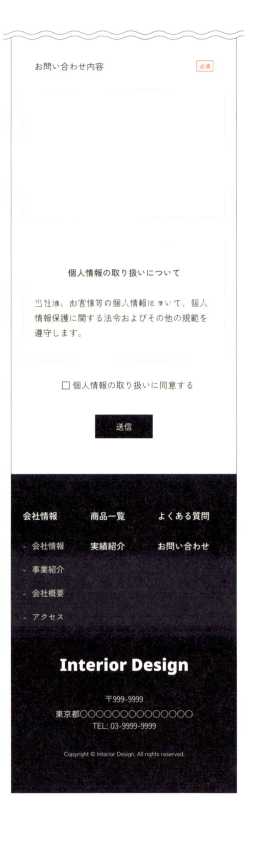

■ ハンバーガーメニュー

実際の完成サイトは、以下のURL内の各章のリンクからご確認いただけます。

完成サイトURL ▶ https://code-jump.com/book-html-css/

SECTION
6-2 | コーディング仕様の確認

コーディング仕様

作成するサンプルサイトの動作などの仕様は下記の通りです。

☑ トップページ

● ドロップダウンメニュー

会社情報をクリックした際に、ドロップダウンメニューを表示します。

● メインビジュアルのフェード切り替え

メインビジュアルは3枚の画像をフェードで切り替えます。

● マウスオーバー時のボタンカラー切り替え

マウスオーバー時にボタンの背景色を左から右にスライドしながら黒に切り替えます。マウスアウト時は、左から右に向かって背景色を白に戻します。

● 画像のスライドを無限ループ

画像が左に向かって無限にスライドし続けます。

● スクロール時にフェードイン

スクロール時に各コンテンツが画面下にきたタイミングで、下から上に移動しながらフェード表示します。

☑ 会社情報ページ

● ページ内リンク

ページ内リンクをクリックした際に該当箇所まで滑らかにスクロールして移動します。

● マウスオーバー時に拡大

コンテンツをマウスオーバーした際に画像を拡大します。

☑ 商品一覧ページ

● タブ切り替え

タブをクリックした際に、下の商品一覧の画像を該当の商品に切り替えます。

● マウスオーバー時に商品情報を表示

商品をマウスオーバーした際に、黒の透過背景の上に商品情報を表示します。

☑ 実績紹介ページ

● モーダルウィンドウ

「More Images」ボタンをクリックした際に、モーダルウィンドウを表示します。

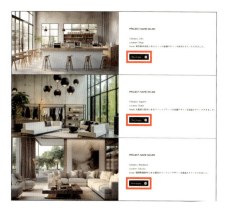

☑ よくある質問ページ

● アコーディオン

「Q」のエリアをクリックすると、下に「A」の情報をスライドしながら表示します。

SECTION
6-3 │ コーディングポイントの確認

コーディングポイント

作成するサンプルサイトのコーディングポイントは、下記の通りです。

☑ ドロップダウンメニュー

ドロップダウンメニューの作り方について解説します。

☑ スクロール時のフェードイン

スクロールした際にコンテンツを下からフェード表示する方法について解説します。

☑ タブ切り替え

表示するコンテンツをタブで切り替える方法について解説します。

☑ モーダルウィンドウ

クリックすると画面上に立ち上がるモーダルウィンドウの作り方について解説します。

☑ アコーディオン

クリックすると開閉するアコーディオンの作り方について解説します。

SECTION
6-4 | コーディングの準備をしよう

コーディング準備

コーディングを始めるための準備を行っていきましょう。

☑ ダウンロード

本章のデザインデータ、素材、完成サイトのソースコードは、P.8を参考にダウンロードしてください。

☑ デザインデータを確認する

「design」フォルダの中のデザインデータを確認しましょう。

☑ 素材を確認する

「img」フォルダの中にある素材を確認しましょう。

☑ 完成サイト

完成サイトのソースコードは「src」フォルダの中にあるデータから確認できます。

☑ フォルダとファイルを作成する

サンプルサイトを作るための、フォルダとファイルを準備します。

❶ 作業用フォルダ	作業用フォルダとして「interior_design」という名前のフォルダを作成します。
❷ HTMLファイル	「interior_design」フォルダの中に、それぞれのページのファイルを下記の名前で作成します。 index.html（トップページ） company.html（会社情報ページ） products.html（商品一覧ページ） works.html（実績紹介ページ） faq.html（よくある質問ページ） contact.html（お問い合わせページ）

❸	CSSファイル	「interior_design」フォルダの中に「css」という名前のフォルダを作成し、それぞれページごとに下記の名前でCSSファイルを作成します。 style.css（ヘッダー、フッター、その他共通の定義を記述するための共通ファイル。全ページで使用） top.css（トップページで使用） company.css（会社情報ページで使用） products.css（商品一覧ページで使用） works.css（実績紹介ページで使用） faq.css（よくある質問ページで使用） contact.css（お問い合わせページで使用）
❹	JavaScriptファイル	「interior_design」フォルダの中に「js」という名前のフォルダを作成し、その中に任意の名前（今回は「main.js」）で作成します。また、今回「inview」というプラグインを使ってスクロールした際にコンテンツを下からフェード表示する動きを入れるため、プラグイン用のJavaScriptファイル「jquery.inview.min.js」を配置します。「jquery.inview.min.js」は、下記のGitHubページからダウンロードできます。 https://github.com/protonet/jquery.inview
❺	画像フォルダ	「interior_design」フォルダの中に「img」という名前のフォルダを作成し、ダウンロードした「img」フォルダの中の画像をまとめて入れます。

フォルダ構成は、下記の通りです。

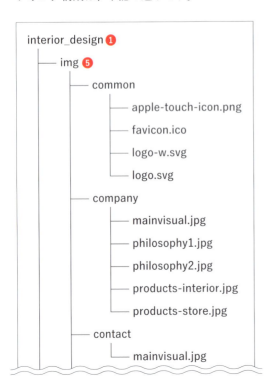
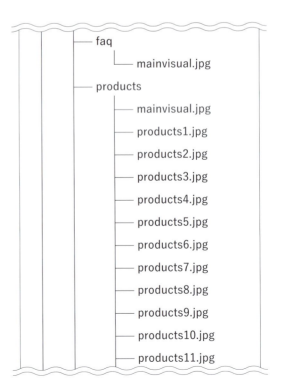

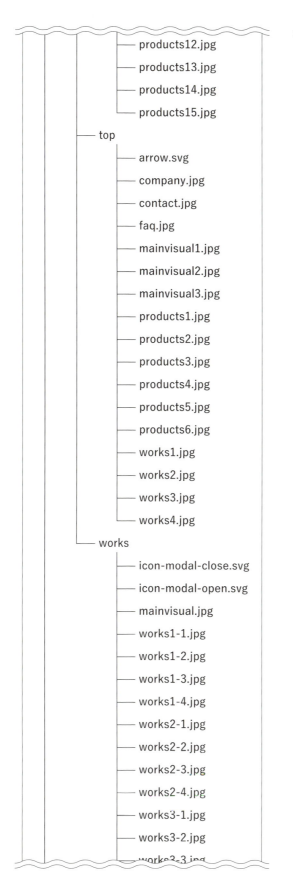
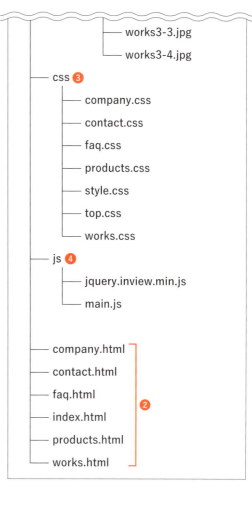

SECTION

6-5 | トップページを作ろう

レイアウト構成の確認

トップページ全体の枠組みを作成します。ここでの学習の目的は、ドロップダウンメニューの作り方とスクロール時にコンテンツを下からフェード表示する方法について学ぶことです。各ページ共通で使用するヘッダーとフッターは、トップページを作成するタイミングで一緒に作っていきます。フェードはトップページのコンテンツをすべて作成した後に設定していきます。

トップページ全体のレイアウト構成は、以下の通りです。大きく分けると、header、main、footerの3つのブロックで構成されます。mainエリアの中に各コンテンツのブロックが入ります。

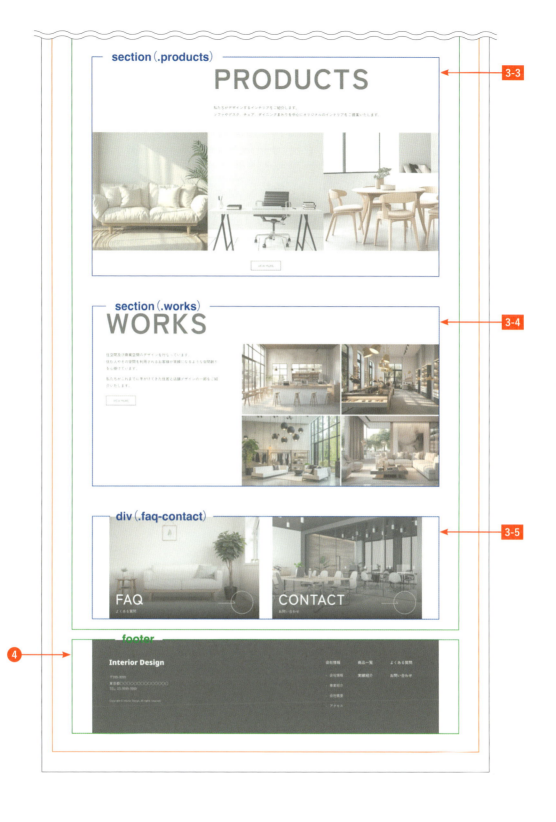

❶ body	Webサイトのヘッダー、フッター含むコンテンツ全体を囲みます。	
❷ header	ロゴとグローバルナビゲーションをheaderタグで囲みます。	
❸ main	コンテンツのメインエリア全体を囲みます。	
3-1 div（.mainvisual）	「メインビジュアル」エリア全体をdivタグで囲みます。	
3-2 section（.company）	「COMPANY」エリア全体をsectionタグで囲みます。	
3-3 section（.products）	「PRODUCTS」エリア全体をsectionタグで囲みます。	
3-4 section（.works）	「WORKS」エリア全体をsectionタグで囲みます。	
3-5 div（.faq-contact）	「FAQ」と「CONTACT」のエリア全体をdivタグで囲みます。	
❹ footer	フッターを囲みます。	

HTMLのコーディング

全体の枠組みとhead部分のコーディングを行っていきましょう。今回はフォントにGoogleフォントを使うため、Googleフォントの読み込みを行います。また、トップページはスクロール時に下からコンテンツを表示するためのプラグイン「jquery.inview.min.js」を読み込みます。その他、基本的な記述については前章までと同様です。

index.html

```
<!DOCTYPE html>
<html lang="ja">
  <head>
    <meta charset="utf-8">
    <title>Interior Design</title>
    <meta name="description" content="オリジナルインテリアのデザインや住空間、商業空間の空間デザインを行っています。人々が笑顔になるような価値ある空間を創造します。">
    <meta name="viewport" content="width=device-width, initial-scale=1">
    <link rel="icon" href="img/common/favicon.ico">
    <link rel="apple-touch-icon" href="img/common/apple-touch-icon.png">      ❶
    <link rel="preconnect" href="https://fonts.googleapis.com">
    <link rel="preconnect" href="https://fonts.gstatic.com" crossorigin>
    <link href="https://fonts.googleapis.com/css2?family=Zen+Kaku+Gothic+New:wght@400;500;700&family=Zen+Old+Mincho:wght@400&display=swap" rel="stylesheet">
```

```
    <link rel="stylesheet" href="https://unpkg.com/ress/dist/ress.min.css">
    <link rel="stylesheet" href="css/style.css">
    <link rel="stylesheet" href="css/top.css">
    <script src="https://ajax.googleapis.com/ajax/libs/jquery/3.7.1/jquery.min.
    js"></script>
    <script src="js/jquery.inview.min.js"></script> ❷
    <script src="js/main.js"></script>
  </head>


  <body>
  </body>
</html>
```

❶ Googleフォント

今回は、「Zen Kaku Gothic New」の「Regular：400、Medium：500、Bold：700」と「Zen Old Mincho」の「Regular：400」を使用します。

❷ inview

スクロール時にコンテンツを下から表示させるのに便利なプラグイン「inview」を使用するため、以下のJavaScriptファイルを読み込みます。inviewのファイルは、必ず「jquery.min.js」を読み込んだ後に読み込みます。JavaScriptファイルの読み込み順については、「JavaScriptファイルの読み込み順」で詳しく解説しています。

```
    <script src="js/jquery.inview.min.js"></script>
```

OnePoint **JavaScriptファイルの読み込み順**

JavaScriptファイルは、基本的にはHTMLページに記述した順番に読み込まれて実行されます。jQueryを使用する場合は、必ずjQueryファイルの読み込みを記述した後、他のJavaScriptファイルの読み込みを記述するようにしましょう。

例
```
    <script src="https://ajax.googleapis.com/ajax/libs/jquery/3.7.1/jquery.min.js"></
    script>
    <script src="js/jquery.inview.min.js"></script>
    <script src="js/main.js"></script>
```

「jquery.inview.min.js」と「main.js」はjQueryを使用するため、一番はじめに「jquery.min.js」を読み込みます。

第6章 コーポレートサイトを作ろう

実践編

実務のサイトを想定した実践的なデモサイト

CSSのコーディング

CSSのコーディングを行っていきましょう。まずは、「style.css」に共通部分の定義を記述していきます。今回はタブレット用のデザイン調整も行うため、スマートフォン以外にタブレット用のメディアクエリも用意しておきます。

```css
@charset "UTF-8";

html {
  font-size: 100%;
}
body {
  color: #1f1f1f;
  font-family: 'Zen Kaku Gothic New', sans-serif;
  font-weight: 400;
}
img {
  max-width: 100%;
  vertical-align: bottom;
}
li {
  list-style: none;
}
a {
  color: #1f1f1f;
  text-decoration: none;
  transition: all 0.3s ease;
}
a:hover {
  opacity: 0.7;
}
iframe {
  vertical-align: bottom;
}


/*-----------------------------------------
タブレット
------------------------------------------*/
```

```
@media screen and (max-width: 1024px) { ①
}


/*-----------------------------------------
スマートフォン
-----------------------------------------*/
@media screen and (max-width: 767px) {
}
```

❶ タブレット用のブレイクポイント
768pxから1024pxまでをタブレット用として表示するため、メディアクエリに「@media screen and (max-width: 1024px)」を指定します。

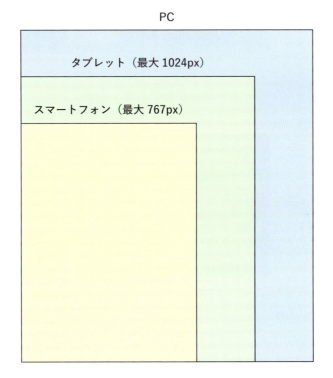

以上で、トップページ全体のHTML、CSSのコーディングは完了です。

SECTION
6-6 | ヘッダーを作ろう

レイアウト構成の確認

トップページのヘッダーを作成します。グローバルナビゲーションの会社情報をクリックした際に、ドロップダウンメニューを表示します。また、スクロール時にヘッダーを元の位置で固定させたままにします。

■ ドロップダウンメニュー

■ 固定ヘッダー（スクロール前）

■ 固定ヘッダー（スクロール後）

ヘッダーのレイアウト構成は、以下の通りです。全体をheaderタグで囲みます。ヘッダー内のロゴはh1タグ、グローバルナビゲーションはnavタグで囲みます。

❶ ロゴ	h1タグで囲みます。
❷ グローバル ナビゲーション	全体をnavタグで囲み、メニュー部分はul、liタグを使って記述します。

HTMLのコーディング

HTMLのコーディングを行っていきましょう。ヘッダー全体をheaderタグで囲みます。ロゴをh1タグ、グローバルナビゲーションをnavタグで囲みヘッダーの中に入れます。また、スマートフォン用のハンバーガーメニューのボタンもヘッダーの中に入れます。今回は、ハンバーガーメニューを表示した際に背景にマスクを設定します。

index.html

```html
<header id="header">
  <h1 class="logo">
    <a href="index.html">
      <img src="img/common/logo.svg" alt="Interior Design">
    </a>
  </h1>

  <div class="hamburger"> ❶
    <span></span>
    <span></span>
    <span></span>
  </div>

  <nav class="navi">
    <ul class="menu">
      <li class="menu-first"> ❷
```

```
      <span>会社情報</span>
      <ul class="menu-second">
        <li><a href="company.html#philosophy">企業理念</a></li>
        <li><a href="company.html#service">事業紹介</a></li>
        <li><a href="company.html#overview">会社概要</a></li>
        <li><a href="company.html#access">アクセス</a></li>
      </ul>
    </li>
    <li><a href="products.html">商品一覧</a></li>
    <li><a href="works.html">実績紹介</a></li>
    <li><a href="faq.html">よくある質問</a></li>
    <li class="menu-contact"><a href="contact.html">お問い合わせ</a></li>
  </ul>
</nav>

<div class="mask"></div> ❸
</header>
```

❶ ハンバーガーメニューのボタン

ハンバーガーメニューを開くためのボタンをdivタグで囲み、「hamburger」というクラス名を設定します。

❷ ドロップダウンメニュー

「会社情報」のテキストをクリックした際はページを遷移せずにドロップダウンメニューを開くため、aタグではなくspanタグで囲みます。中のドロップダウン用のメニューはul、liタグで記述し、各メニューの遷移先には会社情報ページ内の各セクション名を設定します。

❸ 背景のマスク

ハンバーガーメニューを表示した際に背景にマスクを設定するため、「mask」というクラス名のdivタグを作ります。

CSS のコーディング

CSSのコーディングを行っていきましょう。ヘッダーは全ページ共通で使用するパーツになるため、共通ファイルである「style.css」に追記していきます。ロゴとグローバルナビゲーションをFlexboxで横並びにします。ドロップダウン用のメニューとハンバーガーメニュー用のマスクは初期状態では非表示にしておきます。

style.css

```css
main { ❶
  padding-top: 80px;
}

#header { ❷
  width: 100%;
  height: 80px;
  display: flex;
  align-items: center;
  justify-content: space-between;
  background-color: #fff;
  padding: 0 20px;
  position: fixed;
  top: 0;
  left: 0;
  z-index: 10;
}
#header .logo {
  width: 100%;
  max-width: 220px;
  line-height: 0;
}
#header .logo a {
  display: block;
}
#header .navi .menu {
  display: flex;
  align-items: center;
  font-size: 14px;
}
#header .navi .menu > li { ❸
  margin-left: 40px;
}
#header .navi .menu .menu-first {
  position: relative;
}
#header .navi .menu .menu-first span {
```

```css
  cursor: pointer;
}
#header .navi .menu .menu-first span::after { 4
  content: "";
  width: 8px;
  height: 8px;
  border-top: solid 1px #1f1f1f;
  border-right: solid 1px #1f1f1f;
  margin: 0 auto;
  transform: rotate(135deg);
  position: absolute;
  top: 20px;
  left: 0;
  right: 0;
}
#header .navi .menu .menu-first .menu-second { 5
  width: 140px;
  background-color: #fff;
  padding: 10px 20px;
  position: absolute;
  top: 50px;
  left: 0;
  display: none;
}
#header .navi .menu .menu-first .menu-second li {
  margin-bottom: 10px;
}
#header .navi .menu .menu-contact a {
  background-color: #1f1f1f;
  border-radius: 30px;
  color: #fff;
  display: block;
  font-weight: 500;
  padding: 8px 30px;
  text-align: center;
}
#header .mask { 6
  display: none;
}
```

❶ **main**

ヘッダーの高さを80pxで固定するので、メインコンテンツがヘッダーに重ならないように「padding-top: 80px;」で80px下に下げます。

■ メインコンテンツを「padding-top: 80px;」でヘッダーの高さ分だけ下げる

❷ **#header**

「height: 80px;」「position: fixed;」でヘッダーを高さ80pxで固定し、「z-index: 10;」で前面に表示します。

❸ **#header .navi .menu > li**

「margin-left: 40px;」でグローバルナビゲーションの各メニュー間に余白を設定します。今回、中のドロップダウン用のliタグには「margin-left: 40px;」を設定したくないため、直下の要素のみを指定するセレクタ「>」を使用して、「menu」クラスの直下にあるliタグにだけ余白の設定を行います。セレクタについては、「CSSのセレクタ」で詳しく解説しています（P.432参照）。

❹ **#header .navi .menu .menu-first span::after**

ドロップダウン用の下矢印を擬似要素で作成します。擬似要素で矢印を作成する解説については、P.149を参照してください。

❺ **#header .navi .menu .menu-first .menu-second**（ドロップダウンメニュー）

「position: absolute;」でドロップダウンメニューを「会社情報」の下に配置し、初期状態は「display: none;」で非表示にします。「会社情報」をクリックした際にドロップダウンメニューの表示を行う処理は、JavaScript（jQuery）を使用して行うため後ほど解説します。

❻ **#header .mask**

ハンバーガーメニューを開いた際の背景です。初期状態は「display: none;」で非表示にします。

OnePoint ## CSSのセレクタ

CSSのプロパティを設定するためのセレクタには、いろいろな種類が存在します。ここでは主要なセレクタについてご紹介します。

子孫セレクタ

一番よく使われる方法で、親要素と子要素を半角スペースで区切って指定します。指定した親要素の中のすべての子要素にプロパティが適用されます。

例 HTML

```html
<p>テキスト1</p>
<div class="sample">
  <p>テキスト2</p>
  <div>
    <p>テキスト3</p>
  </div>
</div>
<p>テキスト4</p>
<p>テキスト5</p>
```

例 CSS

```css
.sample p {
  color: red;
}
```

テキスト1　テキスト2　テキスト3　テキスト4　テキスト5

sampleクラスの中のすべてのpタグにプロパティが適用されます。

子セレクタ

親要素と子要素を > でつなげて指定します。親要素の直下の子要素だけにプロパティが適用されます。

例 HTML

```html
<p>テキスト1</p>
<div class="sample">
  <p>テキスト2</p>
  <div>
    <p>テキスト3</p>
  </div>
</div>
<p>テキスト4</p>
<p>テキスト5</p>
```

例 CSS

```css
.sample > p {
  color: red;
}
```

テキスト1　テキスト2　テキスト3　テキスト4　テキスト5

sampleクラスの直下のpタグにだけプロパティが適用されます。

隣接セレクタ

隣接する要素どうしを + でつなげて指定します。指定した要素のすぐ隣(+の右隣)の要素にプロパティが適用されます。

例 HTML

```html
<p>テキスト1</p>
<div class="sample">
  <p>テキスト2</p>
  <div>
    <p>テキスト3</p>
  </div>
</div>
<p>テキスト4</p>
<p>テキスト5</p>
```

例 CSS

```css
.sample + p {
  color: red;
}
```

テキスト1　テキスト2　テキスト3　テキスト4　テキスト5

sampleクラスのすぐ隣り(後ろ)のpタグにプロパティが適用されます。

間接セレクタ

同階層の要素を ˜(チルダ)でつなげて指定します。指定した要素以降の同階層の要素にプロパティが適用されます。

例 HTML

```html
<p>テキスト1</p>
<div class="sample">
  <p>テキスト2</p>
  <div>
    <p>テキスト3</p>
  </div>
</div>
<p>テキスト4</p>
<p>テキスト5</p>
```

例 CSS

```css
.sample ~ p {
  color: red;
}
```

テキスト1　テキスト2　テキスト3　テキスト4　テキスト5

sampleクラス以降の同階層のpタグにプロパティが適用されます。

レスポンシブ対応

ヘッダーのレスポンシブ対応を行っていきましょう。今回はタブレットの場合もハンバーガーメニューを表示するため、1024px以下の場合のヘッダーの高さとロゴのサイズを調整します。

style.css

```css
@media screen and (max-width: 1024px) {
  main {
    padding-top: 60px;
  }
  #header {
    height: 60px;
  }
  #header .logo {
    max-width: 180px;
  }
}
```

ここでは、解説の必要な新しい書き方はありません。

ドロップダウンメニュー（JavaScript）

ドロップダウンメニューを動かすためのJavaScript（jQuery）を記述します。ドロップダウンの表示、非表示はjQueryのslideToggleメソッドを使って行います。

```
main.js

$(function(){
  $(".navi .menu .menu-first span").click(function () { ❶
    $(this).next().slideToggle(); ❷
  });

  $(".navi .menu .menu-second").click(function () { ❸
    $(this).slideToggle();
  });
});
```

❶ **$(".navi .menu .menu-first span").click(function () {});**
グローバルナビゲーションの「会社情報」をクリックした際の処理を記述します。

❷ **$(this).next().slideToggle();**
ここでの$(this)は、クリックされた要素「.navi .menu .menu-first span」を指します。jQueryのnextメソッドを使って、$(this)の隣の要素「menu-second」クラスを指定します。さらにslideToggleメソッドで「menu-second」クラスの表示、非表示を上下のスライドで行います。slideToggleメソッドは、第5章で紹介したtoggleメソッドの動きをスライドで行うメソッドです。toggleメソッドについては、第5章の「jQueryで要素を表示、非表示」で詳しく解説しています（P.359参照）。

❸ **$(".navi .menu .menu-second").click(function () {});**
「menu-second」クラス内の要素（ドロップダウン内のメニュー）をクリックした際は、上記と同じく「$(this).slideToggle();」の処理を行い、ドロップダウンメニューを閉じます。

ハンバーガーメニューのコーディング

ハンバーガーメニューのコーディングを行っていきましょう。今回は左からスライドして表示するメニューで、メニューが表示された際に背景にマスクを設定します。ハンバーガーメニューの完成イメージは、以下の通りです。

●メニューが閉じている状態
メニューが閉じている時は、ヘッダーの右上に3本線のボタンを表示します。ボタンをクリックすると3本線が×に変わり、メニューが左からスライド表示されます。背景は透過のマスクを表示します。

●メニューが開いている状態
会社情報のドロップダウンメニューは、上下にスライドして開閉します。メニューが閉じている時は右側に＋を表示し、開いている時は-を表示します。ドロップダウンメニューが開いている場合のイメージは右の通りです。

●ドロップダウンメニューが開いている状態
ドロップダウンメニューが開いている時は、「会社情報」の右側のマークを＋から-に変更します。

☑ ハンバーガーメニュー（中のメニュー）の設定

style.css

```css
@media screen and (max-width: 1024px) {
  #header .navi {
    width: 80%;
    height: 100vh;
    background-color: #fff;
    position: fixed;
    top: 0;
    left: -120%;
    z-index: 20;
    transition: all 0.6s;
  }
  #header .navi.active {
    left: 0;
  }
  #header .navi .menu {
    width: 100%;
    height: 100vh;
    flex-direction: column;
    padding: 60px 0;
    overflow: auto;
  }
  #header .navi .menu > li {
    width: 100%;
    border-top: solid 1px #1f1f1f;
    margin-left: 0;
  }
  #header .navi .menu > li a {
    width: 100%;
    display: block;
    padding: 20px;
  }
  #header .navi .menu .menu-first span {
    display: block;
    padding: 20px;
  }
```

```css
#header .navi .menu .menu-first span::before {  ❶
  content: "";
  width: 15px;
  height: 1px;
  background-color: #1f1f1f;
  position: absolute;
  top: 30px;
  right: 20px;
}
#header .navi .menu .menu-first span::after {  ❶
  width: 1px;
  height: 15px;
  background-color: #1f1f1f;
  border: none;
  transform: none;
  position: absolute;
  top: 23px;
  right: 26px;
  left: auto;
}
#header .navi .menu .menu-first span.active::after {  ❷
  content: none;
}
#header .navi .menu .menu-first .menu-second {  ❸
  width: 100%;
  position: static;
  padding: 0 0 0 40px;
}
#header .navi .menu .menu-first .menu-second li {
  border-top: solid 1px #eee;
  margin-bottom: 0;
}
#header .navi .menu .menu-contact {
  padding: 30px 0;
}
#header .navi .menu .menu-contact a {
  max-width: 160px;
  margin: 0 auto;
}
}
```

❶ **#header .navi .menu .menu-first span::before**
   #header .navi .menu .menu-first span::after

「会社情報」の横の＋マークを擬似要素で作ります。beforeが横線、afterが縦線になり、positionを使って＋マークになるように配置します。

❷ **#header .navi .menu .menu-first span.active::after**

「会社情報」がクリックされた際は、擬似要素afterに「content: none;」を設定して縦線を非表示にすることで、-マークに変更します。activeクラスの追加、削除は前章までと同じくjQueryにて行います。

❸ **#header .navi .menu .menu-first .menu-second**

「position: static;」でPC表示の場合の配置場所をリセットします。

☑ ハンバーガーメニュー（ボタン）の設定

style.css

```css
@media screen and (max-width: 1024px) {

  #header .hamburger { ❹

    width: 50px;

    height: 50px;

    cursor: pointer;

    position: fixed;

    top: 5px;

    right: 10px;

    z-index: 30;

  }

  #header .hamburger span {

    width: 30px;

    height: 1px;

    background-color: #1f1f1f;

    display: inline-block;

    position: absolute;

    left: 10px;

    transition: all 0.4s;

  }

  #header .hamburger.active span {

    background-color: #fff;

  }

  #header .hamburger span:nth-of-type(1) {
```

```
    top: 16px;
  }
#header .hamburger span:nth-of-type(2) {
    top: 25px;
  }
#header .hamburger span:nth-of-type(3) {
    top: 34px;
  }
#header .hamburger.active span:nth-of-type(1) {
    top: 24px;
    transform: rotate(-45deg);
  }
#header .hamburger.active span:nth-of-type(2) {
    opacity: 0;
  }
#header .hamburger.active span:nth-of-type(3) {
    top: 24px;
    transform: rotate(45deg);
  }
}
```

❹ **#header .hamburger**

ハンバーガーメニューのボタンについては、第3章の「ハンバーガーメニューのコーディング」で詳しく解説しています（P.126参照）。

☑ マスクの設定

style.css

```
@media screen and (max-width: 1024px) {
  #header .mask.active { ❺
    width: 100%;
    height: 100%;
    background: #000;
    display: block;
    opacity: 0.8;
    position: fixed;
    top: 0;
```

```
    left: 0;
  }
}
```

❺ **#header .mask.active**

ハンバーガーメニューが開いている時は、背景に透過のマスクを設定します。「width: 100%;」「height: 100%;」でヘッダー全体を指定し、「background: #000;」「opacity: 0.8;」で背景に透明度を設定します。「position: fixed;」「top: 0;」「left: 0;」で固定表示させます。

続いて、JavaScriptのコーディングを行います。前章までと同じく、ハンバーガーメニューをクリックしたタイミングでactiveクラスの設定を行います。また、ドロップダウンメニューの＋マークを-マークに変更するための設定も追記します。

main.js

```
$(function(){
  $(".hamburger").click(function () { ❶
    $(this).toggleClass("active");
    $("#header .navi").toggleClass("active");
    $("#header .mask").toggleClass("active");
  });

  $(".navi a").click(function () { ❷
    $(".hamburger").removeClass("active");
    $("#header .navi").removeClass("active");
    $("#header .mask").removeClass("active");
```

```
    });

    $(".mask").click(function () { ❷
      $(".hamburger").removeClass("active");
      $("#header .navi").removeClass("active");
      $("#header .mask").removeClass("active");
    });

    $(".navi .menu .menu-first span").click(function () { ❸
      $(this).toggleClass("active");
      $(this).next().slideToggle();
    });

    $(".navi .menu .menu-second").click(function () { ❹
      $(this).prev().toggleClass("active");
      $(this).slideToggle();
    });
  });
```

❶ **$(".hamburger").click(function () {});**

ハンバーガーメニューをクリックした際に、hamburger クラス、navi クラス、mask クラスに対して active クラスの追加、削除を行います。

❷ **$(".navi a").click(function () {});**
 $(".mask").click(function () {});

メニュー内のリンクと背景のマスクをクリックした場合は、removeClass メソッドで active クラスを削除してハンバーガーメニューを閉じます。

❸ **$(".navi .menu .menu-first span").click(function () {});**

ドロップダウンメニューをクリックした際に、＋マークと - マークを切り替えるため、active クラスの追加、削除を行うための「$(this).toggleClass("active");」を追記します。

❹ **$(".navi .menu .menu-second").click(function () {});**

ドロップダウンメニュー内のリンクをクリックした際に、＋マークと - マークを切り替えるため、prev メソッドを使って前の要素「.navi .menu .menu-first span」に対して active クラスの追加、削除を行うための「$(this).prev().toggleClass("active");」を追記します。

以上で、ヘッダーの HTML、CSS、JavaScript のコーディングは完了です。

SECTION
6-7 | メインビジュアルを作ろう

レイアウト構成の確認

トップページのメインビジュアルを作成します。ここでの学習の目的は、CSSアニメーションを使った画像のフェード切り替えについて学ぶことです。なお、実務において画像をスライドやフェードで切り替える際は第5章で学習したようなslickなどのjQueryのプラグインを使用するのが一般的ですが、今回は復習をかねてCSSアニメーションでコーディングしてみましょう。3枚の画像を、CSSアニメーションを使って切り替えます。

メインビジュアルのレイアウト構成は、以下の通りです。全体をdivタグで囲み、3枚のメインビジュアルをul、liタグで囲みます。さらにキャッチコピーをpタグで囲みメインビジュアルの上に重なるように配置します。レイアウト構成には画像が1枚しか表示されていませんが、実際は3枚の画像をliタグで囲みます。詳しくは下のソースコードを参照してください。

HTMLのコーディング

HTMLのコーディングを行っていきましょう。ページのメインコンテンツ全体をmainタグで囲みます。メインビジュアル（mainvisual）のブロックをdivタグで作り、その中にメインビジュアルの画像3枚をul、liタグで記述します。キャッチコピーは、pタグで記述します。

Index.html

```
<main>
  <div class="mainvisual">
```

```
    <ul class="fade-img">
      <li><img src="img/top/mainvisual1.jpg" alt=""></li>
      <li><img src="img/top/mainvisual2.jpg" alt=""></li>
      <li><img src="img/top/mainvisual3.jpg" alt=""></li>
    </ul>
    <p class="catchphrase">空間デザインで<br>新たな価値を創造する</p>
  </div>
</main>
```

ここでは、解説の必要な新しい書き方はありません。

CSSのコーディング

CSSのコーディングを行っていきましょう。トップページのCSSは「top.css」にコーディングしていきます。CSSアニメーションを使って、3枚の画像をフェードで切り替えます。また、キャッチコピーはpositionを使ってメインビジュアルの上に重ねます。

top.css

```
@charset "UTF-8";

.mainvisual {
  height: 600px;
  margin-bottom: 120px;
  position: relative;
}
.mainvisual .fade-img img {
  width: 100%;
  height: 600px;
  object-fit: cover;
}
.mainvisual .fade-img li { ❶
  width: 70%;
  position: absolute;
  right: 0;
  opacity: 0;
  animation: fade 15s infinite;
}
```

```
.mainvisual .fade-img li:nth-child(1) { 2
  animation-delay: 0s;
}
.mainvisual .fade-img li:nth-child(2) { 2
  animation-delay: 5s;
}
.mainvisual .fade-img li:nth-child(3) { 2
  animation-delay: 10s;
}
@keyframes fade { 3
  0% {
    opacity: 0;
  }
  15% {
    opacity: 1;
  }
  30% {
    opacity: 1;
  }
  45% {
    opacity: 0;
  }
  100% {
    opacity: 0;
  }
}
.mainvisual .catchphrase { 4
  font-family: 'Zen Old Mincho', serif;
  font-size: 50px;
  text-shadow: 1px 1px 3px #fff;
  position: absolute;
  top: 210px;
  left: 6%;
}
```

❶ **.mainvisual .fade-img li**

「width: 70%;」でメインビジュアルの横幅を画面全体の70%に設定し、「position: absolute;」「right: 0;」で右寄せに配置します。初期状態は「opacity: 0;」で非表示にし、「animation: fade 15s infinite;」でCSSアニメーションを設定します。CSSアニメーションについては、第5章の「CSSアニメーションについて」で詳しく解説しています（P.343参照）。

❷ .mainvisual .fade-img li:nth-child(1)
　.mainvisual .fade-img li:nth-child(2)
　.mainvisual .fade-img li:nth-child(3)

3枚の画像に対して、CSSアニメーションの開始タイミングを設定します。1枚目の画像は「animation-delay: 0s;」ですぐに実行、2枚目の画像は5秒後、3枚目の画像は10秒後と開始のタイミングをずらすことで、画像が順番に表示されるようにします。

❸ @keyframes fade

CSSアニメーションのキーフレームを設定します。今回はanimationに「15s」を設定しているため、15秒かけて以下の処理を実行します。キーフレームについては、第5章の「CSSアニメーションについて」で詳しく解説しています（P.343参照）。

0%（0秒）	「opacity: 0;」で画像は非表示の状態
15%（2.25秒）	「opacity: 1;」で画像を表示する
30%（4.5秒）	「opacity: 1;」で画像を表示したまま維持する
45%（6.75秒）	「opacity: 0;」で画像を非表示にする
100%（15秒）	「opacity: 0;」で画像を非表示にしたまま維持する

❹ .mainvisual .catchphrase

フォントに「'Zen Old Mincho', serif」を設定し、「text-shadow: 1px 1px 3px #fff;」でテキストの周りに白の影を設定します。box-shadowが要素に対して影を設定するのに対し、text-shadowはテキストに対して影を設定することができます。box-shadowについては、第5章の「box-shadowについて」で詳しく解説しています（P.368参照）。
「position: absolute;」「top: 210px;」「left: 6%;」で、キャッチコピーをメインビジュアルに重なるように配置します。leftの値にパーセントを指定することで、画面幅を変えた際に左からの位置が可変になるようにします。

レスポンシブ対応

レスポンシブ用のCSSを設定します。スマートフォンの場合は、メインビジュアルを全幅表示にして高さを少し低くします。また、キャッチコピーはメインビジュアル内の下の方に重ねて配置します。

`top.css`

```css
@media screen and (max-width: 767px) {
  .mainvisual {
    height: 400px;
    margin-bottom: 60px;
  }
  .mainvisual .fade-img img {
    height: 400px;
  }
  .mainvisual .fade-img li {
    width: 100%;
  }
  .mainvisual .catchphrase {
    color: #fff;
    text-shadow: 1px 1px 1px #777;
    font-size: 28px;
    top: 300px;
    left: 6%;
  }
}
```

ここでは、解説の必要な新しい書き方はありません。

以上で、メインビジュアルのHTML、CSSのコーディングは完了です。

SECTION 6-8 | 「COMPANY」を作ろう

レイアウト構成の確認

トップページの「COMPANY」を作成します。画面の横幅いっぱいを使って、画像とテキストボックスを重ねて配置します。「VIEW MORE」のボタンは、マウスオーバー時に横からスライドしながら色が変わるような動きをつけます。

「COMPANY」のレイアウト構成は、以下の通りです。全体をsectionタグで囲み、タイトルをh2タグ、画像とテキストボックスをそれぞれdivタグで囲みます。画像とテキストボックスを横並びにするため、外側をdivタグで囲みます。

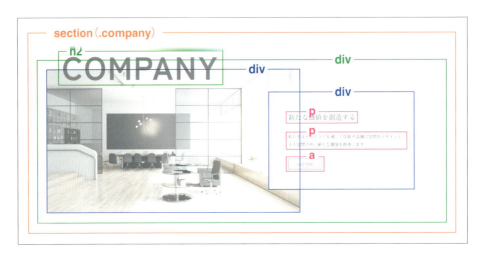

HTMLのコーディング

HTMLのコーディングを行っていきましょう。全体をsectionタグで囲み、タイトルをh2タグで囲みます。画像とテキストボックスをdivタグで囲み、テキストはpタグ、ボタンはaタグで記述します。aタグには、会社情報ページのリンクを設定します。

index.html

```
<section class="company">
  <h2 class="section-title">COMPANY</h2>

  <div class="flex">
    <div class="img">
      <img src="img/top/company.jpg" alt="">
```

```
        </div>

        <div class="text">
          <p class="title">新たな価値を創造する</p>
          <p class="description">私たちはインテリアを通して住居や店舗の空間をデザインし、
          その空間の中に新たな価値を創造します。</p>
          <a class="btn" href="company.html">VIEW MORE</a>
        </div>
      </div>
    </section>
```

ここでは、解説の必要な新しい書き方はありません。

CSSのコーディング

CSSのコーディングを行っていきましょう。画像とテキストボックスを横並びにし、重ねて配置します。また、タイトルは画像の上に重なるように配置します。ボタンは、マウスオーバー時に横からスライドしながら色が変わるような動きをつけます。

☑ セクションタイトル（トップページ共通）の設定

```
top.css

.section-title { ❶
  color: rgba(51, 51, 51, 0.9);
  font-size: clamp(68px, 8vw, 130px);
  font-weight: 700;
  letter-spacing: 0.05em;
}
```

❶ .section-title

「font-size: clamp(68px, 8vw, 130px);」で、ビューポートに合わせてフォントサイズが変わるように設定します。clampについては、「clampについて」で詳しく解説しています（P.453参照）。他のセクションでも使用するため、トップページ共通のタイトルとして定義します。

☑「VIEW MORE」ボタン（トップページ共通）の設定

```css
top.css

.btn { ❷
  max-width: 120px;
  background-color: #fff;
  display: block;
  border: solid 1px #1f1f1f;
  font-size: 12px;
  padding: 10px 0;
  text-align: center;
  position: relative;
  z-index: 10;
}
.btn::before { ❸
  content: "";
  width: 100%;
  height: 100%;
  position: absolute;
  top: 0;
  left: 0;
  z-index: -10;
  background-color: #1f1f1f;
  transform-origin: 100% 50%;
  transform: scaleX(0);
  transition: transform ease 0.3s;
}
.btn:hover { ❹
  color: #fff;
  opacity: 1;
}
.btn:hover::before { ❺
  transform-origin: 0% 50%;
  transform: scaleX(1);
}
```

❷ .btn（「VIEW MORE」ボタン）

マウスオーバー時に擬似要素で背景色を設定するため、テキストが後ろに隠れないよう「position:

relative;」「z-index: 10;」で前面に表示します。他のセクションでも使用するため、トップページ共通のボタンとして定義します。

❸ **.btn::before**

擬似要素で、マウスオーバー時に表示する背景色を「background-color: #1f1f1f;」に設定します。「transform: scaleX(0)」で設定した背景色を縮小させて消しておき、「transform-origin: 100% 50%;」で、縮小する際の起点位置のX軸を100%（ボタン右端）に設定することで右に向かって縮小させます。

❹ **.btn:hover {**

マウスオーバー時はボタンのテキストカラーを白にして、「opacity: 1;」で透明度をリセットします。

❺ **.btn:hover::before**

マウスオーバー時は擬似要素に「transform-origin: 0% 50%;」「transform: scaleX(1);」を設定して、縮小させておいた背景色を左から右に向かって拡大させることで、スライドしながらボタンに背景色を設定します。

● マウスオーバー

左から右に向かってスライドしながら黒背景を設定

● マウスアウト

左から右に向かってスライドしながら白背景に戻す

☑ 「COMPANY」エリアの設定

top.css

```
.company {
  margin-bottom: 120px;
```

```
  }
  .company .section-title { ❻
    margin: 0 0 -5vw 4vw;
    position: relative;
    z-index: 10;
  }
  .company .flex {
    display: flex;
    align-items: center;
  }
  .company .flex .img { ❼
    width: 65%;
  }
  .company .flex .img img {
    width: 100%;
    height: 500px;
    object-fit: cover;
  }
  .company .flex .text { ❽
    width: 35%;
    background-color: #fff;
    padding: 5% 0 5% 5%;
    margin-left: -8%;
  }
  .company .text .title {
    font-family: 'Zen Old Mincho', serif;
    font-size: 24px;
    margin-bottom: 40px;
  }
  .company .text .description {
    font-size: 15px;
    line-height: 1.8;
    margin-bottom: 40px;
  }
```

❻ **.company .section-title**

「margin: 0 0 -5vw 4vw;」で、タイトルを画像の上に重なるように配置します。左と下の位置は、vw
で指定することでビューポートに応じて変化するようにします。「position: relative;」「z-index: 10;」
で、画像の上に表示します。vwについては、第4章の「vw、vhについて」で詳しく解説しています
（P.278参照）。

❼ **.company .flex .img**（画像）

「width: 65%;」で、画像の横幅を65%に設定します。

❽ **.company .flex .text**（テキストボックス）

「width: 35%;」で、テキストボックスの横幅を35%に設定します。内側の余白は画面幅に応じて変化するよう「padding: 5% 0 5% 5%;」でパーセントで指定し、「margin-left: -8%;」で左にずらして画像に重なるように配置します。

OnePoint　clampについて

clamp関数を使うことで、要素のサイズを指定する際に最小値、推奨値、最大値の3つを指定できます。フォントや要素のサイズを画面幅に合わせて変化させたい時などに便利です。

設定方法

```
clamp(最小値, 推奨値, 最大値)
```

例1
```
font-size: clamp(14px, 3vw, 32px);
```

フォントサイズは3vwでビューポートに応じて変化しますが、最小値は14px、最大値は32pxとなります。画面幅を狭めても最小値よりは小さくならず、画面幅を広げても最大値よりは大きくなりません。

例2
```
width: clamp(80px, 10vw, 140px);
```

横幅は10vwでビューポートに応じて変化しますが、最小値は80pxで最大値は140pxとなります。

レスポンシブ対応

レスポンシブ用のCSSを設定します。スマートフォンの場合は、タイトルを中央寄せにして画像とテキストを縦に並べます。

top.css

```css
@media screen and (max-width: 767px) {
  .section-title {
    font-size: 12vw;
  }


  .company {
    margin-bottom: 60px;
  }
  .company .section-title {
    margin: 0 0 -7vw;
    text-align: center;
  }
  .company .flex {
    flex-direction: column;
  }
  .company .flex .img {
    width: 100%;
  }
  .company .flex .img img {
    height: 300px;
  }
  .company .flex .text {
    width: 100%;
    margin-left: 0;
    padding: 20px 20px 0;
  }
  .company .flex .text .title {
    font-size: 20px;
    margin-bottom: 20px;
  }
  .company .flex .text .description {
    margin-bottom: 20px;
  }
}
```

ここでは、解説の必要な新しい書き方はありません。

以上で、「COMPANY」のHTML、CSSのコーディングは完了です。

SECTION 6-9 │「PRODUCTS」を作ろう

レイアウト構成の確認

トップページの「PRODUCTS」を作成します。ここでの学習の目的は、CSSアニメーションを使って画像が横に流れ続けるような動きをつける方法について学ぶことです。こちらもjQueryのプラグイン「slick」を使うことでかんたんに実装できますが、復習を兼ねてCSSアニメーションでコーディングしてみましょう。

「PRODUCTS」のレイアウト構成は、以下の通りです。全体をsectionタグで囲みます。テキストエリアをdivタグで囲み、中のタイトルはh2タグで囲みます。画像エリアをdivタグで囲み、さらに画像リストをul、liタグで囲みます。

HTMLのコーディング

HTMLのコーディングを行っていきましょう。全体をsectionタグで囲みます。テキストエリアをdivタグで囲み、中のタイトルをh2タグ、テキストをpタグで記述します。画像エリア全体をdivタグで囲み、中の画像リストをul、liタグで囲みます。画像リストはCSSアニメーションで途切れることなく横に流し続けるため、同じリストを2つ記述しておきます。

index.html

```
<section class="products">
  <div class="text">
```

```html
    <h2 class="section-title">PRODUCTS</h2>
    <p class="description">私たちがデザインするインテリアをご紹介します。<br>ソファや
デスク、チェア、ダイニング周りを中心にオリジナルのインテリアをご提案いたします。
    </p>
  </div>


  <div class="products-list-area">
    <ul class="products-list"> 1
      <li><img src="img/top/products1.jpg" alt=""></li>
      <li><img src="img/top/products2.jpg" alt=""></li>
      <li><img src="img/top/products3.jpg" alt=""></li>
      <li><img src="img/top/products4.jpg" alt=""></li>
      <li><img src="img/top/products5.jpg" alt=""></li>
      <li><img src="img/top/products6.jpg" alt=""></li>
    </ul>
    <ul class="products-list"> 1
      <li><img src="img/top/products1.jpg" alt=""></li>
      <li><img src="img/top/products2.jpg" alt=""></li>
      <li><img src="img/top/products3.jpg" alt=""></li>
      <li><img src="img/top/products4.jpg" alt=""></li>
      <li><img src="img/top/products5.jpg" alt=""></li>
      <li><img src="img/top/products6.jpg" alt=""></li>
    </ul>
  </div>


  <a class="btn" href="products.html">VIEW MORE</a>
</section>
```

❶ 画像リスト

横にスライドさせる画像リストをul、liタグで囲み、同じものを2つ記述します。横にスライドする動
作については、CSSのコーディングで詳しく解説します。

CSSのコーディング

CSSのコーディングを行っていきましょう。テキストエリアの背景を擬似要素で作成します。商品の
画像リストはFlexboxで横並びに配置し、CSSアニメーションで横に流れ続ける動きをつけていきま
す。

top.css

```css
.products {
  margin-bottom: 120px;
  position: relative;
}
.products::after { ❶
  content: "";
  width: 70%;
  height: 300px;
  background-color: #fafafa;
  display: block;
  position: absolute;
  top: 6vw;
  right: 0;
  z-index: -10;
}
.products .text { ❷
  width: 70%;
  padding: 0 5%;
  margin-left: auto;
}
.products .text .section-title {
  margin-bottom: 30px;
}
.products .text .description {
  font-size: 15px;
  line-height: 1.8;
  margin-bottom: 60px;
}
.products .products-list-area { ❸
  display: flex;
  margin-bottom: 40px;
  overflow-x: hidden;
}
.products .products-list-area .products-list { ❹
  display: flex;
  animation: slide-left 60s infinite linear both;
}
.products .products-list-area .products-list li {
```

```
    width: calc(100vw / 3);
  }
  .products .products-list-area .products-list li img {
    width: 100%;
  }
  @keyframes slide-left { ❺
    0% {
      transform: translateX(0);
    }
    100% {
      transform: translateX(-100%);
    }
  }
  .products .btn {
    margin: 0 auto;
  }
```

❶ .products::after（テキストエリアの背景）

背景は擬似要素で作成し、position を使ってテキストエリアの背面に右寄せで配置します。トップの位置は vw で指定することで、画面幅を変更した際にずれないようにします。

❷ **.products .text（テキストエリア）**
「width: 70%;」「padding: 0 5%;」で、横幅と内側の余白が画面幅に応じて可変になるようにします。また、「margin-left: auto;」でテキストエリア全体を右寄せにします。

❸ **.products .products-list-area（画像エリア）**
2つの画像リストをFlexboxで横並びにし、「overflow-x: hidden;」で画面からはみ出た画像を画面の外側に隠しておきます。

❹ **.products .products-list-area .products-list（画像リスト）**
「animation: slide-left 60s infinite linear both;」で、画像が横に流れ続けるCSSアニメーションを設定します。動作は、下のキーフレームにて定義します。CSSアニメーションについては、第5章の「CSSアニメーションについて」で詳しく解説しています（P.343参照）。

❺ **@keyframes slide-left**
CSSアニメーションのキーフレームを設定します。今回はanimationに「60s」を設定しているため、60秒かけて画像リストを左方向へ100%移動させます。

0%（0秒）	「transform: translateX(0);」で画像リストのX軸が0の状態
100%（60秒）	「transform: translateX(-100%);」で画像リストのX軸が-100%の状態（左方向へ100%移動した状態）

■ 0秒

■ 60秒後

左へ100%移動

レスポンシブ対応

レスポンシブ用のCSSを設定します。スマートフォン表示の場合は、背景を全幅にしてテキストエリアと画像を縦に並べます。画像リストはPC表示と同様、横に流れ続ける動作をそのまま残します。

```
top.css

@media screen and (max-width: 767px) {
  .products {
    margin-bottom: 60px;
  }
  .products::after {
    width: 100%;
    height: 250px;
    top: 10vw;
  }
  .products .text {
    width: 100%;
    padding: 0 20px;
  }
  .products .text .section-title {
    text-align: center;
  }
  .products .text .description {
    margin-bottom: 20px;
  }
  .products .products-list-area {
    margin-bottom: 20px;
  }
}
```

ここでは、解説の必要な新しい書き方はありません。

以上で、「PRODUCTS」のHTML、CSSのコーディングは完了です。

SECTION 6-10 | 「WORKS」を作ろう

レイアウト構成の確認

トップページの「WORKS」を作成します。テキストエリアと画像をずらして両サイドに配置します。4枚の画像は、第4章で学習した「grid」を使って配置していきます。
「WORKS」のレイアウト構成は、以下の通りです。全体をsectionタグで囲みます。テキストエリアはdivタグで囲み、中のタイトルをh2タグ、テキストをpタグ、ボタンをaタグで囲みます。4枚の画像はul、liタグで記述します。

HTMLのコーディング

HTMLのコーディングを行っていきましょう。全体をsectionタグで囲みます。テキストエリアはdivタグで囲み、中のタイトルをh2タグ、テキストをpタグ、ボタンをaタグで囲みます。ボタンには実績紹介ページのリンクを設定します。4枚の画像はul、liタグで記述します。

index.html

```
<section class="works">
  <div class="text">
    <h2 class="section-title">WORKS</h2>
    <p class="description">住空間および商業空間のデザインを行っています。<br>住む人や
    その空間を利用されるお客様が笑顔になるような空間創りを心掛けています。</p>
```

```
    <p class="description">私たちがこれまでに手がけてきた住居と店舗デザインの一部をご
    紹介いたします。</p>
    <a class="btn" href="works.html">VIEW MORE</a>
  </div>

  <ul class="works-list">
    <li><img src="img/top/works1.jpg" alt=""></li>
    <li><img src="img/top/works2.jpg" alt=""></li>
    <li><img src="img/top/works3.jpg" alt=""></li>
    <li><img src="img/top/works4.jpg" alt=""></li>
  </ul>
</section>
```

ここでは、解説の必要な新しい書き方はありません。

CSSのコーディング

CSSのコーディングを行っていきましょう。テキストエリアの背景色は、擬似要素で作成します。また、画像はgridを使って並べていきます。

top.css

```
.works {
  display: flex;
  justify-content: space-between;
  margin-bottom: 120px;
  position: relative;
}
.works::after {  ❶
  content: "";
  width: 70%;
  height: 70%;
  min-height: 420px;
  background-color: #fafafa;
  display: block;
  position: absolute;
  top: 6vw;
  left: 0;
```

```css
      z-index: -10;
  }
  .works .text {
      padding: 0 6% 0 4%;
  }
  .works .text .section-title {
    margin-bottom: 40px;
  }
  .works .text .description {
      font-size: 15px;
      line-height: 1.8;
      margin-bottom: 20px;
  }
  .works .text .btn {
      margin-top: 30px;
  }
  .works .works-list { ❷
      max-width: 1000px;
      display: grid;
      grid-template-columns: repeat(2, 1fr);
      gap: 5px;
      margin-top: 170px;
  }
  .works .works-list li {
      max-width: 500px;
  }
```

❶ **.works::after**（テキストエリアの背景）

「PRODUCTS」と同じく背景は擬似要素で作成し、positionを使ってテキストエリアの背面に配置します。

❷ .works .works-list（画像リスト）

「display: grid;」「grid-template-columns: repeat(2, 1fr);」で、2列で表示します。また、「gap: 5px;」で画像間の余白を5pxに設定します。「grid」については、第4章の「グリッドレイアウトについて」で詳しく解説しています（P.247参照）。

レスポンシブ対応

レスポンシブ用のCSSを設定します。スマートフォン表示の場合は、背景を全幅にしてテキストエリアと画像を縦に並べます。背景の最小の高さは「min-height: auto;」で解除します。

top.css

```css
@media screen and (max-width: 767px) {
  .works {
    flex-direction: column;
    margin-bottom: 60px;
  }
  .works::after {
    width: 100%;
    height: 90%;
    min-height: auto;
    top: 10vw;
  }
  .works .text {
    padding: 0 20px;
    margin-bottom: 40px;
  }
  .works .text .section-title {
    margin-bottom: 30px;
    text-align: center;
  }
  .works .works-list {
    margin-top: 0;
  }
}
```

ここでは、解説の必要な新しい書き方はありません。

以上で、「WORKS」のHTML、CSSのコーディングは完了です。

SECTION 6-11 | 「FAQ & CONTACT」を作ろう

レイアウト構成の確認

トップページの「FAQ & CONTACT」を作成します。画像の上に透過のグラデーションをかけて、さらにその上にテキストを配置します。
「FAQ & CONTACT」のレイアウト構成は、以下の通りです。エリア全体をdivタグで囲みます。さらに画像全体をaタグで囲み、中の画像をdivタグ、テキストをpタグ、矢印画像をdivタグで囲みます。

HTMLのコーディング

HTMLのコーディングを行っていきましょう。エリア全体をdivタグで囲みます。画像とテキストをaタグで囲み、それぞれ「よくある質問」ページと「お問い合わせ」ページのリンクを設定します。

index.html

```
<div class="faq-contact">
  <a class="item" href="faq.html">
    <div class="img">
      <img src="img/top/faq.jpg" alt="">
    </div>
    <p class="title">
      <span class="en">FAQ</span>
      <span class="ja">よくある質問</span>
    </p>
    <div class="arrow">
      <img src="img/top/arrow.svg" alt="">
```

```
    </div>
  </a>

  <a class="item" href="contact.html">
    <div class="img">
      <img src="img/top/contact.jpg" alt="">
    </div>
    <p class="title">
      <span class="en">CONTACT</span>
      <span class="ja">お問い合わせ</span>
    </p>
    <div class="arrow">
      <img src="img/top/arrow.svg" alt="">
    </div>
  </a>
</div>
```

ここでは、解説の必要な新しい書き方はありません。

CSSのコーディング

FAQとCONTACTを、Flexboxで横並びにします。各画像には、linear-gradientプロパティを使って透過のグラデーションを設定します。

top.css

```
.faq-contact {
  display: flex;
  justify-content: space-between;
  padding: 0 5% 80px;
}
.faq-contact .item {
  width: 48%;
  position: relative;
}
.faq-contact .item::before { ①
  content: "";
  width: 100%;
```

```css
    height: 100%;
    background: linear-gradient(to bottom, rgba(0,0,0,0) 50%, rgba(0,0,0,0) 50%,
    rgba(0,0,0,1));
    position: absolute;
    top: 0;
    left: 0;
}
.faq-contact .item .title {
    color: #fff;
    position: absolute;
    left: 25px;
    bottom: 20px;
}
.faq-contact .item .title .en {
    display: block;
    font-size: 4vw;
    font-weight: 500;
    letter-spacing: 0.05em;
}
.faq-contact .item .title .ja {
    display: block;
    font-size: 14px;
}
.faq-contact .item .arrow { ❷
    width: clamp(85px, 10vw, 140px);
    position: absolute;
    right: 25px;
    bottom: 20px;
}
.faq-contact .item .arrow img {
    width: 100%;
}
```

❶ .faq-contact .item::before

画像の上に、擬似要素を使って透過のグラデーションを設定します。透過のグラデーションは「background: linear-gradient(to bottom, rgba(0,0,0,0) 50%, rgba(0,0,0,0) 50%, rgba(0,0,0,1));」で、上半分の位置から一番下まで黒の透過グラデーションを設定します。linear-gradientについては、第4章の「linear-gradientについて」で詳しく解説しています（P.247参照）。

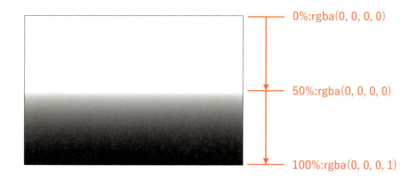

❷ **.faq-contact .item .arrow（矢印画像）**
矢印の画像は、画面幅に応じてサイズが可変になるよう「width: clamp(85px, 10vw, 140px);」で基本のサイズを10vwとし、最小値を85px、最大値を140pxに設定します。

レスポンシブ対応

レスポンシブ用のCSSを設定します。スマートフォン表示の場合は、FAQとCONTACTを縦に並べてフォントサイズを調整します。

```css
/* top.css */
@media screen and (max-width: 767px) {
  .faq-contact {
    flex-direction: column;
    padding: 0 20px 40px;
  }
  .faq-contact .item {
    width: 100%;
    margin-bottom: 20px;
  }
  .faq-contact .item .title .en {
    font-size: 8vw;
  }
}
```

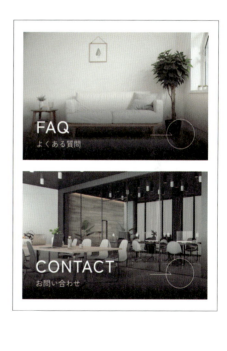

ここでは、解説の必要な新しい書き方はありません。

以上で、「FAQ & CONTACT」のHTML、CSSのコーディングは完了です。

SECTION 6-12 フッターを作ろう

レイアウト構成の確認

トップページのフッターを作成します。左側にロゴ、会社情報、コピーライトを配置し、右側に各ページのメニューを配置します。フッターのレイアウト構成は、以下の通りです。全体をfooterタグで囲みます。左側の会社情報エリアと右側のメニューエリアをそれぞれdivタグで囲みます。会社情報のサブメニューはul、liタグで記述します。

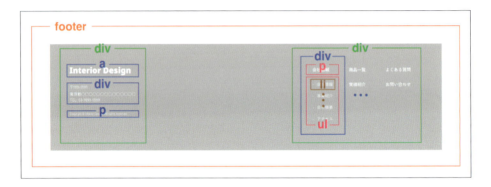

HTMLのコーディング

HTMLのコーディングを行っていきましょう。全体をfooterタグで囲みます。左側の会社情報エリアと右側のメニューエリアをそれぞれdivタグで囲みます。会社情報のサブメニューはul、liタグで記述し、リンク先に会社情報ページの各セクションを設定します。

index.html

```html
<footer id="footer">
  <div class="info-area">
    <a class="logo" href="index.html">
      <img src="img/common/logo-w.svg" alt="Interior Design">
    </a>
    <div class="info">
      <p>〒999-9999<br>東京都○○○○○○○○○○○○○○</p>
      <p>TEL: 03-9999-9999</p>
    </div>
    <p class="copyright">Copyright © Interior Design. All rights reserved.</p>
  </div>
```

```
<div class="menu-area">
  <div class="menu-col">
    <p class="menu-title"><a href="company.html">会社情報</a></p>
    <ul class="menu-list">
      <li><a href="company.html#philosophy">企業理念</a></li>
      <li><a href="company.html#service">事業紹介</a></li>
      <li><a href="company.html#overview">会社概要</a></li>
      <li><a href="company.html#access">アクセス</a></li>
    </ul>
  </div>

  <div class="menu-col">
    <p class="menu-title"><a href="products.html">商品一覧</a></p>
    <p class="menu-title"><a href="works.html">実績紹介</a></p>
  </div>

  <div class="menu-col">
    <p class="menu-title"><a href="faq.html">よくある質問</a></p>
    <p class="menu-title"><a href="contact.html">お問い合わせ</a></p>
  </div>
</div>
</footer>
```

ここでは、解説の必要な新しい書き方はありません。

CSSのコーディング

CSSのコーディングを行っていきましょう。共通パーツのため、「style.css」に追記していきます。会社情報エリアとメニューエリアをFlexboxで横並びにします。

☑ 全体の設定

style.css

```
#footer { ❶
  display: flex;
  justify-content: space-between;
```

```
    background-color: #1f1f1f;

    color: #fff;

    padding: 80px 5%;

}

#footer a {

    color: #fff;

}
```

❶ #footer

「display: flex;」「justify-content: space-between;」で、会社情報エリアとメニューエリアを横並びに
して両端に配置します。「padding: 80px 5%;」で、両サイドの余白を画面幅に応じて変更するように
設定します。

☑ 会社情報エリア（左側）の設定

style.css

```
#footer .info-area { ❷

    width: 35%;

}

#footer .info-area .logo {

    width: 100%;

    max-width: 220px;

    display: block;

    line-height: 0;

    margin-bottom: 30px;

}

#footer .info-area .info {

    font-size: 14px;

    line-height: 1.8;

    margin-bottom: 30px;

}

#footer .info-area .copyright {

    font-size: 10px;

}
```

❷ #footer .info-area

会社情報エリアの横幅を35%に設定します。

☑ メニューエリア（右側）の設定

```
style.css

#footer .menu-area { ❸
  width: 65%;
  display: flex;
  justify-content: flex-end;
}
#footer .menu-area .menu-col {
  width: 100%;
  max-width: 130px;
}
#footer .menu-area .menu-col .menu-title {
  font-size: 15px;
  font-weight: 500;
  margin-bottom: 30px;
}
#footer .menu-area .menu-col .menu-list li {
  font-size: 14px;
  margin-bottom: 20px;
}
#footer .menu-area .menu-col .menu-list li::before { ❹
  content: "-";
  margin-right: 10px;
}
```

❸ **#footer .menu-area**

メニューエリアの横幅を 65% に設定し、「justify-content: flex-end;」で右寄せで配置します。

❹ **#footer .menu-area .menu-col .menu-list li::before**

会社情報のサブメニューの先頭に擬似要素で「-」を設定します。

レスポンシブ対応

レスポンシブ用のCSSを設定します。スマートフォン表示の場合は、メニュー、ロゴ、会社情報、コピーライトの順で縦に並べます。

```css
style.css

@media screen and (max-width: 767px) {
  #footer { ❶
    flex-direction: column-reverse;
    padding: 60px 20px;
  }
  #footer .info-area {
    width: 100%;
  }
  #footer .menu-area { ❷
    width: 100%;
    justify-content: center;
    margin-bottom: 40px;
  }
  #footer .info-area {
    text-align: center;
  }
  #footer .info-area .logo {
    margin: 0 auto 30px;
  }
}
```

❶ **#footer**

「flex-direction: column-reverse;」で、会社情報とメニューエリアの位置を入れ替えて縦に並べます。「column-reverse」については、第1章の「Flexboxについて」で詳しく解説しています（P.35参照）。

❷ **#footer .menu-area**

メニューエリアは全幅にして、中央寄せに配置します。

以上で、フッターのHTML、CSSのコーディングは完了です。

SECTION
6-13 | フェードインを作ろう

レイアウト構成の確認

トップページには、スクロールした際に下からフェードでコンテンツを表示するようなフェードインの動きを入れていきます。「COMPANY」「PRODUCTS」「WORKS」「FAQ & CONTACT」の4つのブロックに対して設定します。フェードインの処理は、実務でもよく使用されている「inview」というjQueryのプラグインを使用します。

■ フェードインを設定するブロック

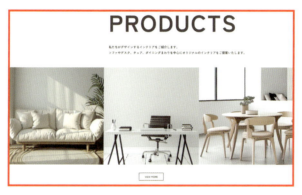

HTMLのコーディング

HTMLのコーディングを行っていきましょう。フェードを表示するための「fadein」クラスを各ブロックに追加していきます。

```
index.html

<main>
  中略

  <section class="company fadein"> ❶
    <h2 class="section-title">COMPANY</h2>
    中略
  </section>

  <section class="products fadein"> ❶
    <div class="text">
      <h2 class="section-title">PRODUCTS</h2>
    中略
  </section>

  <section class="works fadein"> ❶
    <div class="text">
      <h2 class="section-title">WORKS</h2>
    中略
  </section>

  <div class="faq-contact fadein"> ❶
    <a class="item" href="faq.html">
      <div class="img">
    中略
  </div>
</main>
```

❶ フェード表示用のクラス追加

各ブロックに、「fadein」という名前のクラスを追加します。クラス名は任意ですが、処理を表すようなわかりやすい名前をつけておきましょう。

CSS のコーディング

CSS のコーディングを行っていきましょう。フェード表示するための CSS を記述していきます。

```css
top.css

.fadein { ①
  opacity: 0;
  transform: translateY(80px);
  transition: all 1s;
}
.fadein.inview { ②
  opacity: 1;
  transform: translateY(0);
}
```

① .fadein

画面下に表示される前の状態です。「transform: translateY(80px);」で80px下に下げ、「opacity: 0;」で非表示にしておきます。「transition: all 1s;」で、表示する際に少しフェードがかかるようにします。transition については、第5章の「transition について」で詳しく解説しています（P.324参照）。

② .fadein.inview

画面下に表示された時の状態です。「inview」というクラスは、コンテンツが画面下に来たタイミングで JavaScript を使って追加します。「opacity: 1;」で表示し、「transform: translateY(0);」で下に下げていたコンテンツを元の位置に戻すことで、下から上に上がるような動きをつけます。

画面下にきたタイミングで、上に80px移動しながらフェード表示

JavaScriptのコーディング

JavaScript（jQuery）のコーディングを行っていきましょう。プラグイン「inview」を使って、コンテンツが画面下に来たタイミングでクラスの追加を行います。inviewを使用するためには、前提としてP.423で行った「jquery.inview.min.js」の読み込みが必要になります。

```js
main.js

$(function(){
  $(".fadein").on("inview", function () {  ①
    $(this).addClass("inview");  ②
  });
});
```

① $(".fadein").on("inview", function () {});
「fadein」というクラス名が設定された要素が画面下に来たタイミングで、中の処理が実行されます。

② $(this).addClass("inview");
「fadein」クラスに、「inview」という名前のクラスを追加します。「inview」というクラス名は任意ですが、CSSで定義した名前と合わせます。

以上で、トップページのコーディングは完了です。

SECTION 6-14 | 会社情報ページを作ろう

レイアウト構成の確認

会社情報ページ全体の枠組みを作成します。ここでの学習の目的は、ページ内リンクをクリックした際に該当箇所まで滑らかにスクロールして移動するスムーススクロールについて学ぶことです。会社情報ページのコンテンツをすべて作成した後、スムーススクロールの設定を行いましょう。

☑ ページ内リンクのスムーススクロール

該当のセクションの先頭へ滑らかにスクロールしながら移動します。

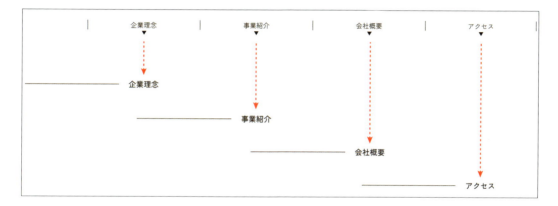

会社情報ページ全体のレイアウト構成は、以下の通りです。ヘッダーとフッターはトップページと同様で全ページ共通です。mainコンテンツの中は下層ページ共通のページヘッダーと、ページ内リンクおよび4つのセクションで構成されます。

❶ main	コンテンツのメインエリア全体を囲みます。
1-1 div（.page-header）	下層ページ共通のヘッダー部分を囲みます。
1-2 ul（.pagelink-list）	ページ内リンクをulタグで囲みます。
1-3 section（#philosophy）	「企業理念」エリア全体をsectionタグで囲みます。
1-4 section（#service）	「事業紹介」エリア全体をsectionタグで囲みます。
1-5 section（#overview）	「会社概要」エリア全体をsectionタグで囲みます。
1-6 section（#access）	「アクセス」エリア全体をsectionタグで囲みます。

HTMLのコーディング

全体の枠組みとhead部分のコーディングを行っていきましょう。基本的な記述についてはトップページと同じですが、「タイトル」「ディスクリプション」「読み込みCSS」は会社情報ページ用に変更します。また、トップページ以外では「inview」を使用しないため、「jquery.inview.min.js」の読み込みは削除します。会社情報ページは「company.html」にコーディングしていきます。

```
company.html

<!DOCTYPE html>
<html lang="ja">
  <head>
    <meta charset="utf-8">
    <title>Company | Interior Design</title>
    <meta name="description" content="Interior Designの会社情報ページです。私たちは
    インテリアを通して住居や店舗の空間をデザインし、その空間の中に新たな価値を創造しま
    す。">
    <meta name="viewport" content="width=device-width, initial-scale=1">
    <link rel="icon" href="img/common/favicon.ico">
    <link rel="apple-touch-icon" href="img/common/apple-touch-icon.png">
    <link rel="preconnect" href="https://fonts.googleapis.com">
    <link rel="preconnect" href="https://fonts.gstatic.com" crossorigin>
    <link href="https://fonts.googleapis.com/css2?family=Zen+Kaku+Gothic+New:wght@
    400,500,700&family=Zen+Old+Mincho:wght@400&display=swap" rel="stylesheet">
    <link rel="stylesheet" href="https://unpkg.com/ress/dist/ress.min.css">
    <link rel="stylesheet" href="css/style.css">
```

第6章 コーポレートサイトを作ろう ☆☆☆☆☆

実践編

実務のサイトを想定した実践的なデモサイト

481

```
    <link rel="stylesheet" href="css/company.css">
    <script src="https://ajax.googleapis.com/ajax/libs/jquery/3.7.1/jquery.min.
    js"></script>
    <script src="js/main.js"></script>
  </head>

  <body>
  </body>
</html>
```

ここでは、解説の必要な新しい書き方はありません。

CSSのコーディング／レスポンシブ対応

全体のCSSはすでにトップページでコーディング済みのため、下層ページでのコーディングは不要です。

以上で、コンセプトページ全体のHTML、CSSのコーディングは完了です。

SECTION
6-15 | 共通パーツ（ヘッダー、フッター）を作ろう

サイトの共通パーツであるヘッダー、フッターのコーディングを行っていきます。

HTMLのコーディング

HTMLのコーディングを行っていきましょう。「ヘッダー」「フッター」のコードを記述します。トップページで作った<header>、<footer>のコードを「company.html」に追記します。下層ページは、ページヘッダーの左側にh1タグでページタイトルを入れるため、ロゴはh1タグからdivタグに変更します。

company.html

```html
<header id="header">
  <div class="logo"> ❶
    <a href="index.html">
      <img src="img/common/logo.svg" alt="Interior Design">
    </a>
  </div>


  <div class="hamburger">
    <span></span>
    <span></span>
    <span></span>
  </div>


  <nav class="navi">
    <ul class="menu">
      <li class="menu-first">
        <span>会社情報</span>
        <ul class="menu-second">
          <li><a href="company.html#philosophy">企業理念</a></li>
          <li><a href="company.html#service">事業紹介</a></li>
          <li><a href="company.html#overview">会社概要</a></li>
          <li><a href="company.html#access">アクセス</a></li>
        </ul>
      </li>
      <li><a href="products.html">商品一覧</a></li>
```

```
            <li><a href="works.html">実績紹介</a></li>
            <li><a href="faq.html">よくある質問</a></li>
            <li class="menu-contact"><a href="contact.html">お問い合わせ</a></li>
        </ul>
    </nav>

    <div class="mask"></div>
</header>

中略

<footer id="footer">
    中略
</footer>
```

❶ **ロゴ**

トップページではh1タグで記述しましたが、下層ページはページタイトルにh1タグを使用するため、ロゴはdivタグに変更します。

CSSのコーディング／レスポンシブ対応

共通パーツのCSSはすでにトップページでコーディング済みのため、下層ページでのコーディングは不要です。

以上で、共通パーツ（ヘッダー、フッター）のHTML、CSSのコーディングは完了です。

SECTION
6-16 | ページヘッダーを作ろう

レイアウト構成の確認

下層ページのヘッダー部分に当たるページヘッダーを作成します。背景画像の左側に透過の背景を重ね、その上にページタイトルを重ねます。ページヘッダーのレイアウト構成は、以下の通りです。全体をdivタグで囲み、中の背景画像と透過エリアをそれぞれdivタグで囲みます。タイトルはh1タグで囲み、さらに日本語と英語のテキストをそれぞれspanタグで囲みます。

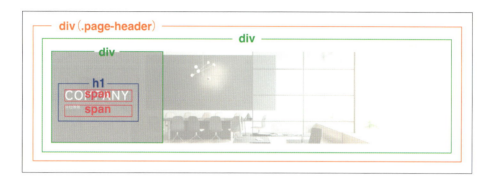

HTMLのコーディング

HTMLのコーディングを行っていきましょう。エリア全体をdivタグで囲みます。画像をdivタグ、ページタイトルの透過エリアをそれぞれdivタグで囲みます。ページタイトルはh1タグで囲み、中の日本語と英語のテキストをそれぞれspanタグで囲みます。

company.html

```html
<div class="page-header">
  <div class="img">
    <img src="img/company/mainvisual.jpg" alt="">
  </div>
  <div class="page-title-area">
    <h1 class="page-title">
      <span class="en">COMPANY</span>
      <span class="ja">会社情報</span>
    </h1>
  </div>
</div>
```

ここでは、解説の必要な新しい書き方はありません。

CSSのコーディング

CSSのコーディングを行っていきましょう。ページヘッダーは下層ページ共通のレイアウトになるので、「style.css」に追記していきます。

```css
.page-header { 1
  margin-bottom: 80px;
  position: relative;
}
.page-header .img {
  height: 100%;
}
.page-header .img img { 2
  width: 100%;
  height: 320px;
  object-fit: cover;
}
.page-header .page-title-area { 3
  width: 100%;
  max-width: 400px;
  height: 100%;
  display: flex;
  align-items: center;
  background-color: rgba(51, 51, 51, 0.9);
  color: #fff;
  padding: 0 4%;
  position: absolute;
  top: 0;
  left: 0;
}
.page-header .page-title-area .page-title .en {
  display: block;
  font-size: 46px;
  font-weight: 500;
  letter-spacing: 0.05em;
```

```
    }
    .page-header .page-title-area .page-title .ja {
      display: block;
      font-size: 14px;
      font-weight: 400;
    }
```

❶ **.page-header**
「position: relative;」を設定して、透過のボックスを配置する際の基準位置とします。

❷ **.page-header .img img**
背景画像は高さを320pxで固定し、「object-fit: cover;」ではみ出た部分をトリミングします。

❸ **.page-header .page-title-area**
「display: flex;」「align-items: center;」で、縦中央に配置します。「background-color: rgba(51, 51, 51, 0.9);」でボックスの背景に90%の透明度を設定して、「position: absolute;」「top: 0;」「left: 0;」で左端に配置します。「rgba」については、第2章の「透明度について」で詳しく解説しています（P.79参照）。

レスポンシブ対応

レスポンシブ用のCSSを設定します。スマートフォンの場合は、ページタイトルの透過ボックスを画像内の一番下に配置します。

style.css

```css
@media screen and (max-width: 767px) {
  .page-header {
    margin-bottom: 40px;
  }
  .page-header .img img {            ❶
    height: 240px;
  }
  .page-header .page-title-area {    ❷
    height: 70px;
    top: auto;
    bottom: 0;
  }
  .page-header .page-title-area .page-title .en {
    font-size: 24px;
  }
  .page-header .page-title-area .page-title .ja {
    font-size: 12px;
  }
}
```

❶ **.page-header .img img**

「height: 240px;」で、画像の高さを240pxに設定します。

❷ **.page-header .page-title-area**

「height: 70px;」で、透過のボックスの高さを70pxに設定します。「top: auto;」で、PC表示の際に設定した値をリセットし、「bottom: 0;」で1番下に配置します。

以上で、ページヘッダーのHTML、CSSのコーディングは完了です。

SECTION
6-17 | ページ内リンクを作ろう

レイアウト構成の確認

ページ内リンクを作成します。各リンクをクリックした際に、該当のセクションへ移動します。レイアウト構成は、以下の通りです。リンクのメニューをul、liタグで囲みます。

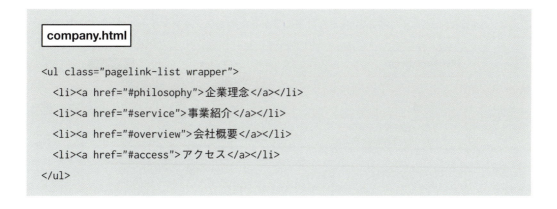

HTMLのコーディング

HTMLのコーディングを行っていきましょう。リンクのメニューをul、liタグで囲みます。ulタグには、コンテンツの横幅を設定するためのwrapperクラスを指定します。また、各メニューの遷移先には遷移先のセクションidを設定します。

company.html

```html
<ul class="pagelink-list wrapper">
  <li><a href="#philosophy">企業理念</a></li>
  <li><a href="#service">事業紹介</a></li>
  <li><a href="#overview">会社概要</a></li>
  <li><a href="#access">アクセス</a></li>
</ul>
```

ここでは、解説の必要な新しい書き方はありません。

CSSのコーディング

CSSのコーディングを行っていきましょう。今回、ヘッダーを固定表示させているため、そのままではページ内リンクをクリックした際にヘッダーの高さ分だけ移動位置がずれてしまいます。そのため、htmlに対して「scroll-padding-top」プロパティを追加することで移動位置の調整を行います。また、位置を移動する際に、滑らかにスクロールしながら移動する「スムーススクロール」の設定を行います。コンテンツの横幅を設定するためのwrapperクラスは、ページ内の共通クラスとして定義します。ページ内リンクは横並びにして、各メニューの下に擬似要素で矢印を設定します。ページ個別のレイアウトは、「company.css」に記述していきます。

```
style.css

html {
    scroll-behavior: smooth; ❶
    scroll-padding-top: 80px; ❷
}
```

❶ スムーススクロール

「scroll-behavior: smooth;」で、ページ内リンクの移動を滑らかにする「スムーススクロール」を設定します。なお、移動速度などの細かい設定を行いたい場合は、JavaScriptを使ってスムーススクロールの実装を行います。

❷ 位置の調整

今回、ヘッダーを固定表示させているため、ページ内リンクをクリックした際にヘッダーの高さ分だけ移動先の位置がずれてしまいます。そのため、htmlに対して「scroll-padding-top: 80px;」を設定することで、ずれが出ないように調整します。「scroll-padding-top」については、「scroll-padding-topについて」で詳しく解説しています（P.492参照）。

●「scroll-padding-top: 80px;」を指定しないで「企業理念」に遷移した場合
スクロール位置がヘッダーの高さ80px分だけ下に下がるためセクションタイトルの「企業理念」が隠れる

●「scroll-padding-top: 80px;」を指定して「企業理念」に遷移した場合
スクロール位置を80px上にずらすことでセクションタイトルの「企業理念」が表示される

company.css

```css
@charset "UTF-8";

.wrapper {
  max-width: 1000px;
  padding: 0 20px;
  margin: 0 auto;
}

.pagelink-list {
  display: flex;
  margin-bottom: 80px;
}
.pagelink-list li {    ❸
  width: calc(100% / 4);
  border-left: solid 1px #1f1f1f;
  font-size: 14px;
  text-align: center;
  position: relative;
}
.pagelink-list li:last-child {
  border-right: solid 1px #1f1f1f;
}
.pagelink-list li::after {    ❹
  content: "";
  width: 0;
  height: 0;
  border-left: 5px solid transparent;
  border-right: 5px solid transparent;
  border-top: 7px solid #1f1f1f;
  margin: 0 auto;
  position: absolute;
  bottom: -10px;
  left: 0;
  right: 0;
}
.pagelink-list li a {    ❺
  display: block;
}
```

❸ .pagelink-list li

各メニューの横幅は「width: calc(100% / 4);」で4等分にし、「border-left: solid 1px #1f1f1f;」で左側に線を引きます。一番右のメニューは、擬似クラス「:last-child」を使って右側にも線を引きます。「calc」については、第5章の「calcについて」で詳しく解説しています（P.382参照）。

❹ .pagelink-list li::after

各メニューの下矢印を擬似要素で作成します。「border-top: 7px solid #1f1f1f;」を設定し、「border-left: 5px solid transparent;」「border-right: 5px solid transparent;」で両サイドのラインを透明にすることで下向きの三角を作ります。

❺ .pagelink-list li a

「display: block;」で、リンクの範囲を横幅いっぱいに広げます。

OnePoint　scroll-padding-topについて

scroll-padding-topプロパティを使うことで、スクロール位置を指定した長さだけずらすことができます。ヘッダーを固定した場合などに、スクロール位置がずれるのを防ぐことができます。

例　scroll-padding-top: 100px;

「タイトル」の位置にスクロール移動する場合、スクロール位置が「タイトル」の100px上に移動する。

レスポンシブ対応

1024px以下の場合は、「scroll-padding-top」の設定値をヘッダーの高さに合わせて60pxに変更します。スマートフォン表示の場合は、ページ内リンクの余白とフォントサイズの調整を行います。

| 企業理念 ▼ | 事業紹介 ▼ | 会社概要 ▼ | アクセス ▼ |

style.css

```css
@media screen and (max-width: 1024px) {
  html {
    scroll-padding-top: 60px;
  }
}
```

company.css

```css
@media screen and (max-width: 767px) {
  .pagelink-list {
    margin-bottom: 40px;
  }
  .pagelink-list li {
    font-size: 12px;
  }
}
```

ここでは、解説の必要な新しい書き方はありません。

以上で、ページ内リンクのHTML、CSSのコーディングは完了です。

SECTION 6-18 「企業理念」を作ろう

レイアウト構成の確認

会社情報ページの「企業理念」を作成します。テキストエリアと2枚の画像を重ねて配置します。「企業理念」のレイアウト構成は、以下の通りです。全体をsectionタグで囲みます。タイトルはh2タグ、テキストエリアと画像全体をdivタグで囲みます。さらに中のテキストエリアと画像をそれぞれdivタグで囲みます。

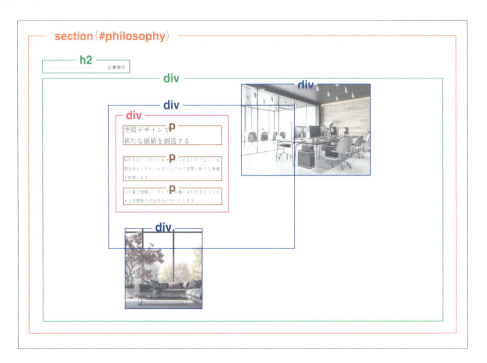

HTMLのコーディング

HTMLのコーディングを行っていきましょう。エリア全体をsectionタグで囲み、タイトルをh2タグ、コンテンツをdivタグで囲みます。コンテンツのdivタグには横幅を指定するためのwrapperクラスを設定します。中のテキストエリアと画像をそれぞれdivタグで囲みます。

company.html

```
<section id="philosophy">
  <h2 class="section-title"><span>企業理念</span></h2>
```

```
<div class="wrapper">
  <div class="text-area">
    <div class="inner">
      <p class="title">空間デザインで<br>新たな価値を創造する</p>
      <p class="text">私たちはインテリアをデザインするだけでなく、空間全体をデザイ
        ンすることでその空間に新たな価値を創造します。</p>
      <p class="text">人が喜び感動し、そして心を通い合わせるようなそんな空間創りの
        お手伝いをいたします。</p>
    </div>
  </div>
  <div class="img-top">
    <img src="img/company/philosophy1.jpg" alt="">
  </div>
  <div class="img-bottom">
    <img src="img/company/philosophy2.jpg" alt="">
  </div>
</div>
</section>
```

ここでは、解説の必要な新しい書き方はありません。

CSS のコーディング

CSSのコーディングを行っていきましょう。セクションタイトルは、ページ内の共通のCSSとして定義します。テキストエリアと2枚の画像は、positionを使って重なるように配置します。テキストエリアと画像の横幅は、clampを使って可変になるようにします。

company.css

```
.section-title {
  font-size: 16px;
  font-weight: 500;
  margin-bottom: 60px;
  position: relative;
}
.section-title span { ❶
  max-width: 1000px;
  display: block;
```

```css
  padding: 0 20px;
  margin: 0 auto;
}
.section-title::before { ❷
  content: "";
  width: calc((100% - 1000px) / 2);
  height: 1px;
  background-color: #1f1f1f;
  position: absolute;
  top: 12px;
  left: 0;
}

#philosophy { ❸
  margin-bottom: 120px;
  overflow: hidden;
  position: relative;
}
#philosophy .img-top { ❹
  width: clamp(390px, 50vw, 460px);
  position: absolute;
  top: 70px;
  left: 50%;
}
#philosophy .text-area { ❺
  width: 70%;
  background-color: #fafafa;
  padding: 7% 0 10% 6%;
  margin-top: 120px;
}
#philosophy .text-area .inner { ❻
  width: clamp(250px, 34vw, 350px);
}
#philosophy .text-area .inner .title {
  font-family: 'Zen Old Mincho', serif;
  font-size: 24px;
  line-height: 1.6;
  margin-bottom: 40px;
}
#philosophy .text-area .inner .text {
```

```
    font-size: 15px;
    line-height: 2;
    margin-bottom: 30px;
  }
  #philosophy .img-bottom { ❼
    max-width: 280px;
    margin: -60px 0 0 10%;
  }
```

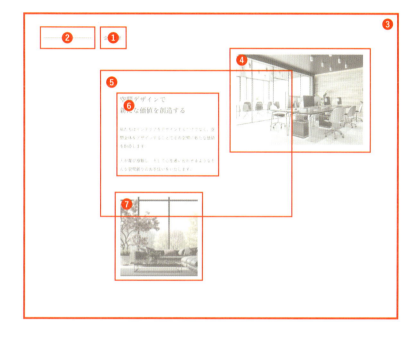

❶ .section-title span（タイトル）
コンテンツの横幅と揃えるため、最大幅に1000pxを設定します。

❷ .section-title::before（タイトル横の線）
擬似要素を使って、タイトルの左側に画面端まで伸びる横線を引きます。線の長さは、「width: calc((100% - 1000px) / 2);」で画面幅全体からコンテンツ幅を引いた余白を半分にすることで、片側の余白の長さを算出しています。

❸ #philosophy
画像とテキストエリアの横幅に最小値を設定しているため、コンテンツが横にはみ出て横スクロールが出ないよう、エリア全体に「overflow: hidden;」を設定します。「position: relative;」を設定して、テキストエリアと画像を配置するための基準位置とします。

❹ #philosophy .img-top
「width: clamp(390px, 50vw, 460px);」で、画像の横幅は50vwで可変になるように設定し、最小値を

390px、最大値を460pxに設定します。また、positionを使ってテキストエリアの右上に配置します。

❺ #philosophy .text-area

横幅を「width: 70%;」、内側の余白を「padding: 7% 0 10% 6%;」に設定して、それぞれ画面幅に応じて可変になるようにします。

❻ #philosophy .text-area .inner

中のテキストは画像と重ならないよう、「width: clamp(250px, 34vw, 350px);」でビューポートに応じて変化するようにします。

❼ #philosophy .img-bottom

「margin: -60px 0 0 10%;」で、ネガティブマージンを使ってテキストエリアの上に重なるように配置します。

レスポンシブ対応

スマートフォンの表示の場合は、positionの重なりを解除し、テキスト、画像の順で縦に並べます。タイトルの横線は非表示にします。

company.css

```css
@media screen and (max-width: 767px) {
  .section-title {
    margin-bottom: 10px;
  }
  .section-title::before {
    content: none;
  }

  #philosophy {
    margin-bottom: 60px;
    position: static;
  }
  #philosophy .img-top {
    width: 100%;
    margin-bottom: 20px;
    position: static;
  }
  #philosophy .text-area {
    width: 100%;
    padding: 20px;
    margin: 0 0 20px;
  }
  #philosophy .text-area .inner {
    width: 100%;
  }
  #philosophy .img-bottom {
    max-width: 100%;
    margin: 0 auto;
    text-align: center;
  }
}
```

ここでは、解説の必要な新しい書き方はありません。

以上で、「企業理念」のHTML、CSSのコーディングは完了です。

499

SECTION 6-19 | 「事業紹介」を作ろう

レイアウト構成の確認

会社情報ページの「事業紹介」を作成します。テキストと画像を横に並べ、画像を斜めにカットします。画像とテキストの周りには薄い影をつけます。また、マウスオーバー時に画像を拡大させるような動きをつけます。

「事業紹介」のレイアウト構成は、以下の通りです。全体をsectionタグで囲みます。タイトルはh2タグ、コンテンツ全体はdivタグで囲みます。テキストと画像はそれぞれdivタグで囲みaタグでグルーピングします。

HTMLのコーディング

HTMLのコーディングを行っていきましょう。エリア全体をsectionタグで囲み、タイトルをh2タグ、コンテンツをdivタグで囲みます。コンテンツのdivタグには、横幅を指定するためのwrapperクラスを設定します。中のテキストと画像はそれぞれdivタグで囲み、外側をaタグでグルーピングします。aタグの遷移先には、それぞれ商品一覧ページと実績紹介ページのリンクを設定します。

company.html

```html
<section id="service">
  <h2 class="section-title"><span>事業紹介</span></h2>
```

```
<div class="wrapper">
  <a class="item interior" href="products.html">
    <div class="text">
      <p class="title-ja">インテリアデザイン</p>
      <p class="title-en">Interior Design</p>
      <p class="description">ソファ、デスク、チェア、ダイニングを中心に、オリジナル
      のインテリアをデザインしています。</p>
      <p class="view-more">VIEW MORE</p>
    </div>
    <div class="img">
      <img src="img/company/products-interior.jpg" alt="">
    </div>
  </a>

  <a class="item store" href="works.html">
    <div class="text">
      <p class="title-ja">住空間・商業空間のデザイン</p>
      <p class="title-en">Store Design</p>
      <p class="description">住む人やその空間を利用されるお客様が笑顔になるような空
      間のデザインを行っています。</p>
      <p class="view-more">VIEW MORE</p>
    </div>
    <div class="img">
      <img src="img/company/products-store.jpg" alt="">
    </div>
  </a>
</div>
</section>
```

ここでは、解説の必要な新しい書き方はありません。

CSSのコーディング

CSSのコーディングを行っていきましょう。Flexboxでテキストと画像を横並びにし、box-shadow
で周りに影を設定します。また、「clip-path」プロパティを使って画像を斜めにカットします。マウス
オーバー時には、「transform」プロパティで画像を拡大させます。

company.css

```css
#service {
  margin-bottom: 120px;
}
#service .item { ①
  display: flex;
  align-items: center;
  box-shadow: 5px 5px 25px #ccc;
  margin-bottom: 40px;
}
#service .item.store {
  flex-direction: row-reverse;
}
#service .item .text {
  width: 44%;
  padding: 1% 5%;
}
#service .item .text .title-ja {
  font-size: 12px;
  margin-bottom: 5px;
}
#service .item .text .title-en {
  font-size: 32px;
  font-weight: 500;
  margin-bottom: 20px;
}
#service .item .text .description {
  font-size: 14px;
  margin-bottom: 20px;
}
#service .item .text .view-more {
  font-size: 14px;
  text-align: right;
  text-decoration: underline;
}
#service .item .img { ②
  width: 56%;
  overflow: hidden;
}
```

```
#service .item.interior .img { ③
  clip-path: polygon(20% 0, 100% 0, 100% 100%, 0 100%);
}
#service .item.store .img { ③
  clip-path: polygon(0 0, 100% 0, 80% 100%, 0 100%);
}
#service .item .img img { ④
  transition: transform 0.8s ease;
}
#service .item:hover .img img { ⑤
  transform: scale(1.1);
}
```

❶ #service .item

「box-shadow: 5px 5px 25px #ccc;」で、ボックスの周りに影をつけます。「box-shadow」については、第5章の「box-shadowについて」で詳しく解説しています（P.368参照）。

❷ #service .item .img

「width: 56%;」で横幅を設定し、「overflow: hidden;」で画像を拡大させた際に画像がボックスからはみ出ないようにします。

❸ #service .item.interior .img
#service .item.store .img

それぞれの画像を、「clip-path」プロパティのpolygonを使って斜めにカットします。clip-pathプロパティについては、第3章の「clip-pathプロパティについて」で詳しく解説しています（P.136参照）。

❹ #service .item .img img

「transition: transform 0.8s ease;」で、マウスオーバー時に画像を拡大させる際の動作速度などを設定します。transitionについては、第5章の「transitionについて」で詳しく解説しています（P.324参照）。

❺ #service .item:hover .img img

マウスオーバー時に「transform: scale(1.1);」で画像を1.1倍に拡大します。

レスポンシブ対応

スマートフォン表示の場合は、画像の斜めカットを解除し、テキストと画像を縦に並べて表示します。

company.css

```css
@media screen and (max-width: 767px) {
  #service {
    margin-bottom: 60px;
  }
  #service .item {
    flex-direction: column;
    margin-bottom: 20px;
  }
  #service .item.store {
    flex-direction: column;
  }
  #service .item .text {
    width: 100%;
    padding: 20px;
  }
  #service .item .text .title-en {
    font-size: 26px;
  }
  #service .item .img {
    width: 100%;
  }
  #service .item.interior .img,
  #service .item.store .img {
    clip-path: none;
  }
}
```

ここでは、解説の必要な新しい書き方はありません。

以上で、「事業紹介」のHTML、CSSのコーディングは完了です。

SECTION
6-20 │「会社概要」を作ろう

レイアウト構成の確認

会社情報ページの「会社概要」を作成します。会社概要の項目と内容を1セットにして横並びにします。「会社概要」のレイアウト構成は、以下の通りです。全体をsectionタグで囲みます。タイトルはh2タグ、「会社概要」のリストはdl、dt、ddタグで記述します。

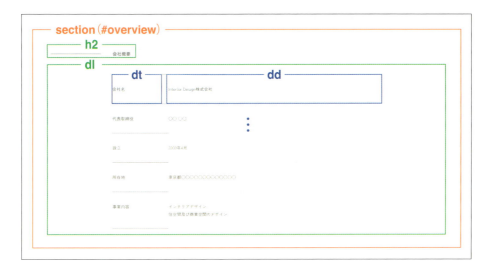

HTMLのコーディング

HTMLのコーディングを行っていきましょう。エリア全体をsectionタグで囲み、タイトルはh2タグ、「会社概要」のリストはdl、dt、ddタグで記述します。dlタグには横幅を設定するためのwrapperクラスを指定します。

company.html

```html
<section id="overview">
  <h2 class="section-title"><span>会社概要</span></h2>

  <dl class="overview-list wrapper">
    <dt>会社名</dt>
    <dd>Interior Design株式会社</dd>
    <dt>代表取締役</dt>
    <dd>〇〇 〇〇</dd>
```

```html
        <dt>設立</dt>
        <dd>2000年4月</dd>
        <dt>所在地</dt>
        <dd>東京都○○○○○○○○○○○○○○○</dd>
        <dt>事業内容</dt>
        <dd>インテリアデザイン<br>住空間および商業空間のデザイン</dd>
      </dl>
    </section>
```

ここでは、解説の必要な新しい書き方はありません。

CSSのコーディング

CSSのコーディングを行っていきましょう。Flexboxで、項目と内容を横並びにします。項目と内容とで上下の線のカラーを変えます。

company.css

```css
#overview {
  margin-bottom: 120px;
}
#overview .overview-list {
  display: flex;
  flex-wrap: wrap;
}
#overview .overview-list dt { ❶
  width: 200px;
  border-top: solid 1px #1f1f1f;
  font-size: 15px;
  padding: 40px 0;
}
#overview .overview-list dt:last-of-type { ❸
  border-bottom: solid 1px #1f1f1f;
}
#overview .overview-list dd { ❷
  width: calc(100% - 200px);
  border-top: solid 1px #ccc;
  font-size: 15px;
```

```
    padding: 40px 0;
    line-height: 1.8;
}
#overview .overview-list dd:last-of-type { ❸
    border-bottom: solid 1px #ccc;
}
```

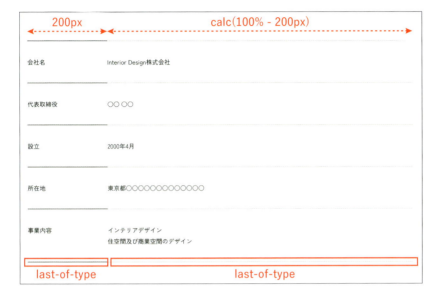

❶ **#overview .overview-list dt（項目）**
横幅を200pxに設定し、border-topで上に線を引きます。

❷ **#overview .overview-list dd（内容）**
「width: calc(100% - 200px);」で画面幅から項目の幅（200px）を引いた残りの幅を設定します。項目と同じくborder-topで上に線を引きます。

❸ **#overview .overview-list dt:last-of-type**
  #overview .overview-list dd:last-of-type
最後のdt、ddタグだけ、下に線を引きます。

507

レスポンシブ対応

スマートフォンの表示の場合も、PC表示と同じレイアウトのまま、幅と余白の調整だけ行います。

会社概要

会社名	Interior Design株式会社
代表取締役	○○ ○○
設立	2000年4月
所在地	東京都○○○○○○○○○○○○○
事業内容	インテリアデザイン 住空間及び商業空間のデザイン

---

company.css

```css
@media screen and (max-width: 767px) {
  #overview {
    margin-bottom: 60px;
  }
  #overview .overview-list dt {
    width: 100px;
    padding: 20px 0;
  }
  #overview .overview-list dd {
    width: calc(100% - 100px);
    padding: 20px 0;
  }
}
```

ここでは、解説の必要な新しい書き方はありません。

以上で、「会社概要」のHTML、CSSのコーディングは完了です。

SECTION 6-21 | 「アクセス」を作ろう

レイアウト構成の確認

会社情報ページの「アクセス」を作成します。住所の下にGoogleマップを全幅で表示します。地図の右上には大きなGoogleマップを開くためのボタンを設置します。

「アクセス」のレイアウト構成は、以下の通りです。全体をsectionタグで囲みます。タイトルはh2タグ、住所とボタン、Googleマップをdivタグで囲みます。

HTMLのコーディング

HTMLのコーディングを行っていきましょう。エリア全体をsectionタグで囲みます。タイトルはh2タグ、住所とボタンをdivタグで囲みます。地図エリア全体をdivタグで囲み、地図はiframeを使用してGoogleマップを埋め込みます。

company.html

```
<section id="access">
  <h2 class="section-title"><span>アクセス</span></h2>

  <div class="info wrapper">
    <p>〒999-9999 東京都○○○○○○○○○○○○○<br>TEL 03-999-9999 / FAX
    03-999-9999</p>
    <a href="https://www.google.com/maps/place/%E3%80%92162-0846+%E6%9D%B1%E4%BA%A
    C%E9%83%BD%E6%96%B0%E5%AE%BF%E5%8C%BA%E5%B8%82%E8%B0%B7%E5%B7%A6%E5%86%85%E7%9
```

```
      4%BA%EF%BC%92%EF%BC%91%E2%88%92%EF%BC%91%EF%BC%93/@35.693451,139.7330551,17z/
      data=!3m1!4b1!4m6!3m5!1s0x60188c5e40fd8ca9:0xe4e83101398f38cf!8m2!3d35.693451!
      4d139.73563!16s%2Fg%2F11ddy_my1l?entry=ttu" target="_blank">Google Map</a>
    </div>

    <div class="map">
      <iframe src="https://www.google.com/maps/embed?pb=!1m18!1m12!1m3!1d3240.331832
      8808073!2d139.73305507623294!3d35.693450972583314!2m3!1f0!2f0!3f0!3m2!1i1024!2
      i768!4f13.1!3m3!1m2!1s0x60188c5e40fd8ca9%3A0xe4e83101398f38cf!2z44CSMTYyLTA4ND
      Yg5p2x5Lqs6YO95paw5a6_5Yy65biC6LC35bem5YaF55S677yS77yR4oiS77yR77yT!5e0!3m2!1sj
      a!2sjp!4v1712552676765!5m2!1sja!2sjp" width="600" height="450"
      style="border:0;" allowfullscreen="" loading="lazy" referrerpolicy="no-
      referrer-when-downgrade"></iframe> ❶
    </div>
  </section>
```

❶ Googleマップ

Googleマップの公式サイトから取得したコードを貼り付けて地図を表示します。Googleマップの埋め込みについては、第4章の「Googleマップを埋め込む方法」で詳しく解説しています（P.259参照）。

CSSのコーディング

CSSのコーディングを行っていきましょう。住所とボタンをFlexboxで横並びにし、Googleマップを全幅表示します。

company.css

```css
#access {
  margin-bottom: 120px;
}
#access .info {
  display: flex;
  align-items: flex-end;
  justify-content: space-between;
  font-size: 14px;
  line-height: 1.8;
  margin-bottom: 20px;
}
```

```
#access .info a {
  width: 90px;
  height: 35px;
  display: flex;
  align-items: center;
  justify-content: center;
  border: solid 1px #1f1f1f;
  font-size: 12px;
}
#access .map iframe { ①
  width: 100%;
  height: 400px;
}
```

❶ #access .map iframe
Googleマップのiframeに対して「width: 100%;」を設定することで、Googleマップを全幅表示します。

レスポンシブ対応

スマートフォンの表示用に、余白の調整を行います。

```
company.css

@media screen and (max-width: 767px) {
  #access {
    margin-bottom: 60px;
  }
}
```

ここでは、解説の必要な新しい書き方はありません。

以上で、会社情報ページのコーディングは完了です。

SECTION
6-22 | 商品一覧ページを作ろう

レイアウト構成の確認

商品一覧ページ全体の枠組みを作成します。ここでの学習の目的は、タブで表示するコンテンツを切り替える方法について学ぶことです。商品一覧はタイル型のレイアウトで作成し、タブによって表示するコンテンツを切り替えます。また、商品画像をマウスオーバーした際に透過背景の上に商品情報を表示します。

☑ タブ切り替え

タブをクリックすると、該当の商品を表示します。

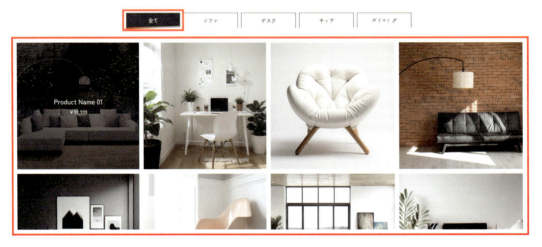

全体のレイアウト構成は、以下の通りです。ヘッダー、フッターは全ページ共通のパーツです。mainコンテンツの中は下層ページ共通のページヘッダーと、タブおよび商品一覧で構成されます。

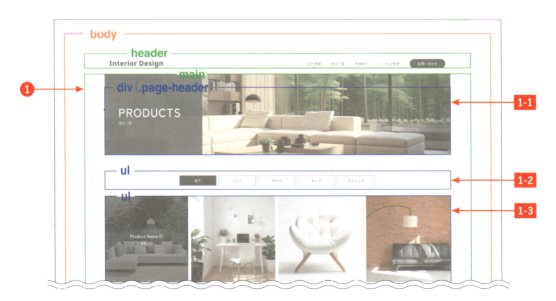

❶ main		コンテンツのメインエリア全体を囲みます。
1-1 div（.page-header）		下層ページ共通のヘッダー部分を囲みます。
1-2 ul（タブ）		タブのリストをulタグで囲みます。
1-3 ul（画像リスト）		画像一覧をulタグで囲みます。

HTMLのコーディング

全体の枠組みとhead部分のコーディングを行っていきましょう。会社情報ページと同じく、「タイトル」「ディスクリプション」「読み込みCSS」だけ商品一覧ページ用に書き換えます。商品一覧ページは「products.html」にコーディングしていきます。

products.html

```html
<!DOCTYPE html>
<html lang="ja">
  <head>
    <meta charset="utf-8">
    <title>Products | Interior Design</title>
    <meta name="description" content="Interior Designの商品一覧ページです。私たちが
デザインするオリジナルのソファ、デスク、チェア、ダイニングなどのインテリアについて
ご紹介します。">
    <meta name="viewport" content="width=device-width, initial-scale=1">
    <link rel="icon" href="img/common/favicon.ico">
    <link rel="apple-touch-icon" href="img/common/apple-touch-icon.png">
    <link rel="preconnect" href="https://fonts.googleapis.com">
    <link rel="preconnect" href="https://fonts.gstatic.com" crossorigin>
    <link href="https://fonts.googleapis.com/css2?family=Zen+Kaku+Gothic+New:wght@
400;500;700&family=Zen+Old+Mincho:wght@400&display=swap" rel="stylesheet">
    <link rel="stylesheet" href="https://unpkg.com/ress/dist/ress.min.css">
    <link rel="stylesheet" href="css/style.css">
    <link rel="stylesheet" href="css/products.css">
    <script src="https://ajax.googleapis.com/ajax/libs/jquery/3.7.1/jquery.min.
js"></script>
    <script src="js/main.js"></script>
  </head>

  <body>
  </body>
</html>
```

ここでは、解説の必要な新しい書き方はありません。

CSSのコーディング／レスポンシブ対応

全体のCSSはすでにトップページでコーディング済みのため、下層ページでのコーディングは不要です。

以上で、商品一覧ページ全体のHTML、CSSのコーディングは完了です。

SECTION 6-23 | 共通パーツ（ヘッダー、フッター）を作ろう

レイアウト構成の確認

サイトの共通パーツであるヘッダー、フッターのコーディングを行っていきます。

HTMLのコーディング

HTMLのコーディングを行っていきましょう。「ヘッダー」「フッター」のコードを記述します。会社情報ページで作った<header>、<footer>のコードを「products.html」に追記します。

ここでは、解説の必要な新しい書き方はありません。

CSSのコーディング／レスポンシブ対応

CSSはすでにコーディング済みのものを使用するため、ここでのコーディングは不要です。

以上で、共通パーツ（ヘッダー、フッター）のHTML、CSSのコーディングは完了です。

SECTION
6-24 | ページヘッダーを作ろう

レイアウト構成の確認

下層ページ共通のページヘッダーのコーディングを行っていきます。

HTMLのコーディング

HTMLのコーディングを行っていきましょう。「ページヘッダー」のコードを記述します。コードは会社情報ページで作った内容と同じになりますが、中のテキストは商品一覧ページの内容に書き換えます。

```
products.html

<div class="page-header">
  <div class="img">
    <img src="img/products/mainvisual.jpg" alt="">
  </div>
  <div class="page-title-area">
    <h1 class="page-title">
      <span class="en">PRODUCTS</span>
      <span class="ja">商品一覧</span>
    </h1>
  </div>
</div>
```

ここでは、解説の必要な新しい書き方はありません。

CSSのコーディング／レスポンシブ対応

CSSは会社情報ページで作ったものと同じものを使用するため、コーディングは不要です。

以上で、ページヘッダーのHTML、CSSのコーディングは完了です。

SECTION
6-25 | タブと画像一覧を作ろう

レイアウト構成の確認

商品一覧ページのタブと画像一覧を作成します。タブをクリックすると、クリックしたタブの画像一覧に切り替えます。また、画像をマウスオーバーした際に黒の透過背景の上に商品情報を表示します。タブと画像一覧のレイアウト構成は、以下の通りです。タブと商品一覧をそれぞれul、liタグで囲みます。商品一覧のliタグの中には、商品情報をdivタグとpタグで記述します。

HTMLのコーディング

HTMLのコーディングを行っていきましょう。タブと商品一覧をそれぞれul、liタグで記述します。商品一覧は、タブごとに5種類用意します。商品一覧のliタグの中には、商品情報をdivタグとpタグで記述します。

☑ タブ

```
products.html

<ul class="tab-list"> ❶
  <li class="tab-all">全て</li>
  <li class="tab-sofa">ソファ</li>
  <li class="tab-desk">デスク</li>
  <li class="tab-chair">チェア</li>
  <li class="tab-dining">ダイニング</li>
</ul>
```

❶ タブ

ul、liタグで記述し、それぞれのタブ（liタグ）にユニークなクラス名を設定します。表示の切り替えはJavaScriptで行いますので後ほど解説します。

☑ 商品一覧

```
products.html

<ul class="products-list all"> ❷
  <li>
    <img src="img/products/products1.jpg" alt="">
    <div class="info">
      <p class="name">Product Name 01</p>
      <p class="price">¥99,999</p>
    </div>
  </li>

  中略
</ul>
```

```
<ul class="products-list sofa"> ❷
   中略
</ul>


<ul class="products-list desk"> ❷
   中略
</ul>


<ul class="products-list chair"> ❷
   中略
</ul>


<ul class="products-list dining"> ❷
   中略
</ul>
```

❷ 商品一覧

タブの種類ごとに、ul、li タグで商品一覧を作成します。ul タグには、タブと同じくユニークなクラス
名を設定します。

CSSのコーディング

CSSのコーディングを行っていきましょう。商品一覧ページ個別のレイアウトになるので、「products.
css」に記述していきます。

☑ タブの設定

products.css

```css
@charset "UTF-8";


.tab-list { ❶
  display: flex;
  justify-content: center;
  padding: 0 20px;
  margin-bottom: 40px;
}
.tab-list li { ❷
```

```css
    width: 100%;
    max-width: 150px;
    height: 40px;
    display: flex;
    align-items: center;
    justify-content: center;
    border-top: solid 1px #1f1f1f;
    border-left: solid 1px #1f1f1f;
    border-right: solid 1px #1f1f1f;
    cursor: pointer;
    font-size: 14px;
    margin-right: 10px;
    transition: all 0.3s ease;
}
.tab-list li:last-child {
    margin-right: 0;
}
.tab-list li:hover { ❸
    background-color: #1f1f1f;
    color: #fff;
}
.tab-list li.active { ❸
    background-color: #1f1f1f;
    color: #fff;
}
```

❶ .tab-list（タブリスト）

「display: flex;」で横並びにし、「justify-content: center;」で中央に配置します。

❷ .tab-list li（タブ）

横幅と高さを設定し、borderで線を引きます。「display: flex;」「align-items: center;」「justify-content: center;」で中のテキストを縦横中央に配置します。

❸ .tab-list li:hover（タブのマウスオーバー時）
　.tab-list li.active（タブの選択時）

タブをマウスオーバーまたはクリックした際は、背景とテキストカラーを反転します。

☑ 商品一覧の設定

products.css

```css
.products-list { ❹
  grid-template-columns: repeat(4, 1fr);
  gap: 12px;
  margin-bottom: 120px;
  display: none;
}
.products-list.active { ❺
  display: grid;
}
.products-list li {
  position: relative;
}
.products-list li .info { ❻
  width: 100%;
  height: 100%;
  display: flex;
  align-items: center;
  flex-direction: column;
  justify-content: center;
  background-color: rgba(0, 0, 0, 0.6);
  color: #fff;
  position: absolute;
  top: 0;
  left: 0;
  opacity: 0;
  transition: all 0.6s ease;
}
.products-list li:hover .info { ❼
  opacity: 1;
}
.products-list li .info .name {
  font-size: 18px;
  margin-bottom: 5px;
}
.products-list li .info .price {
```

```
        font-size: 14px;
    }
```

❹ .products-list（画像一覧）

「grid-template-columns: repeat(4, 1fr);」で4列のグリッドレイアウトにして、「gap: 12px;」で画像間の余白を12pxに設定します。「display: none;」で初期状態は非表示にしておきます。

❺ .products-list.active（画像一覧の表示時）

タブが選択されている時は、「display: grid;」を設定して対象の画像一覧を表示します。

❻ .products-list li .info（画像をマウスオーバーした際に表示するテキスト）

「width: 100%;」「height: 100%;」「background-color: rgba(0, 0, 0, 0.6);」で、黒に透明度を設定した背景を画像全体に設定します。「display: flex;」「align-items: center;」「flex-direction: column;」「justify-content: center;」で、中のテキストを縦横中央に配置します。初期状態は「opacity: 0;」で非表示にしておきます。

❼ .products-list li:hover .info（画像のマウスオーバー時）

マウスオーバー時は、「opacity: 1;」でテキストを表示します。

■ マウスオーバー前　　　　　　　■ マウスオーバー後

JavaScriptのコーディング

タブで画像を切り替えるためのJavaScriptをコーディングしていきます。各タブがクリックされた際のクリックイベントを使って、クリックされたタブと表示する画像一覧にactiveクラスを設定してコンテンツを表示します。

main.js

```javascript
$(function(){
  $(".tab-list .tab-all").addClass("active"); ❶
  $(".products-list.all").addClass("active"); ❶

  $(".tab-all").click(function () { ❷
    $(".tab-list li").removeClass("active");
    $(".products-list").removeClass("active");
    $(this).addClass("active");
    $(".products-list.all").addClass("active");
  });

  $(".tab-sofa").click(function () {
    中略
  });

  $(".tab-desk").click(function () {
    中略
  });

  $(".tab-chair").click(function () {
    中略
  });

  $(".tab-dining").click(function () {
    中略
  });
});
```

❶ **$(".tab-list .tab-all").addClass("active");**
   $(".products-list.all").addClass("active");
初期表示時の処理です。初期表示は「全て」が選択された状態にします。

❷ **$(".tab-all").click(function () {});**
「全て」がクリックされた時の処理を記述します。「$(".tab-list li").removeClass("active");」と「$(".products-list").removeClass("active");」で全部のタブと画像一覧の選択と表示を解除します。「$(this).addClass("active");」でクリックされたタブ（ここでは「全て」）にactiveクラスを追加して選択状態にし、「$(".products-list.all").addClass("active");」で「全て」の画像一覧を表示します。「$(".tab-sofa").click(function () {});」以降も同様です。

レスポンシブ対応

タブレットの場合は画像一覧を3列で表示し、スマートフォンの場合は2列で表示します。

■ タブレット表示

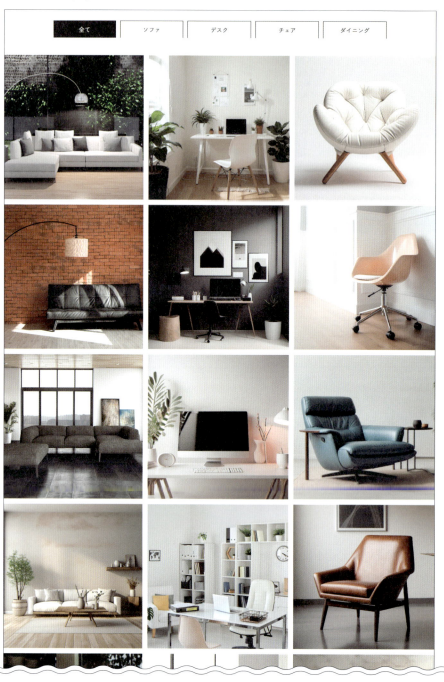

■ スマートフォン表示

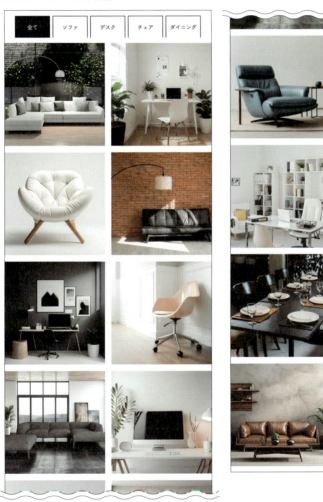

products.css

```css
@media screen and (max-width: 1024px) {
  .products-list { ❶
    grid-template-columns: repeat(3, 1fr);
  }
}


@media screen and (max-width: 767px) {
  .tab-list {
    margin-bottom: 10px;
  }
  .tab-list li {
    font-size: 10px;
    margin-right: 5px;
  }
  .products-list { ❷
    grid-template-columns: repeat(2, 1fr);
    margin-bottom: 60px;
  }
}
```

❶ **.products-list（タブレット表示）**

「grid-template-columns: repeat(3, 1fr);」で、画像一覧を3列で表示します。

❷ **.products-list（スマートフォン表示）**

「grid-template-columns: repeat(2, 1fr);」で、画像一覧を2列で表示します。

以上で、商品一覧ページのHTML、CSSのコーディングは完了です。

SECTION
6-26 | 実績紹介ページを作ろう

レイアウト構成の確認

実績紹介ページ全体の枠組みを作成します。ここでの学習の目的は、モーダルウィンドウの作り方について学ぶことです。実績紹介の「More Images」ボタンをクリックするとモーダルウィンドウが立ち上がり、複数枚の画像をスクロールして参照できるようにします。

■ モーダルウィンドウ

全体のレイアウト構成は、以下の通りです。ヘッダー、フッターは、全ページ共通のパーツです。mainコンテンツの中は下層ページ共通のページヘッダーと、実績紹介一覧で構成されます。

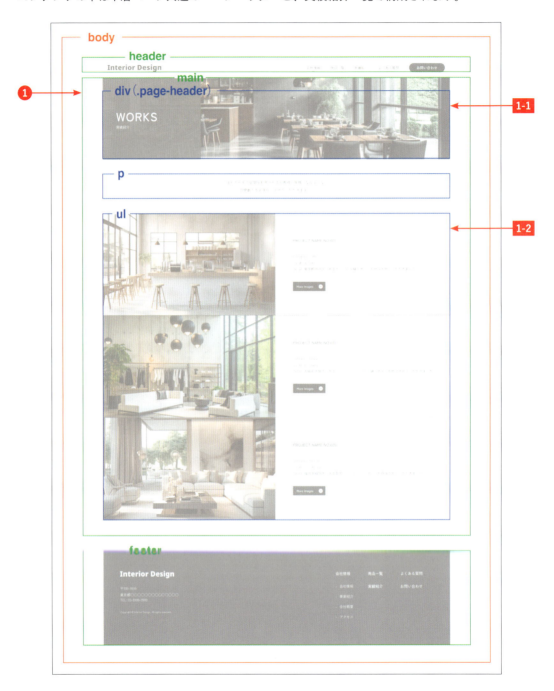

❶ main	コンテンツのメインエリア全体を囲みます。
1-1 div（.page-header）	下層ページ共通のヘッダー部分を囲みます。
1-2 ul（実績紹介一覧）	実績紹介の一覧をulタグで囲みます。

HTMLのコーディング

全体の枠組みと head 部分のコーディングを行っていきましょう。会社情報ページと同じく、「タイトル」「ディスクリプション」「読み込み CSS」だけ実績紹介ページ用に書き換えます。実績紹介ページは「works.html」にコーディングしていきます。

```html
works.html

<!DOCTYPE html>
<html lang="ja">
  <head>
    <meta charset="utf-8">
    <title>Works | Interior Design</title>
    <meta name="description" content="Interior Designの実績紹介ページです。住む人や
    その空間を利用されるお客様が笑顔になるような空間創りをお手伝いさせていただきます。
    ">
    中略
    <link rel="stylesheet" href="css/works.css">
    <script src="https://ajax.googleapis.com/ajax/libs/jquery/3.7.1/jquery.min.
    js"></script>
    <script src="js/main.js"></script>
  </head>

  <body>
  </body>
</html>
```

ここでは、解説の必要な新しい書き方はありません。

CSSのコーディング／レスポンシブ対応

全体のCSSはすでにトップページでコーディング済みのため、下層ページでのコーディングは不要です。

以上で、実績紹介ページ全体のHTML、CSSのコーディングは完了です。

SECTION 6-27 | 共通パーツ（ヘッダー、フッター）を作ろう

レイアウト構成の確認

サイトの共通パーツであるヘッダー、フッターのコーディングを行っていきます。

HTMLのコーディング

HTMLのコーディングを行っていきましょう。「ヘッダー」「フッター」のコードを記述します。会社情報ページで作った<header>、<footer>のコードを「works.html」に追記します。

```
works.html

<header id="header">
    中略
</header>

    中略

<footer id="footer">
    中略
</footer>
```

ここでは、解説の必要な新しい書き方はありません。

CSSのコーディング／レスポンシブ対応

CSSはすでにコーディング済みのものを使用するため、ここでのコーディングは不要です。

以上で、共通パーツ（ヘッダー、フッター）のHTML、CSSのコーディングは完了です。

SECTION
6-28 | ページヘッダーを作ろう

レイアウト構成の確認

下層ページ共通のページヘッダーのコーディングを行っていきます。

HTMLのコーディング

HTMLのコーディングを行っていきましょう。「ページヘッダー」のコードを記述します。コードは会社情報ページで作った内容と同じになりますが、中のテキストは実績紹介ページの内容に書き換えます。

```
works.html

<div class="page-header">
  <div class="img">
    <img src="img/works/mainvisual.jpg" alt="">
  </div>
  <div class="page-title-area">
    <h1 class="page-title">
      <span class="en">WORKS</span>
      <span class="ja">実績紹介</span>
    </h1>
  </div>
</div>
```

ここでは、解説の必要な新しい書き方はありません。

CSSのコーディング／レスポンシブ対応

CSSは会社情報ページで作ったものと同じものを使用するため、コーディングは不要です。

以上で、ページヘッダーのHTML、CSSのコーディングは完了です。

SECTION
6-29 | 実績紹介一覧を作ろう

レイアウト構成の確認

実績紹介ページの実績紹介一覧を作成します。各実績には「More Images」ボタンを設置し、ボタンをクリックした際にモーダルウィンドウを立ち上げて、ウィンドウ内でスクロールしながら画像を参照することができるようにします。
実績紹介一覧のレイアウト構成は、以下の通りです。

☑ 実績紹介一覧

実績紹介一覧をul、liタグで記述します。liタグの中は画像とテキストエリアをそれぞれdivタグで囲みます。また、テキストエリアの中の実績情報はdl、dt、ddタグで記述します。

☑ モーダルウィンドウ

透過背景を含むウィンドウ全体をdivタグで囲み、さらに内側の白背景のコンテンツボックスをdivタグで囲みます。中のタイトルと画像一覧をそれぞれpタグとdivタグで囲み、閉じるボタンをdivタグで囲みます。

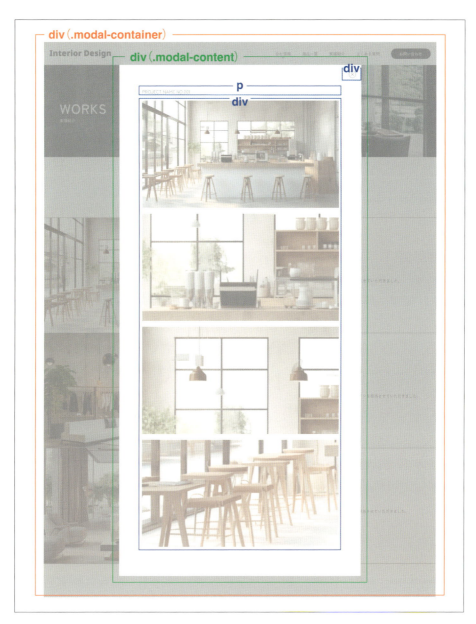

HTMLのコーディング

HTMLのコーディングを行っていきましょう。実績紹介一覧をul、liタグで記述します。liタグの中は画像とテキストエリアをそれぞれdivタグで囲みます。また、テキストエリアの中の実績情報はdl、dt、ddタグで記述します。テキストエリアの下にはモーダルウィンドウ用のコンテンツを作成します。

works.html

```html
<p class="head-text">住む人やその空間を利用されるお客様が笑顔になるような<br
class="pc">空間創りをお手伝いさせていただきます。</p>

<ul class="works-list">
  <li class="work1"> ❶
    <div class="img">
      <img src="img/works/works1-1.jpg" alt="">
    </div>
    <div class="text">
      <p class="name">PROJECT NAME NO.001</p>
      <dl class="info">
        <div class="item">
          <dt>Category:</dt>
          <dd>Cafe</dd>
        </div>
        <div class="item">
          <dt>Location:</dt>
          <dd>Tokyo</dd>
        </div>
        <div class="item">
          <dt>Detail:</dt>
          <dd>東京都渋谷区にあるカフェの店舗デザインを担当させていただきました。</dd>
        </div>
      </dl>
      <div class="modal-open">More Images<img src="img/works/icon-modal-open.svg"
      alt=""></div>
    </div>

    <div class="modal-container"> ❷
      <div class="modal-content"> ❸
        <div class="modal-close"><img src="img/works/icon-modal-close.svg"
        alt=""></div> ❹
        <p class="modal-name">PROJECT NAME NO.001</p>
        <div class="modal-img"> ❺
          <img src="img/works/works1-1.jpg" alt="">
          <img src="img/works/works1-2.jpg" alt="">
          <img src="img/works/works1-3.jpg" alt="">
```

```
                    <img src="img/works/works1-4.jpg" alt="">
            </div>
        </div>
    </div>
</li>


<li class="work2">
    中略
</li>


<li class="work3">
    中略
</li>
</ul>
```

❶ 実績紹介

各実績紹介をliタグで記述します。liタグの中に、画像とテキスト及びモーダルウィンドウ用のボタン
とコンテンツをコーディングします。

❷ モーダルウィンドウ（全体）

モーダルウィンドウ全体をdivタグで囲みます。透過の背景を設定するためのdivタグです。

❸ モーダルウィンドウ（コンテンツ）

モーダルウィンドウのコンテンツ部分をdivタグで囲みます。白背景を設定するためのdivタグです。

❹ モーダルウィンドウ（閉じる）

モーダルウィンドウの閉じるボタンをdivタグで囲み、中のボタン用の画像をimgタグで記述します。

❺ モーダルウィンドウ（画像一覧）

モーダルウィンドウの画像一覧をdivタグで囲みます。

CSSのコーディング

CSSのコーディングを行っていきましょう。画像とテキストエリアをFlexboxで横並びにします。モ
ーダルウィンドウは非表示にしておき、ボタンがクリックされたタイミングでJavaScriptでactiveク
ラスを追加して表示します。ページヘッダー下のテキストは、共通の定義として「style.css」に追記し
ます。商品一覧ページは個別のレイアウトになるので、「works.css」に記述していきます。

☑ ページヘッダー下テキスト

style.css

```
.head-text { ❶
  font-size: 15px;
  line-height: 2;
  padding: 0 20px;
  margin-bottom: 80px;
  text-align: center;
}
```

❶ **.head-text**

「padding: 0 20px;」で、画面幅を狭めた際に両サイドに余白が入るようにします。

☑ 実績一覧

works.css

```
@charset "UTF-8";

.works-list {
  margin-bottom: 120px;
}
.works-list li { ❶
  display: flex;
  align-items: center;
  border-top: solid 1px #1f1f1f;
}
.works-list li:last-child {
  border-bottom: solid 1px #1f1f1f;
}
.works-list li .img { ❷
  width: 50%;
}
.works-list li .img img { ❸
  width: 100%;
  height: 400px;
```

```
    object-fit: cover;
  }
  .works-list li .text { ④
    width: 50%;
    padding: 0 5%;
  }
  .works-list li .text .name {
    font-weight: 500;
    margin-bottom: 40px;
  }
  .works-list li .text .info {
    margin-bottom: 40px;
  }
  .works-list li .text .info .item {
    display: flex;
    font-size: 14px;
    margin-bottom: 5px;
  }
  .works-list li .text .info .item dt {
    margin-right: 5px;
  }
  .works-list li .text .modal-open { ⑤
    width: 130px;
    background-color: #1f1f1f;
    color: #fff;
    cursor: pointer;
    font-size: 12px;
    padding: 10px 15px;
    position: relative;
  }
  .works-list li .text .modal-open img {
    max-width: 16px;
    position: absolute;
    top: 11px;
    right: 11px;
  }
```

❶ .works-list li

「display: flex;」「align-items: center;」で、画像とテキストエリアを縦中央の横並びにします。

❷ .works-list li .img（左側の画像エリア）

画像エリアの横幅を50％に設定します。

❸ .works-list li .img img

「height: 400px;」「object-fit: cover;」で画像の高さを固定し、はみ出た部分をトリミングします。

❹ .works-list li .text（右側のテキストエリア）

テキストエリアの横幅を50％に設定します。

❺ .works-list li .text .modal-open（モーダルウィンドウ用のボタン）

「position: relative;」を設定して、＋マーク画像を配置するための基準位置とします。

☑ モーダルウィンドウ

works.css

```css
.works-list li .modal-container { ❻
  width: 100%;
  height: 100%;
  position: fixed;
  top: 0;
  left: 0;
  background: rgba(0, 0, 0, 50%);
  padding: 80px 20px;
  text-align: center;
  overflow: auto;
  opacity: 0;
  visibility: hidden;
  transition: 0.3s;
  z-index: 20;
}
.works-list li .modal-container.active { ❼
  opacity: 1;
  visibility: visible;
}
.works-list li .modal-content { ❽
  width: 100%;
  max-width: 860px;
  background-color: #fff;
  display: inline-block;
```

```
    padding: 80px;
    position: relative;
  }
  .works-list li .modal-content .modal-name {
    margin-bottom: 20px;
    text-align: left;
  }
  .works-list li .modal-content .modal-img img {
    margin-bottom: 20px;
  }
  .works-list li .modal-content .modal-close {  ❾
    cursor: pointer;
    position: absolute;
    top: 20px;
    right: 20px;
  }
  .works-list li .modal-content .modal-close img {
    max-width: 25px;
  }
```

❻ **.works-list li .modal-container**（モーダルウィンドウ）

横幅と高さに100%を設定し、「background: rgba(0, 0, 0, 50%);」で黒に透明度を設定した背景を「position: fixed;」で固定表示します。また、「overflow: auto;」を設定してコンテンツが長い場合に縦スクロールが出るようにします。初期表示は「opacity: 0;」と「visibility: hidden;」で、モーダルウィンドウを非表示にしておきます。要素を非表示にする方法については、第4章の「要素を非表示にする方法」で詳しく解説しています（P.233参照）。

❼ **.works-list li .modal-container.active**（モーダルウィンドウを表示）

「opacity: 1;」「visibility: visible;」で、モーダルウィンドウを表示します。

❽ **.works-list li .modal-content**（モーダルウィンドウ内のコンテンツ）

「max-width: 860px;」で最大幅を設定し、「background-color: #fff;」で背景を白にします。

❾ **.works-list li .modal-content .modal-close**（モーダルウィンドウの閉じるボタン）

positionを使って、モーダルウィンドウ内の右上に配置します。「cursor: pointer;」で、カーソルを指マークに変更します。

JavaScriptのコーディング

「More Images」ボタンをクリックしたタイミングで「modal-container」クラスにactiveクラスを追加し、モーダルウィンドウを表示します。閉じるボタンを押した際は、activeクラスを削除してモーダルウィンドウを非表示にします。

```
main.js

$(function(){
  $(".work1 .modal-open").click(function () { ❶
    $("body").css("overflow-y", "hidden"); ❷
    $(".work1 .modal-container").addClass("active"); ❸
  });

  $(".work2 .modal-open").click(function () {
    $("body").css("overflow-y", "hidden");
    $(".work2 .modal-container").addClass("active");
  });

  $(".work3 .modal-open").click(function () {
    $("body").css("overflow-y", "hidden");
    $(".work3 .modal-container").addClass("active");
  });

  $(".modal-close").click(function () { ❹
    $("body").css("overflow-y", "auto"); ❺
    $(".modal-container").removeClass("active"); ❻
  });
});
```

❶ **$(".work1 .modal-open").click(function () {});**
1番目の「More Images」ボタンがクリックされた時の処理を記述します。

❷ **$("body").css("overflow-y", "hidden");**
モーダルウィンドウの中だけでスクロールができるよう、モーダルウィンドウの裏側のスクロールを無効にします。

❸ **$(".work1 .modal-container").addClass("active");**
「modal-container」クラスにactiveクラスを追加してモーダルウィンドウを表示します。

❹ **$(".modal-close").click(function () {});**
「閉じる」ボタンがクリックされた際の処理を記述します。

❺ **$("body").css("overflow-y", "auto");**
モーダルウィンドウの裏側のスクロールを有効にします。

❻ **$(".modal-container").removeClass("active");**
「modal-container」クラスに追加されたactiveクラスを削除してモーダルウィンドウを非表示にします。

レスポンシブ対応

スマートフォン表示の場合は、画像とテキストを縦に並べます。

style.css

```css
@media screen and (max-width: 767px) {
  .pc {
    display: none;
  }
  .head-text {
    margin-bottom: 40px;
  }
}
```

works.css

```css
@media screen and (max-width: 767px) {
  .works-list {
    margin-bottom: 60px;
  }
  .works-list li {
    flex-direction: column;
  }
  .works-list li .img {
    width: 100%;
  }
  .works-list li .text {
    width: 100%;
    padding: 20px;
  }
  .works-list li .modal-content {
    padding: 40px 20px;
  }
}
```

ここでは、解説の必要な新しい書き方はありません。

以上で、実績紹介ページのHTML、CSSのコーディングは完了です。

SECTION 6-30 | よくある質問ページを作ろう

レイアウト構成の確認

よくある質問ページ全体の枠組みを作成します。ここでの学習の目的はアコーディオンを使ったコンテンツの表示について学ぶことです。よくある質問のQ&Aをアコーディオンを使って表示します。

■アコーディオンのクリック前
アコーディオンのクリック前は、A（回答）を非表示にしておきます。Qのエリア全体をクリックできるようにします。

Q　インテリアの相談をしたいのですが　　　　　　　　　　　　　　＋

■アコーディオンのクリック後
アコーディオンをクリックすると、スライドしながらA（回答）を表示します。その際、右端のマークを＋から－に変更します。もう一度クリックすると、A（回答）を非表示にし、マークを＋に戻します。

Q　インテリアの相談をしたいのですが　　　　　　　　　　　　　　－

A　インテリアのことならなんでもご相談ください。
　　お電話または<u>お問い合わせフォーム</u>にてご相談を承っております。

全体のレイアウト構成は、以下の通りです。ヘッダー、フッターは全ページ共通のパーツです。mainコンテンツの中は下層ページ共通のページヘッダーと、Q&Aの一覧で構成されます。

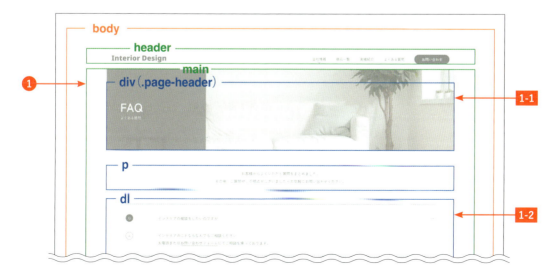

543

❶ main	コンテンツのメインエリア全体を囲みます。
1-1 div（.page-header）	下層ページ共通のヘッダー部分を囲みます。
1-2 dl（Q&A）	Q&Aの一覧をdlタグで囲みます。

HTMLのコーディング

全体の枠組みとhead部分のコーディングを行っていきましょう。会社情報ページと同じく、「タイトル」「ディスクリプション」「読み込みCSS」だけ、よくある質問ページ用に書き換えます。よくある質問ページは「faq.html」にコーディングしていきます。

faq.html

```html
<!DOCTYPE html>
<html lang="ja">
  <head>
    <meta charset="utf-8">
    <title>Faq | Interior Design</title>
    <meta name="description" content="Interior Designのよくある質問ページです。お客様からよくいただく質問についてまとめています。">
    <meta name="viewport" content="width=device-width, initial-scale=1">
    <link rel="icon" href="img/common/favicon.ico">
    <link rel="apple-touch-icon" href="img/common/apple-touch-icon.png">
    <link rel="preconnect" href="https://fonts.googleapis.com">
```

```
    <link rel="preconnect" href="https://fonts.gstatic.com" crossorigin>
    <link href="https://fonts.googleapis.com/css2?family=Zen+Kaku+Gothic+New:wght@
    400;500;700&family=Zen+Old+Mincho:wght@400&display=swap" rel="stylesheet">
    <link rel="stylesheet" href="https://unpkg.com/ress/dist/ress.min.css">
    <link rel="stylesheet" href="css/style.css">
    <link rel="stylesheet" href="css/faq.css">
    <script src="https://ajax.googleapis.com/ajax/libs/jquery/3.7.1/jquery.min.
    js"></script>
    <script src="js/main.js"></script>
  </head>

  <body>
  </body>
</html>
```

ここでは、解説の必要な新しい書き方はありません。

CSSのコーディング／レスポンシブ対応

全体のCSSはすでにトップページでコーディング済みのため、下層ページでのコーディングは不要です。

以上で、よくある質問ページ全体のHTML、CSSのコーディングは完了です。

SECTION 6-31 | 共通パーツ（ヘッダー、フッター）を作ろう

レイアウト構成の確認

サイトの共通パーツであるヘッダー、フッターのコーディングを行っていきます。

HTMLのコーディング

HTMLのコーディングを行っていきましょう。「ヘッダー」「フッター」のコードを記述します。会社情報ページで作った<header>、<footer>のコードを「faq.html」に追記します。

ここでは、解説の必要な新しい書き方はありません。

CSSのコーディング／レスポンシブ対応

CSSはすでにコーディング済みのものを使用するため、ここでのコーディングは不要です。

以上で、共通パーツ（ヘッダー、フッター）のHTML、CSSのコーディングは完了です。

SECTION
6-32 | ページヘッダーを作ろう

レイアウト構成の確認

下層ページ共通のページヘッダーのコーディングを行っていきます。

HTMLのコーディング

HTMLのコーディングを行っていきましょう。「ページヘッダー」のコードを記述します。コードは会社情報ページで作った内容と同じになりますが、中のテキストはよくある質問ページの内容に書き換えます。

```
faq.html

<div class="page-header">
  <div class="img">
    <img src="img/faq/mainvisual.jpg" alt="">
  </div>
  <div class="page-title-area">
    <h1 class="page-title">
      <span class="en">FAQ</span>
      <span class="ja">よくある質問</span>
    </h1>
  </div>
</div>
```

ここでは、解説の必要な新しい書き方はありません。

CSSのコーディング／レスポンシブ対応

CSSは会社情報ページで作ったものと同じものを使用するため、コーディングは不要です。

以上で、ページヘッダーのHTML、CSSのコーディングは完了です。

SECTION 6-33 | Q&A一覧を作ろう

レイアウト構成の確認

よくある質問ページのQ&A一覧を作成します。Q（質問）をクリックするとA（回答）が開閉するアコーディオンを実装します。アコーディオンが開閉する際に、右側の＋と-マークを切り替えます。アコーディオンは、CSSとJavaScriptで作っていきます。
Q&A一覧のレイアウト構成は、以下の通りです。Q&A一覧全体をdlタグで囲み、質問をdtタグ、回答をddタグで囲みます。

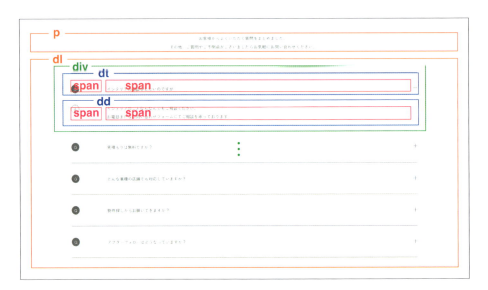

HTMLのコーディング

HTMLのコーディングを行っていきましょう。Q&A一覧全体をdlタグで囲みます。質問をdtタグ、回答をddタグで囲み、まとめてdivタグでグルーピングします。dtタグとddタグの中のテキストはそれぞれspanタグで囲みます。

faq.html

```
<p class="head-text">お客様からよくいただく質問をまとめました。<br>
    その他、ご質問やご不明点がございましたらお気軽にお問い合わせください。</p>

<dl class="faq-list">
  <div class="item">
    <dt>
```

```
    <span class="question">Q</span>
    <span>インテリアの相談をしたいのですが</span>
  </dt>
  <dd>
    <span class="answer">A</span>
    <span>インテリアのことならなんでもご相談ください。<br>
      お電話または<a href="contact.html">お問い合わせフォーム</a>にてご相談を承っ
      ております。</span>
  </dd>
</div>
中略
</dl>
```

ここでは、解説の必要な新しい書き方はありません。

CSSのコーディング

CSSのコーディングを行っていきましょう。Q&Aの右側の＋マークは、擬似要素で作成します。

☑ Q&A一覧全体の設定

```
faq.css

@charset "UTF-8";

.faq-list { ❶
  max-width: 1280px;
  padding: 0 20px;
  margin: 0 auto 120px;
}
.faq-list .item { ❷
  border-top: solid 1px #1f1f1f;
}
.faq-list .item:last-child { ❷
  border-bottom: solid 1px #1f1f1f;
}
```

❶ .faq-list

「max-width: 1280px;」でQ&A一覧全体の横幅を設定し、「margin: 0 auto 120px;」で中央に配置します。

❷ .faq-list .item

   .faq-list .item:last-child

質問と回答をグルーピングしたdivタグに対して、上に線を設定します。一番最後は擬似クラス「last-child」を使って下に線を引きます。

☑ Q（質問）の設定

faq.css

```
.faq-list .item dt { ❸
  display: flex;
  cursor: pointer;
  font-size: 15px;
  line-height: 1.8;
  padding: 40px 0;
  position: relative;
}
.faq-list .item dt::before { ❹
  content: "";
  width: 15px;
  height: 1px;
  background-color: #1f1f1f;
  position: absolute;
  top: 55px;
  right: 0;
}
.faq-list .item dt::after { ❹
  content: "";
  width: 1px;
  height: 15px;
  background-color: #1f1f1f;
  position: absolute;
  top: 48px;
  right: 6px;
  left: auto;
```

```
    }
    .faq-list .item dt.active::after { ❺
      content: none;
    }
    .faq-list .item dt .question { ❻
      width: 30px;
      height: 30px;
      display: flex;
      align-items: center;
      justify-content: center;
      flex-shrink: 0;
      background-color: #1f1f1f;
      border-radius: 50%;
      color: #fff;
      font-size: 14px;
      margin-right: 100px;
    }
```

❸ **.faq-list .item dt**

「display: flex;」で、Qの丸文字と質問のテキストを横並びにします。

❹ **.faq-list .item dt::before**
　.faq-list .item dt::after

擬似要素beforeで横線、afterで縦線を設定して右側に＋マークを作ります。

❺ **.faq-list .item dt.active::after**

アコーディオンが開いている時は、afterに「content: none;」を設定して縦線を非表示にすることで-マークに変更します。

❻ **.faq-list .item dt .question**

Qの丸文字は、画面幅を狭めた際に縮小されて形が変わらないように「flex-shrink: 0;」を設定します。

☑ A（回答）の設定

faq.css

```
.faq-list .item dd { ❼
  display: flex;
```

```
    font-size: 15px;

    padding-bottom: 40px;

    line-height: 1.8;

  }

  .faq-list .item dd a {

    text-decoration: underline;

  }

  .faq-list .item dd .answer { ❽

    width: 30px;

    height: 30px;

    display: flex;

    align-items: center;

    justify-content: center;

    flex-shrink: 0;

    border: solid 1px #1f1f1f;

    border-radius: 50%;

    font-size: 14px;

    margin-right: 100px;

  }
```

❼ **.faq-list .item dd**

「display: flex;」で、Aの丸文字と回答のテキストを横並びにします。

❽ **.faq-list .item dd .answer**

Aの丸文字は、画面幅を狭めた際に縮小されて形が変わらないように「flex-shrink: 0;」を設定します。

JavaScriptのコーディング

質問をクリックしたタイミングでjQueryのslideToggleメソッドを使って、回答をアコーディオン表示します。

main.js

```
$(function(){

  $(".faq-list dd").hide(); ❶

  $(".faq-list dt").click(function () { ❷

    $(this).next().slideToggle(); ❸

    $(this).toggleClass("active"); ❹
```

```
    });
});
```

❶ $(".faq-list dd").hide();
初期表示はjQueryのhideメソッドを使って、回答を非表示にします。hideメソッドについては、第5章の「jQueryで要素を表示、非表示」で詳しく解説しています（P.359参照）。

❷ $(".faq-list dt").click(function () {});
質問をクリックした際の処理をこの中に記述します。

❸ $(this).next().slideToggle();
ここでの$(this)は、クリックされた要素「.faq-list dt」を指します。jQueryのnextメソッドを使って、$(this)の隣の要素であるddタグを指定します。さらにslideToggleメソッドでddタグの表示、非表示を上下のスライドで行います。slideToggleメソッドは、第5章で紹介したtoggleメソッドの動きをスライドで行うメソッドです。toggleメソッドについては、第5章の「jQueryで要素を表示、非表示」で詳しく解説しています（P.359参照）。

❹ $(this).toggleClass("active");
「toggleClass("active");」でクリックしたdtタグに対して、activeクラスの追加、削除を行います。

レスポンシブ対応

スマートフォン表示の場合は、レイアウトはそのままでフォントサイズや余白の調整を行います。

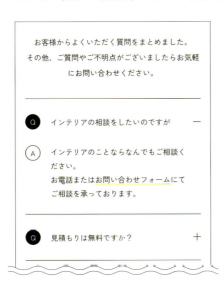
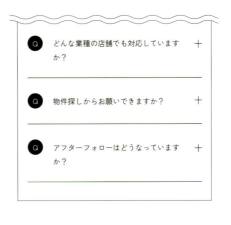

faq.css

```css
@media screen and (max-width: 767px) {
  .faq-list {
    margin: 0 auto 60px;
  }
  .faq-list .item {
    padding-right: 20px;
  }
  .faq-list .item dt {
    padding: 30px 0;
  }
  .faq-list .item dt::before {
    top: 45px;
    right: -20px;
  }
  .faq-list .item dt::after {
    top: 38px;
    right: -14px;
  }
  .faq-list .item dt .question {
    margin-right: 20px;
  }
  .faq-list .item dd {
    padding-bottom: 30px;
  }
  .faq-list .item dd .answer {
    margin-right: 20px;
  }
}
```

ここでは、解説の必要な新しい書き方はありません。

以上で、よくある質問ページのHTML、CSSのコーディングは完了です。

SECTION
6-34 | お問い合わせページを作ろう

レイアウト構成の確認

お問い合わせページ全体の枠組みを作成します。ラベルと入力欄が横並びになったフォームで、入力欄はテキストの他にセレクトボックスやチェックボックスがあります。送信ボタンの上には、個人情報の取り扱い用のテキストボックスとチェックボックスを配置します。

お問い合わせページ全体のレイアウト構成は、以下の通りです。ヘッダー、フッターは全ページ共通のパーツです。mainコンテンツの中は下層ページ共通のページヘッダーと、フォームで構成されます。

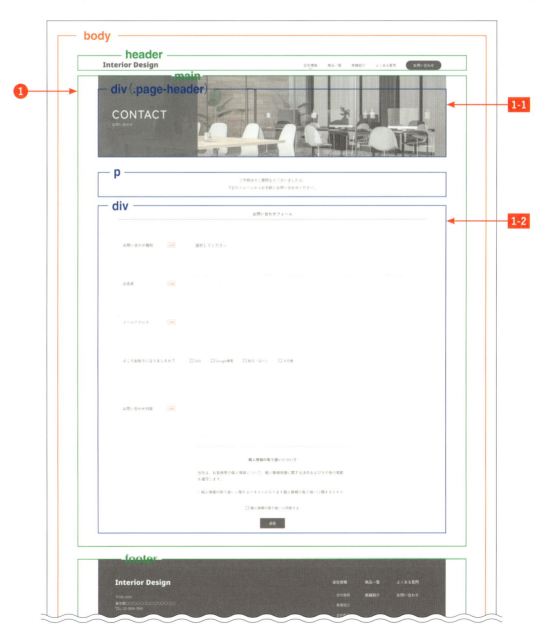

❶ main	コンテンツのメインエリア全体を囲みます。
1-1 div（.page-header）	下層ページ共通のヘッダー部分を囲みます。
1-2 div（フォーム）	フォーム全体をdivタグで囲みます。

HTMLのコーディング

全体の枠組みとhead部分のコーディングを行っていきましょう。会社情報ページと同じく、「タイトル」「ディスクリプション」「読み込みCSS」だけ、お問い合わせページ用に書き換えます。お問い合わせページは「contact.html」にコーディングしていきます。

contact.html

```
<!DOCTYPE html>
<html lang="ja">
  <head>
    <meta charset="utf-8">
    <title>Contact | Interior Design</title>
    <meta name="description" content="Interior Designのお問い合わせページです。ご不明点やご質問などございましたらお気軽にお問い合わせください。">
    <meta name="viewport" content="width=device-width, initial-scale=1">
    <link rel="icon" href="img/common/favicon.ico">
    <link rel="apple-touch-icon" href="img/common/apple-touch-icon.png">
    <link rel="preconnect" href="https://fonts.googleapis.com">
    <link rel="preconnect" href="https://fonts.gstatic.com" crossorigin>
    <link href="https://fonts.googleapis.com/css2?family=Zen+Kaku+Gothic+New:wght@400;500;700&family=Zen+Old+Mincho:wght@400&display=swap" rel="stylesheet">
    <link rel="stylesheet" href="https://unpkg.com/ress/dist/ress.min.css">
    <link rel="stylesheet" href="css/style.css">
    <link rel="stylesheet" href="css/contact.css">
```

```
    <script src="https://ajax.googleapis.com/ajax/libs/jquery/3.7.1/jquery.min.
    js"></script>
    <script src="js/main.js"></script>
  </head>

  <body>
  </body>
</html>
```

ここでは、解説の必要な新しい書き方はありません。

CSSのコーディング／レスポンシブ対応

全体のCSSはすでにトップページでコーディング済みのため、下層ページでのコーディングは不要です。

以上で、お問い合わせページ全体のHTML、CSSのコーディングは完了です。

SECTION
6-35 | 共通パーツ（ヘッダー、フッター）を作ろう

レイアウト構成の確認

サイトの共通パーツであるヘッダー、フッターのコーディングを行っていきます。

HTMLのコーディング

HTMLのコーディングを行っていきましょう。「ヘッダー」「フッター」のコードを記述します。会社情報ページで作った`<header>`、`<footer>`のコードを「contact.html」に追記します。

```
contact.html

<header id="header">
  中略
</header>


  中略


<footer id="footer">
  中略
</footer>
```

ここでは、解説の必要な新しい書き方はありません。

CSSのコーディング／レスポンシブ対応

CSSはすでにコーディング済みのものを使用するため、ここでのコーディングは不要です。

以上で、共通パーツ（ヘッダー、フッター）のHTML、CSSのコーディングは完了です。

SECTION
6-36 │ ページヘッダーを作ろう

レイアウト構成の確認

下層ページ共通のページヘッダーのコーディングを行っていきます。

HTMLのコーディング

HTMLのコーディングを行っていきましょう。「ページヘッダー」のコードを記述します。コードは会社情報ページで作った内容と同じになりますが、中のテキストはお問い合わせページの内容に書き換えます。

```
contact.html

<div class="page-header">
  <div class="img">
    <img src="img/contact/mainvisual.jpg" alt="">
  </div>
  <div class="page-title-area">
    <h1 class="page-title">
      <span class="en">CONTACT</span>
      <span class="ja">お問い合わせ</span>
    </h1>
  </div>
</div>
```

ここでは、解説の必要な新しい書き方はありません。

CSSのコーディング／レスポンシブ対応

CSSは会社情報ページで作ったものと同じものを使用するため、コーディングは不要です。

以上で、ページヘッダーのHTML、CSSのコーディングは完了です。

SECTION
6-37 | フォームを作ろう

レイアウト構成の確認

お問い合わせページのフォームを作成します。ラベルと入力欄を横並びにします。入力欄はテキストの他にセレクトボックスやチェックボックスも作ります。送信ボタンの上には個人情報の取り扱い用のテキストボックスとチェックボックスを配置します。今回も送信機能はつけずにHTMLとCSSのコーディングだけを行います。

フォームのレイアウト構成は、以下の通りです。フォームタイトルを含む全体をdivタグで囲み、中のフォームはformタグで囲みます。フォーム内のラベルと入力欄をそれぞれdt、ddタグで囲み、送信ボタンをinputタグで記述します。

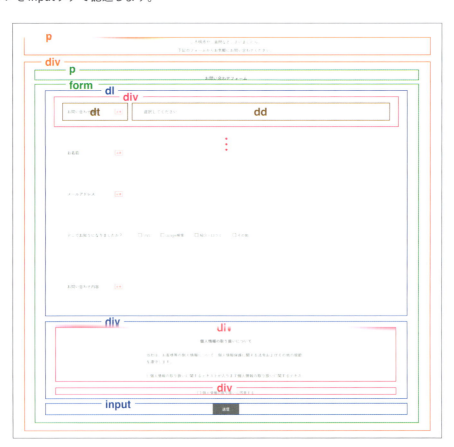

HTMLのコーディング

HTMLのコーディングを行っていきましょう。フォームタイトルを含む全体をdivタグで囲み、中のフォームはformタグで囲みます。フォーム内のラベルはdtタグとlabelで囲み、入力欄はddタグで囲んだ中にinputやselect、textareaなどを記述していきます。送信ボタンはinputタグで記述します。

contact.html

```
<p class="head-text">ご不明点やご質問などございましたら、<br class="pc">下記のフォー
ムからお気軽にお問い合わせください。</p>

<div class="form-area">
  <p class="form-title">お問い合わせフォーム</p>
  <form action="" method="post">
    <dl>
      <div class="item"> ❶
        <dt><label for="kind">お問い合わせ種別</label><span class="require">必須</
        span></dt> ❷
        <dd>
          <select name="kind" id="kind">
            <option value="">選択してください</option>
            <option value="インテリアについて">インテリアについて</option>
            <option value="店舗デザインについて">店舗デザインについて</option>
            <option value="採用について">採用について</option>
            <option value="取材依頼について">取材依頼について</option>
            <option value="その他">その他</option>
          </select>
        </dd>
      </div>
      <div class="item">
        <dt><label for="kind">お名前</label><span class="require">必須</span></dt>
        <dd><input id="name" type="text" name="name" placeholder="インテリア　太郎
        "></dd> ❸
      </div>
      <div class="item">
        <dt><label for="mail">メールアドレス</label><span class="require">必須</
        span></dt>
        <dd><input id="mail" type="email" name="mail" placeholder="xxxxxxxx@xxx.
        xxxx"></dd>
      </div>
      <div class="item">
        <dt>どこでお知りになりましたか？</dt>
        <dd class="checkbox-group">
          <div class="checkbox-item">
            <input type="checkbox" name="know[]" id="know-1" value="SNS">
```

```html
        <label for="know-1">SNS</label>
      </div>
      <div class="checkbox-item">
        <input type="checkbox" name="know[]" id="know-2" value="Google検索">
        <label for="know-2">Google検索</label>
      </div>
      <div class="checkbox-item">
        <input type="checkbox" name="know[]" id="know-3" value="紹介・口コミ">
        <label for="know-3">紹介・口コミ</label>
      </div>
      <div class="checkbox-item">
        <input type="checkbox" name="know[]" id="know-4" value="その他">
        <label for="know-4">その他</label>
      </div>
    </dd>
  </div>
  <div class="item">
    <dt><label for="message">お問い合わせ内容</label><span class="require">必須
    </span></dt>
    <dd><textarea id="message" cols="40" rows="8" name="message"></textarea></
    dd>
  </div>
</dl>


<div class="privacy-policy">
  <div class="privacy-text">
    <p class="privacy-title">個人情報の取り扱いについて</p>
    <p>当社は、お客様等の個人情報について、個人情報保護に関する法令およびその他の
    規範を遵守します。</p>
    <ol>
      <li>1. 個人情報の取り扱いに関するテキストが入ります個人情報の取り扱いに関す
      るテキストが入ります個人情報の取り扱いに関するテキストが入ります</li>
      <li>2. 個人情報の取り扱いに関するテキストが入ります個人情報の取り扱いに関す
      るテキストが入ります個人情報の取り扱いに関するテキストが入ります</li>
      <li>3. 個人情報の取り扱いに関するテキストが入ります個人情報の取り扱いに関す
      るテキストが入ります個人情報の取り扱いに関するテキストが入ります</li>
      <li>4. 個人情報の取り扱いに関するテキストが入ります個人情報の取り扱いに関す
      るテキストが入ります個人情報の取り扱いに関するテキストが入ります</li>
      <li>5. 個人情報の取り扱いに関するテキストが入ります個人情報の取り扱いに関す
```

```
                    るテキストが入ります個人情報の取り扱いに関するテキストが入ります</li>
        </ol>
      </div>
      <div class="privacy-item">
        <input type="checkbox" name="privacy" id="privacy" value="">
        <label for="privacy">個人情報の取り扱いに同意する</label>
      </div>
    </div>


    <input class="btn-submit" type="submit" name="send" value="送信">
  </form>
</div>
```

❶ item

ラベルと入力欄を横並びにするため、divタグでグルーピングします。

❷ require

「必須」マークを表示するためのクラスです。

❸ プレースホルダー

placeholder属性を使用することで、入力欄に入力例を表示させることができます。

各入力欄については、第3章の「フォームの入力欄について」で詳しく解説しています（P.203参照）。

CSSのコーディング

CSSのコーディングを行っていきましょう。フォームのラベルと入力欄を横並びにして、各入力欄の設定を行います。また、「個人情報の取り扱いについて」のボックスを、ボックス内でスクロールができるスクロールボックスにします。

☑ フォーム全体の設定

contact.css

```
@charset "UTF-8";


.form-area { ❶
  max-width: 1280px;
```

```css
    padding: 0 20px;

    margin: 0 auto 120px;

  }

  .form-area .form-title {

    border-bottom: solid 1px #1f1f1f;

    font-weight: 500;

    padding-bottom: 10px;

    margin-bottom: 30px;

    text-align: center;

  }

  .form-area dl {

    margin-bottom: 40px;

  }

  .form-area .item { ❓

    display: flex;

    font-size: 15px;

    margin-bottom: 10px;

  }
```

❶ .form-area

フォームエリア全体の横幅を設定し、中央に配置します。

❷ .form-area .item

ラベルと入力欄を、Flexbox で横並びにします。

☑ ラベルの設定

contact.css

```css
.form-area .item dt { ❸

  width: 250px;

  display: flex;

  align-items: center;

  justify-content: space-between;

  background-color: #f5f5f5;

  padding: 60px 20px;

}

.form-area .item dt .require {
```

```
  border: solid 1px #df4440;

  color: #df4440;

  font-size: 10px;

  font-weight: 500;

  padding: 2px 5px;

}
```

❸ .form-area .item dt（ラベル）

「width: 250px;」で横幅を設定し、「display: flex;」「align-items: center;」で中のテキストを縦中央に
配置します。また、「justify-content: space-between;」でラベルと必須マークを両端に配置します。

☑ 入力欄の設定

> **contact.css**

```
.form-area .item dd { ❹

  width: calc(100% - 250px);

  display: flex;

  align-items: center;

  padding: 0 40px;

}
.form-area .item dd.checkbox-group {

  display: flex;

  align-items: center;

}
.form-area .item dd .checkbox-item {

  margin-right: 40px;

}
.form-area .item dd input[type="text"],
.form-area .item dd input[type="email"],
.form-area .item dd select { ❺

  width: 100%;

  border: solid 1px #ccc;

  padding: 20px;

}
.form-area .item dd input[type="checkbox"] { ❻

  margin-right: 5px;

}
```

```
.form-area .item dd textarea {  ❼
  width: 100%;
  border: solid 1px #ccc;
  padding: 20px;
}
```

❹ .form-area .item dd（入力欄）

「width: calc(100% - 250px);」で、全体の横幅からラベルの横幅を引いた残りの幅を入力欄用に設定します。「display: flex;」「align-items: center;」で、中の入力欄を縦中央に配置します。

❺ .form-area .item dd input[type="text"],
　.form-area .item dd input[type="email"],
　.form-area .item dd select

テキスト、メールアドレス、セレクトボックスの横幅等を設定します。

❻ .form-area .item dd input[type="checkbox"]

チェックボックスは、テキストの右側に余白を設定します。

❼ .form-area .item dd textarea

テキストエリアの横幅等を設定します。

☑ スクロールボックスの設定

contact.css

```
.form-area .privacy-policy {
  font-size: 15px;
  margin-bottom: 40px;
}
.form-area .privacy-policy .privacy-text {  ❽
  max-width: 640px;
  height: 200px;
  border: solid 1px #ccc;
  padding: 40px 20px;
  margin: 0 auto 30px;
  overflow-x: hidden;
}
.form-area .privacy-policy .privacy-text .privacy-title {
```

```
    font-weight: 500;

    margin-bottom: 30px;

    text-align: center;

  }

  .form-area .privacy-policy .privacy-text ol {

    line-height: 2;

    margin-top: 30px;

  }

  .form-area .privacy-policy .privacy-text ol li {

    margin-bottom: 20px;

  }

  .form-area .privacy-policy .privacy-item {

    text-align: center;

  }
```

❽ .form-area .privacy-policy .privacy-text（スクロールボックス）

ボックス内でスクロールができる、スクロールボックスを作成します。「max-width: 640px;」「height: 200px;」で、ボックスの横と縦のサイズを指定します。そのままではテキストがボックスからはみ出てしまうので、「overflow-x: hidden;」ではみ出たテキストを隠します。「overflow-y」に hidden を設定するとボックス内で縦スクロールができなくなってしまうため、「overflow-x」に対してのみ設定します。

☑ 送信ボタンの設定

```
contact.css

.form-area .btn-submit { ❾
  width: 100px;
  height: 40px;
  background-color: #1f1f1f;
  color: #fff;
  display: flex;
  align-items: center;
  justify-content: center;
  font-size: 14px;
  margin: 0 auto;
}
```

❾ **.form-area .btn-submit**
横幅と高さを設定して、送信ボタンを作成します。「display: flex;」「align-items: center;」「justify-content: center;」で、中のテキストを縦横中央に配置します。

レスポンシブ対応

スマートフォン表示の場合は、ラベルと入力欄を縦に並べます。

```
contact.css

@media screen and (max-width: 767px) {
  .form-area {
    margin: 0 auto 60px;
  }
  .form-area .item {
    flex-direction: column;
    margin-bottom: 40px;
  }
  .form-area .item dt {
    width: 100%;
    padding: 20px;
```

```css
    margin-bottom: 10px;
  }
  .form-area .item dd {
    width: 100%;
    padding: 0;
  }
  .form-area .item dd.checkbox-group {
    flex-direction: column;
    align-items: flex-start;
  }
  .form-area .item dd .checkbox-item {
    margin: 0 0 5px;
  }
}
```

ここでは、解説の必要な新しい書き方はありません。

以上で、コーポレートサイトのコーディングはすべて完了です。

INDEX

記号・数字

::after	101
::before	101
2カラムのレイアウト	291

A

absolute	68
action属性	202
addClass	132
align-items	35
animation	446,459
animation-delay	344
animation-direction	345
animation-duration	344
animation-fill-mode	345
animation-iteration-count	344
animation-name	343
animation-play-state	345
animation-timing-function	344
article	298
aside	297,298

B

background-attachment	351
background-blend-mode	97,99
background-color	99
background-image	99
background-position	100
background-repeat	99
background-size	100
backgroundプロパティ	99
block	34
body	26
border	397
border-collapse	194
border-spacing	194
bottomプロパティ	68
box-shadow	368

C

calc	382
charset	24
clamp	453
class	31
clip-pathプロパティ	136
colspan	192
container	31
css()	360
CSSアニメーション	343,446,459
CSSファイルの分割	120
CSSファイルの読み込み	120

D

datetime	253
dd	30
description	24
displayプロパティ	33
div	23,43
dl	30
dt	30

F

fadeIn()	360
fadeOut()	360
figcaption	39
figure	39
first-child	50
fixed	67
flex	34
Flexbox	35
flex-direction	36
flex-shrink	157,183,305
flex-wrap	36
font-family	65
footer	52
form	202,560
for属性	203

G

gap	247
Google フォント	119
Google マップ	259
grid	34,246
grid-column	249,250
grid-row	249,250
grid-template-columns プロパティ	248
grid-template-rows プロパティ	248

H

h1	29
head	24
header	29
hide()	359
horizontal-tb	241
html	26

I

id	31
iframe	225
img	26
inline	33
inline-block	33
input	203,560
inview	423,477

J·K

JavaScript ファイルの読み込み順	423
jQuery	121
justify-content	35
keyframes	346,446,459

L

label	203
last-child	50
left プロパティ	68
letter-spacing	172
li	29
linear-gradient	247
line-height	33
list-style-type	306

M

LP	309
main	39,297
margin	51
meta	24
method 属性	202
mouseout	384
mouseover	384

N

nav	31
next メソッド	435,553
nth-child	50

O

object-fit プロパティ	73
object-position プロパティ	73
OGP	283
ol	30
opacity	79,233
option	204
overflow プロパティ	195

P

padding	51
picture	337
placeholder	563
polygon	136
position プロパティ	67

R

relative	68
removeClass	132
rgb	80
rgba	79
right プロパティ	68
rotate	131,343
rowspan	192

S

scale	503
scroll-behavior	490

scroll-padding-top	492
scrolltop()	391
section	23
select	204
show()	359
slick	322,370,373,374
slide Toggle メソッド	435,553
SMS リンク	259
source	337
span	43
static	68
sticky	68
Swiper	374

T・U

table	191
table-layout	194
tbody	191
td	191
textarea	203,204
text-shadow	446
tfoot	191
th	191
thead	191
time	253
title	24
toggle()	359
toggleClass	132
top プロパティ	68
tr	191
transform	131
transition	324
transition-delay	324
transition-duration	324
transition-property	324
transition-timing-function	325
translateX	459
transparent	81
ul	29

V

vertical-lr	241
vertical-rl	241

vh	278
viewport	24
visibility	233
vw	278

W・Y・Z

wrapper	31
writing-mode	241
YouTube の埋め込み	301
z-index プロパティ	68

あ行

アコーディオン	543,548
アップルタッチアイコン	25
色の切り替え	247

か行

影	368
掛け算	383
画像の切り替え	337
カフェサイト	207
カラーコード	80
カラーネーム	80
間接セレクタ	433
キーフレーム	446,459
擬似クラス	50
擬似要素	101
キャメルケース	53
クラス名	53
グラデーション	247
クリックイベント	352
グリッドアイテム	247
グリッドコンテナー	247
グリッドレイアウト	247
グローバルナビゲーション	31
ケバブケース	53
コーポレートサイト	399
子セレクタ	432

さ行

サービスサイト	105
サイドバー	296
サイドメニュー	291

視差効果	348
子孫セレクタ	432
実線	397
スクロール位置	391
スクロールボックス	567
スネークケース	53
スムーススクロール	490
スライダー	371,374
セル	192
セルの結合	192
セレクタ	432
セレクトボックス	204
線	397
総称フォント	65
送信ボタン	203,204,560

た・な行

タイル型レイアウト	281
足し算	383
縦書き	241
タブ	517
タブ切り替え	512
チェックボックス	203
追従ボタン	389
点線	397
点滅	364
点滅する動き	367
電話番号リンク	258
透明度	79
ドロップダウンメニュー	428
斜めライン	117
二重線	397

は行

背景画像	99
背景画像を固定	348
背景色	99
パスカルケース	53
破線	397
パララックス	348
ハンバーガーメニュー	126
引き算	383
表	191

ファイルアップロード	204
ファビコン	24
フェードイン	475
フォーム	201,203,560
フォントファミリー	65
吹き出し	152,154
フッター	52
ブランドサイト	55
ブレイクポイント	27
プレースホルダー	563
ブロークングリッド	273
ブロークングリッドレイアウト	265
ブログ	251
ブログ一覧	281
ブログ詳細	291
プロフィールサイト	17
ページ内リンク	489
ページネーション	288
ヘッダー	29

ま・や行

マーカー	154
マウスアウト	451
マウスオーバー	383,451
メインビジュアル	38
メールリンク	258
メディアクエリ	27
モーダルウィンドウ	533
横書き	241

ら・わ行

ラジオボタン	204
ランディングページ	309
リストタグ	29
リセットCSS	25
リンクの種類	258
隣接セレクタ	433
レスポンシブ	27
割り算	383

おわりに

ここまで本書をお読みいただき、ありがとうございました。HTML、CSSの基礎を解説した本はたくさんありますが、Webサイト制作の実務を想定したコーディングの実践本はほとんどありません。そこで、将来仕事でコーディングを行いたい人の学習に役立てればと思い、本書の執筆を始めました。

第1章から第6章までのサンプルサイト制作を通して、実務で使う定番のスキルは一通り学び終わりました。本書で習得したスキルをもとに、それぞれのゴールを目指して次の1歩を踏み出していただければ幸いです。

ここまで学習してみて、まだ自力でWebサイトを作ることができないという方は、本書を繰り返し学習してみてください。本書のサンプルサイトには、すべてデザインデータがついています。最終的にデザインデータから自力でサイトが作れるようになるまで、何度も練習してみてください。

また、本書での学習を終えて、もっとコーディングの経験を積みたいという方は、私が運営しているコーディング学習サイト「Codejump」を利用してみてください。本書と同じく、入門編から実践編までステップアップ方式で学べますので、ご自身のスキルにあわせて必要な練習を積み重ねることができます。

Codejumpを運営していて、「練習してもコーディング・スキルが身につかないのですが？」という相談をよく受けます。そんな時私は、「これまでに何サイトくらい作りましたか？」とお尋ねしています。すると、10サイトも作っていないという方がほとんどです。

コーディング・スキルは、練習量に比例します。10サイト作ってみてまだ自力で作れない場合は、30サイト、50サイトと練習量を増やしてみてください。そうすることで、必ず作れるようになります。自力でWebサイトが作れるようになるまで、諦めずに継続してみてください。

コーディング・スキルは、目的ではなく手段です。本書を学習された皆様が、身につけたコーディング・スキルを使ってご自身の未来を切り開いてくれることを願っています。

本書がその一翼を担えましたら幸いです。

2025年1月　小豆沢 健

著者プロフィール

小豆沢健

• • • •

三重県出身。大学卒業後、IT系のソフトウェア開発会社に入社し、多数のシステム開発案件に従事。独立後は、スタートアップから大手企業まで様々な会社のWebアプリケーション開発やWebサイト制作に携わる。2020年に実践的なコーディングが学べる学習サイト「Codejump」を立ち上げ、累計10万人以上の人が利用。現在もCodejumpの運営を行いながら、様々な企業の開発や制作に幅広く携わっている。

Webサイト：Codejump（https://code-jump.com）
SNS：https://x.com/codejump_com

ブックデザイン	菊池祐（株式会社ライラック）
レイアウト・本文デザイン	吉田進一（株式会社ライラック）
画像提供	123RF
編集	大和田洋平
技術評論社Webページ	https://book.gihyo.jp/116

■ **お問い合わせについて**

本書の内容に関するご質問は、下記の宛先までFAXまたは書面にてお送りください。なお電話によるご質問、および本書に記載されている内容以外の事柄に関するご質問にはお答えできかねます。あらかじめご了承ください。

〒162-0846
新宿区市谷左内町21-13
株式会社技術評論社　書籍編集部
「HTML&CSS Webデザイン 現場レベルのコーディング・スキルが身につく実践入門」質問係
FAX番号　03 3513 6183

なお、ご質問の際に記載いただいた個人情報は、ご質問の返答以外の目的には使用いたしません。また、ご質問の返答後は速やかに破棄させていただきます。

HTML & CSS Webデザイン
現場レベルのコーディング・スキルが身につく実践入門

2025年1月24日　初版　第1刷発行
2025年5月 3日　初版　第2刷発行

著者　　小豆沢　健
発行者　片岡　巌
発行所　株式会社技術評論社
　　　　東京都新宿区市谷左内町21-13
　　　　電話　03-3513-6150　販売促進部
　　　　　　　03-3513-6166　書籍編集部
印刷／製本　株式会社シナノ

定価はカバーに表示してあります。

本書の一部または全部を著作権法の定める範囲を越え、無断で複写、複製、転載、テープ化、ファイルに落とすことを禁じます。

©2025　小豆沢健

造本には細心の注意を払っておりますが、万一、乱丁（ページの乱れ）や落丁（ページの抜け）がございましたら、小社販売促進部までお送りください。送料小社負担にてお取り替えいたします。

ISBN978-4-297-14643-6 C3055
Printed in Japan